W0181049

Hermann H. Wala

Meine Marke

Mein Buch widme ich den WIR-MARKEN
– und all den inspirierenden Menschen,
mit denen ich über dieses Projekt
diskutieren konnte.
Ohne ihre Mithilfe
wäre dieses Buch nicht entstanden.

Hermann H. Wala

Meine Marke

Was Unternehmen authentisch, unverwechselbar
und langfristig erfolgreich macht

REDLINE | VERLAG

Bibliografische Information der Deutschen Nationalbibliothek:
Die Deutsche Nationalbibliothek verzeichnet diese Publikation in der Deutschen Nationalbibliografie;
detaillierte bibliografische Daten sind im Internet über http://d-nb.de abrufbar.

Für Fragen und Anregungen:

wala@redline-verlag.de

Unter Mitarbeit von Dr. Petra Begemann,
Bücher für Wirtschaft + Management, Frankfurt am Main
www.petrabegemann.de

1. Auflage 2011

© 2011 by Redline Verlag, ein Imprint der Münchner Verlagsgruppe GmbH, München,
Nymphenburger Straße 86
D-80636 München
Tel.: 089 651285-0
Fax: 089 652096

Redaktion: Desirée Simeg, Gersthofen
Satz: HJR, Jürgen Echter, Landsberg am Lech
Druck: GGP Media GmbH, Pößneck
Printed in Germany

ISBN 978-3-86881-305-0

┌ *Weitere Infos zum Thema* ────────────────

www.redline-verlag.de
Gerne übersenden wir Ihnen unser aktuelles Verlagsprogramm.

Inhalt

Geleitwort

Wir leben in einer Zeit des Umbruchs. Täglich zeigen uns die Veränderungen in den Medienmärkten und digitale Innovationen wie Facebook und Twitter, wie sehr sich unsere Branche verändert. Wann immer sich die Medien verändern, verändert sich die Gesellschaft. Ich bin davon überzeugt, dass unsere Gegenwart der Schwellenzeit um 1500 gleicht, als Gutenberg den Buchdruck erfand und Kolumbus Amerika entdeckte. Die bestehenden terrestrischen Handelswege wurden um die neuen, schnelleren maritimen Routen ergänzt.

Auch die Ordnungsmuster der letzten Jahrzehnte haben sich in kürzester Zeit verändert und es ist kein Stillstand in Sicht. Es ist eine große Herausforderung, als Unternehmen in den sich dynamisch verändernden Märkten erfolgreich zu agieren und sich für die Zukunft sicher aufzustellen. Die unternehmerische Strategie sollte sein, bestehende und gesunde Unternehmen mit ihren starken Marken erfolgreich weiterzuführen und gleichzeitig in neue Objekte und lukrative digitale Unternehmungen zu investieren.

Für die Medienbranche heißt das: Unternehmen haben ein reichhaltiges Portfolio an Medien, das nahezu alle menschlichen Bedürfnisse nach Information und Unterhaltung abdeckt. Wir geben den Menschen Orientierung. Neben den klassischen Geschäftsmodellen konzentrieren wir uns auf den Digitalbereich und neue Märkte. Wir verbinden das traditionelle Geschäft mit dem neuen. Doch darf man nicht den Fehler machen, die Gesetzmäßigkeiten des Internets zu verkennen. Hier gibt es neue Zielgruppen und einen vollkommen neuen Markt. Im Zuge dieser neuen Entwicklung gibt es neue Marktteilnehmer, die uns zur Weiterentwicklung und Investition in neue Geschäftsmodelle drängen. Die großen Gewinner der Digitalisierung sind Suchmaschinen wie Google. Das Unternehmen verkörpert gerade zu idealtypisch die neue Welt und dominiert den digitalen Markt. Doch zumindest in Deutschland sind Suchmaschinen auf dem Weg zu Infrastruktur-Unternehmen, bei denen Transparenz in den Geschäftsbeziehungen erforderlich ist.

Auch für Unternehmen jenseits der Medienbranche haben sich die wirtschaftlichen Erfolgsfaktoren durch neue Medien und neue Kommunikationsmöglichkeiten entscheidend gewandelt. Im globalen Wettbewerb herrschen heute eine nie geahnte Preistransparenz und Unübersichtlichkeit zugleich. In den westlichen Überflussgesellschaften sind viele Kunden kritischer und besser informiert als je zuvor. Sie geben sich immer weniger mit der Rolle des passiven Konsumenten zufrieden, sie blicken hinter die Unternehmenskulissen, sie kaufen sehr bewusst. Auch in dieser neuen Welt haben starke Marken einen festen Platz. Doch die Spielregeln für Marken sind im digitalen Zeitalter andere als noch vor zwanzig Jahren. Starke Marken heute – von Coca-Cola bis Google, von Apple bis Audi – sind Identifikationsangebote in einer unübersichtlichen Welt. Dazu müssen Marken sich für ihre Kunden öffnen, Interaktionsmöglichkeiten bieten, ein »Wir-Gefühl« vermitteln, das in gemeinsamen Werten und Überzeugungen wurzelt. Mit anderen Worten: Marken müssen gelebt, von der Unternehmensführung authentisch verkörpert und von einer glaubwürdigen (und damit motivierenden) Unternehmenskultur getragen werden.

Das vorliegende Buch ist Unternehmen gewidmet, die sich dieser Aufgabe stellen. Mit zahlreichen Beispielen illustriert es, wie Unternehmen und Unternehmer unter veränderten Rahmenbedingungen erfolgreich bestehen. Das Konzept der WIR-MARKEN will deutlich machen, wie eine eindeutige Positionierung, klare Werthaltungen und eine authentische Öffnung für Kundenbedürfnisse Marken heute stärken können. Damit lenkt es den Blick auf das Wesentliche, das im hektischen Tagesgeschäft gelegentlich in Vergessenheit zu geraten droht.

Prof. Dr. Hubert Burda

Einführung:
Marketing in der Dauerkrise?

»Ich weiß, die Hälfte meiner Werbung ist hinausgeworfenes Geld.
Ich weiß nur nicht, welche Hälfte.«

Henry Ford

Vielleicht kennen Sie Henry Fords berühmten Stoßseufzer in Sachen
Werbung schon. Auch in der ersten Hälfte des 20. Jahrhunderts war
es offenbar nicht einfach, Kunden gekonnt anzusprechen. Doch im
Vergleich zu heute befand sich der Gründer der Ford Motor Company in einer geradezu paradiesischen Situation. Sein Produkt war so
innovativ und so begehrt, dass der (Absatz-)Erfolg kaum zu vermeiden war. Hundert Jahre später haben sich die Märkte dramatisch gewandelt. Nicht nur bei Fahrzeugen, sondern praktisch bei jedem Angebot, vom Automobil bis zur Zahncreme, hat der Kunde die Qual
der Wahl. Jeder Kleinstadt-Supermarkt führt mindestens ein Dutzend Sorten Senf, und vor dem Kühlregal könnte man Stunden verbringen, wollte man alle Angebote vergleichen.

Auf die Vielfalt der Produkte hat das Marketing mit einem wahren
Trommelfeuer an Werbung reagiert. In den Neunzigerjahren schätz-
te man, dass jeder Konsument pro Tag durchschnittlich 3.000 Markenbotschaften ausgesetzt war. Glaubt man dem neuen Star der
Marketingszene, Martin Lindstrom, ist diese Zahl inzwischen auf
5.000 angestiegen. Kein Wunder, dass die Umworbenen längst vor
der Dauerberieselung kapituliert haben und die meisten Botschaften schlicht ignorieren. »1965 erinnerte sich der Durchschnittszu-
schauer an 34 Prozent der Werbespots im Fernsehen. 1990 konnte
er sich nur noch 14,5 Prozent ins Gedächtnis rufen«, schreibt Lindstrom in seinem Buch *Brand Sense*.[1] Zu befürchten steht, dass sich

der Erinnerungswert von TV-Werbung heute, gut zwei Jahrzehnte später, noch einmal drastisch verringert hat. Brachten die öffentlich-rechtlichen Kanäle es bis zur Gründung der Privatsender gemeinsam auf 20 Minuten Werbung, gehen die Experten von Serviceplan und der Gesellschaft für Konsumforschung (GfK) heute von 10.000 Spots täglich (!) aus.[2] Und dennoch scheint in vielen Unternehmen, in den meisten Agenturen ein hektisches »Weiter so!« den Ton anzugeben.

Allein in Deutschland gibt es 80.000 beworbene Marken, im Bereich »Fast Moving Consumer Goods« werden jedes Jahr rund 30.000 Artikel neu eingeführt. Nur ein knappes Drittel dieser Produkte überlebt das erste Jahr im Handel, rund 70 Prozent verschwinden binnen 12 Monaten wieder aus den Regalen.[3] So viel zur Wirksamkeit der Werbung heute. Obwohl die Methoden der Marktforschung immer ausgeklügelter, die Kampagnen immer aufwendiger werden, drängt sich der böse Verdacht eines Trial-and-Error-Verfahrens auf, in dem man immer wieder neue Produkte in die Schlacht um die Aufmerksamkeit längst übersättigter Konsumenten wirft, in der meist vergeblichen Hoffnung, dass es dieses Mal gut gehen wird.

In vielen Fällen geht es aber eben nicht gut, und so wird seit Jahren die Krise des Marketings heraufbeschworen. »Weder innovative Produkte oder Dienstleistungen noch ausgeklügelte Vertriebs- und Preisstrategien oder kreative Werbung sind heute eine Garantie für Erfolg«, schreibt etwa Klaus-Dieter Koch von der Beratung Brand Trust.[4] »Das Marketing, wie es in den letzten Jahren in vielen Unternehmen betrieben wurde, stirbt. Die Welt der Checklisten, der sicheren Rezepte und Regeln, der richtigen Antworten und ausgefeilten Methoden bricht zusammen«, sekundiert der Schweizer Marketingexperte Otto Belz in einer Standortbestimmung.[5] Selbst Philip Kotler, der Marketingpapst der Neunzigerjahre, beginnt Texte inzwischen gerne mit dem apodiktischen Statement: »Marketing funktioniert nicht mehr.«[6] Symptomatisch für ein inzwischen verbreitetes Misstrauen in die Erfolgsversprechen klassischen Marketings ist der Reflex, die Budgets gerade in Krisenzeiten drastisch zu kürzen. Wenn Marketing funktioniert, sollte bei schwächelndem Absatz dort eigentlich mehr Geld hineinfließen, nicht weniger. Auch das hektische Propagieren immer neuer Erfolgsmethoden, vom Guerilla-Marketing über Neuromarketing bis zum Social-Media-Hype, ist ein ausgeprägtes Krisensymptom. Denn teure Hirnscans zeigen nur, welche (existierenden) Marken die Kunden lieben. Warum sie das tun, diese Frage beantwortet der Magnetresonanztomograph nicht, und ebenso wenig kann er Erfolgsprognosen für die Zukunft abgeben. Es gibt keinen »Kaufen!«-Knopf im Gehirn, der sich per Scan eindeutig identifizieren ließe, wie Hans-Georg Häusel, ein namhafter Vertreter des Neuromarketings, betont.[7]

Es ist an der Zeit, einen Moment innezuhalten und sich wieder auf das zu besinnen, was Unternehmen tatsächlich Kunden beschert: eine starke Marke. Ob Coca-Cola als Traditionsmarke oder Google als Shootingstar des letzten Jahrzehnts, ob Apple als Kultmarke in der Informationstechnologie oder Nespresso als Goldgrube im hart umkämpften Kaffeemarkt: Erfolgreiche Marken sind die Leuchttürme in einem Meer gesichtsloser Produkte.

Was macht eine Marke zu einer starken Marke? – so lautet die Eine-Million-Dollar-Frage des Marketings. Es lohnt sich, diese Frage neu zu stellen, denn nicht nur die Märkte haben sich verändert, sondern auch die Menschen. Marketing wird nicht nur deshalb schwieriger, weil es von vielem ohnehin schon zu viel gibt und jedes neue Produkt sich gegen eine große Zahl von Mitbewerbern durchsetzen und um Aufmerksamkeit kämpfen muss. Marketing wird schwieriger, weil die tradierten Rezepte nicht mehr greifen. Die Kunden kapitulieren nicht nur passiv vor der Vielzahl der Werbebotschaften, viele von ihnen haben die traditionelle Werbung satt.

Niemand glaubt heute noch ernsthaft, dass ein neues Waschmittel noch weißer waschen, eine verbesserte Windel das Baby noch trockener halten, ein neuer Rasierer noch besser rasieren kann. Und doch setzt eine erstaunliche Zahl von Werbebotschaften immer noch auf das rationale Prinzip des »Besser, schneller, weiter«. Die Kunden sind kritischer, sie sind misstrauischer, sie sind besser informiert. Mit wenigen Mausklicks lassen sich Preise vergleichen, Konkurrenzangebote ermitteln oder Bewertungen anderer Kunden recherchieren.

Doch wenn viele Produkte mehr oder weniger dasselbe können, nach welchen Kriterien fallen dann Kaufentscheidungen? Entweder nach dem Preis, was vielen Branchen einen ruinösen Wettbewerb beschert. Oder nach Kriterien, die das Marketing erst langsam ins Visier nimmt. Ich bin überzeugt: Wir sind Zeuge eines umfassenden Wertewandels, zu dem beispielsweise gehört, dass man nicht nur ein gutes Produkt kaufen möchte, sondern auch ein gutes Gewissen. Wie kommt es denn, dass manche Banken plötzlich damit werben, sie investierten bei der Kreditvergabe für Renovierungen in Klimaschutz?[8] Oder dass Kaffeeketten sich über die Lebensbedingungen der Kaffeebauern öffentlich Gedanken machen?

Zu diesem Wertewandel gehört auch, dass immer mehr Menschen die Rolle des passiven Konsumenten verweigern und in einen Dialog mit den Unternehmen und mit anderen Kunden treten wollen. Wie kommt es, dass erfolgreiche Unternehmen wie Amazon nicht nur Bücher liefern, sondern ein ausgeklügeltes Bewertungssystem pflegen, über das Kunden in Kontakt mit anderen Kunden treten können? Warum kommt ein Schuhversender auf die Idee, ein neues Schuhmodell von Kunden entwerfen zu lassen und ihm eine Doppelseite seines Katalogs zu widmen?[9]

Zum Wertewandel gehört weiterhin, dass Produkte heute nicht mehr nur »Bedürfnisse befriedigen«, sondern stärker denn je dazu dienen, den eigenen Lebensstil zu definieren. Kaum jemand hat das besser verstanden als Apple mit seiner Fähigkeit, Angebote zu designen, die Coolness verströmen. Ob das neue iPhone technische Probleme hat oder das ultradünne Notebook zu wenig Anschlüsse, ist sekundär. Viele Kunden nehmen das bewusst in Kauf, und trotzdem sind beide Produkte ein Must-have für die Apple-Gemeinde, die jeder Neuentwicklung des Unternehmens entgegenfiebert. Doch es sind nicht nur die Produkte, die die Kunden an das Unternehmen binden: Ohne den charismatischen Apple-Chef Steve Jobs, der es sich nicht nehmen lässt, jede Neuentwicklung persönlich in einer mitreißenden Präsentation einem großen Auditorium vorzustellen, wäre der Hype um iPod, iPad und Co. kaum so groß. Jobs gibt dem Unternehmen ein Gesicht: Apple ist nicht irgendein IT-Unternehmen, Apple *ist* Jobs. Die Börse hat das längst verstanden: Hustet der CEO, fällt der Kurs. In unübersichtlichen Zeiten sorgen Menschen, an denen man sich orientieren kann, für Übersicht. Damit wandelt sich die Rolle des Topmanagements: Öffentlichkeitsscheue Technokraten verschenken Marktpotenziale.

»Die Marke ist der Geist der Gemeinsamkeit von Unternehmen und Kunden, ein Heimatrevier, das Sinn stiftet«, schreibt Publizist Wolf Lotter hellsichtig im Magazin *Brand eins*.[10] Ausnahmemarken gelingt es, ein Gefühl der Verbundenheit zu ihren Kunden herzustellen, das über ein bloßes Nutzenversprechen hinausgeht und ihnen langfristige Loyalität sichert. Im Idealfall haben diese Marken Anhänger oder Fans und eben nicht nur »Käufer«. Um dieses Wir-Gefühl von Kunden und Marken zu umschreiben, spreche ich von WIR-MARKEN. Wenn es einem Unternehmen gelingt, ein solches Band zu seinen Kunden zu knüpfen, kann ihm der Wettbewerb wenig anhaben. Im Gegenteil: Wenn »die anderen« wahrgenommen werden, dann um sich davon abzugrenzen und der eigenen Identität zu versichern. Was wäre der Mac ohne das Heer gesichtloser PC-Besitzer? Was der *Lonely-Planet*-Reiseführer ohne die vermeintliche Massenware großer Reisebuchverlage? Feindbilder haben schon immer geholfen, die eigenen Reihen fester zu schließen.

Warum es einigen Marken eher gelingt, zu WIR-MARKEN zu werden als anderen, ist Thema dieses Buches. Es wird Sie nicht überraschen: Einfache Rezepte gibt es dafür nicht. Wenn die Welt komplexer und vielfältiger wird, werden auch unsere Antworten darauf komplexer sein müssen. Und so genügt es nicht, immer neue Zielgruppen von den »Young Globalists« über die »Latte-Macchiato-Familien« bis zu »Super-Daddys« zu entdecken.[11] Es wird vielmehr darum gehen, wie es Marken heute jenseits von Produktmerkmalen schaffen, Kunden zu faszinieren und Sympathie zu wecken. Dabei spielt eine Reihe von Momenten eine Rolle – eine faszinierende Geschichte, eine klare Botschaft, ein Miteinander im Unternehmen, das exzellenten Service garantiert, um nur einige zu nennen. Eine Öffnung zu den Kunden, eine Kultur des Zuhörens und nicht zuletzt ein Abschiednehmen von den Allmachtsfantasien mancher Marketingstrategen. Denn das Marketing wird nur dann aus seiner Dauerkrise herauskommen, wenn es sich von zahlenfixierten, mechanistischen Vorstellungen verabschiedet und wieder dort verortet wird, wo es eigentlich hingehört: ins Herz des Unternehmens.

Teil I

Markenwelt im Wandel

>>Ich habe kein Marketing gemacht.
Ich habe immer nur meine Kunden geliebt.<<

Zino Davidoff

1 Die netten Schleckers von nebenan oder: Marken gestern, Marken heute

Zeitungsleser rieben sich Ende 2010 verwundert die Augen: Die *Frankfurter Allgemeine Sonntagszeitung* widmete den »netten Schleckers von nebenan« ein ganze Seite. Anstelle der gewohnten Fotos übervoller Schlecker-Schaufenster oder des immergleichen Archivbildes von Anton Schlecker blickten ihnen zwei freundliche junge Menschen im dezenten Businessdress entgegen, abgelichtet im milden Herbstlicht. Es handelte sich um die Kinder des Firmengründers, Lars und Meike. »Schlecker« und »nett«? In den letzten Jahren war die Drogeriekette immer für Negativschlagzeilen gut. Mal ging es um die Bespitzelung von Mitarbeitern, mal um Dumpinglöhne, mal um Auseinandersetzungen mit der Gewerkschaft Verdi, mal um die Praxis, ehemalige Mitarbeiter über eine hauseigene Zeitarbeitsfirma zu schlechteren Konditionen wieder anzustellen. Bei Schlecker einzukaufen sei in manchen Kreisen so verwerflich »wie Eier aus Käfighaltung zu kaufen« oder »Atomstrom gut zu finden«, spottete die *Frankfurter Allgemeine*.[12]

Dabei gelang Anton Schlecker in den Siebziger- und Achtzigerjahren eine beispiellose Erfolgsgeschichte. Nach dem Fall der Preisbindung im Handel eröffnete er 1975 seinen ersten Drogeriemarkt, 1977 waren es schon 100 Filialen, 1984 1.000, 2007 schließlich europaweit über 14.000. Schön waren die engen Schlecker-Läden nicht, aber sie lagen oft in Laufnähe und galten als billig. Doch auf dem Höhepunkt der Expansion ging es bereits bergab. Während Mitbewerber wie Dm und Rossmann stetig wuchsen, ging der Schlecker-Umsatz Jahr für Jahr zurück. 2008 betrug das Minus 5 Prozent, 2010 waren es, auch infolge von Filialschließungen, schon 10 Prozent. Das *Ma-*

nager Magazin sprach bereits vom »Verfall des Drogeriefilialisten« und spekulierte Anfang 2011 darüber, ob eine Wende noch möglich sei.[13]

Warum »günstig und gut erreichbar« nicht mehr genügt

Schlecker ist auch ein Lehrstück darüber, wie sich die Märkte gewandelt haben und worauf Kunden heute Wert legen. Natürlich macht Schlecker auch die wachsende Konkurrenz zu schaffen, doch der Kern des Problems liegt woanders: Es machte immer weniger Spaß, bei Schlecker einzukaufen. Und selbst der durchschnittlich informierte Zeitungsleser hat inzwischen häufig eine Negativhaltung zum Unternehmen, die im schlimmsten Fall lautet: Wer bei Schlecker kauft, unterstützt einen Ausbeuter! Bei einer Umfrage im Juli 2009 sagten nur 25 Prozent der Befragten, das Image des Drogeriemarktes sei »sehr gut« oder »gut«. 46 Prozent attestierten Schlecker ein »schlechtes« oder »sehr schlechtes« Ansehen. Über den Mitbewerber Dm sagte das nur ein Prozent, während ihm fast vier Fünftel (79 Prozent) ein gutes oder sehr gutes Image zusprachen.

Während Anton Schlecker Schlagzeilen macht wie »Zeitarbeitsbranche beunruhigt: Schlecker rückt uns in ein schlechtes Licht«, »Schlecker zahlt keine Überstunden aus« oder »Reue hat Schlecker nie gezeigt«[14], profiliert sich Dm-Gründer Götz Werner mit Büchern wie *Grundeinkommen für alle* (2007) oder *1.000 Euro für jeden. Freiheit, Gleichheit, Grundeinkommen* (2010) als sozialer Vordenker. Während Anton Schlecker die Öffentlichkeit scheut und allenfalls der Regionalzeitung *Ulmer Südwestpresse* gelegentlich ein Interview gewährte, füllt Götz Werner mit seiner Idee vom gesicherten Grundeinkommen die Vortragssäle quer durch die Republik.

Ein Blick in die Dm-Historie zeigt: Soziales Engagement zieht sich wie ein roter Faden durch die publizierte Unternehmensgeschichte. Man spendet Millionen für soziale Einrichtungen, sammelt für Flutopfer und Aidskranke, ruft Theaterworkshops für Auszubildende ins Leben (»Abenteuer Kultur«), fördert Grundschulkinder beim Musizieren (»ZukunftsMusiker«). Während Schleckers Dauerfehde mit den Gewerkschaften jahrelang durch die Medien ging, gab man bei Dm Mitarbeitern Gestaltungsfreiräume und setzte auf Motivation durch Förderung. Mitarbeiter- und Kundenorientierung gehen in der Außendarstellung des Mitbewerbers Hand in Hand; die Dm-Filialen sind großzügig und hell gestaltet, der Kundenservice wurde ebenso prämiert (»Efficient Consumer Response Award«, 2006) wie die Konzepte für innovative Weiterbildung (2003) oder Nachhaltigkeit (2009). Dazu vermeldete man nahezu jährlich im Rahmen einer Ausbildungsinitiative Lehrstellenrekorde.[15] Die Botschaft, die deutlich zwischen den Zeilen zu lesen ist: Dm engagiert sich für Kunden, für Mitarbeiter, für unser aller Zukunft.

Zwei Unternehmen, zwei Welten. Dm wirkt wie ein sympathisches Unternehmen zum Anfassen, Schlecker (noch) wie ein seelenloser Discounter. Doch das soll sich ändern, bei Schlecker soll alles anders werden. Dazu gehört eine Öffnung »nach außen wie innen«, so Schlecker-Sohn Lars im Interview mit dem *Manager Magazin* Ende 2010, das den angestrebten Imagewechsel medial einleitete.[16] Unter »Wir sind Schlecker« kündigt das Unternehmen im Internet mit »Fit for Future« das größte Investitionsprogramm der Geschichte mit einem Volumen von 230 Millionen an. Nicht nur die Läden sollen freundlicher gestaltet werden: »Auch in der Kommunikation gehen wir neue Wege, indem wir mehr Offenheit und direkteren Dialog suchen – mit unseren Kunden ebenso wie mit der Öffentlichkeit und nicht zuletzt auch mit unseren Mitarbeiterinnen und Mitarbeitern.« Schlecker will sich ausdrücklich als »guter Nachbar« positionieren, die Maxime lautet »freundlicher, heller, sympathischer, einheitlicher«.[17] Gleich drei Unternehmensberatungen begleiten diesen Imagewandel, der dem Filialisten ein menschlicheres Gesicht verleihen soll – im übertragenen wie im Wortsinne, mit der Positionierung der »netten« Nachfolger in der Öffentlichkeit. Wer im Internet unter »Über uns« die neue Imagebroschüre abruft, dem lächelt die ganze Schlecker-Familie entgegen. Aufmacher: »Ein starkes Team. Lars, Anton, Christa und Meike Schlecker – das Familienunternehmen im Dialog«.[18] Selbst dem blauen Schlecker-Schriftzug werden die Ecken und Kanten ausgetrieben. Bleibt die Frage, ob die Kunden dem »Drogeriekönig« den Wandel vom Saulus zum Paulus abnehmen.

Vom Warenzeichen zum »Sinnstifter«: die Marke

Zeit für eine erste Zwischenbilanz. Was Schlecker und Dm zu Lehrstücken macht, ist, dass sich hier eine Verschiebung im Käuferverhalten beispielhaft abzeichnet. Im Modell des Homo oeconomicus ist der Kunde ein Nutzenmaximierer, der seine Bedürfnisse unter rein rationalen Gesichtspunkten optimal befriedigt. Zumindest in den westlichen Industriestaaten war die Wirklichkeit nie weiter von diesem simplifizierenden Holzschnitt entfernt als heute. Was Kunden an Dm neben Sortiment und Warenpräsentation schätzen, ist vermutlich …

➤ die freundliche Einkaufsatmosphäre,

➤ das mitarbeiterfreundliche Credo,

➤ das Bekenntnis zur gesamtgesellschaftlichen Verantwortung (und sichtbare Beweise dafür),

➤ die Stimmigkeit von »innen« und »außen«,

➤ die Identifikationsmöglichkeit durch einen charismatischen Unternehmenslenker,

➤ die eindeutige Abgrenzung von Wettbewerbern mit einer Kultur nüchterner Kostenoptimierung.

Wie deutlich sich Dm als »anders« positioniert, illustriert ein Interview mit Götz Werner-Nachfolger Erich Harsch Anfang 2011. Dieser wendet sich gegen das Image vom »Kuschelkonzern«, betont aber: »Wir wollen keine Anweisungssklaven durch die Gegend scheuchen.« Harsch setzt noch eins drauf und legt scheinbar die Axt an die Wurzeln der Marktwirtschaft: »Wer die Gewinnmaximierung als Ziel preist, stellt seinen Eigennutzen über den Kundennutzen.« Dm ist schon da, wo Schlecker noch hin will: Man präsentiert sich als der gute Freund des Kunden, dem vertrauensvolle Beziehungen wichtiger sind als schnöder Gewinn: »Viele Menschen fragen: Wann kommt ihr zu uns? Unsere Beziehung auch zu potenziellen Kunden entwickelt sich erfreulich«, sagt der Geschäftsführer und, im Hinblick auf soziale Initiativen, »Kunden zeigen uns dafür ihre Wertschätzung.«

Das Magazin *Absatzwirtschaft* prognostiziert, dass Dm den Marktführer Schlecker in naher Zukunft ablösen wird und zitiert in diesem Zusammenhang das Selbstverständnis des Noch-Zweiten, als »Unternehmen, dessen Erfolg auf ganzheitlichem unternehmerischen und sozialen Denken beruht«.[19] Dm als Dienstleistungsmarke lebt von Werten, von einem positiven (oder erfolgreich kommunizierten) Geist, mit dem Kunden sich identifizieren können, wenn er dem eigenen Wertesystem entspricht. Vor diesem Hintergrund ist es sinnvoll, bei Dm einzukaufen: Wer das tut, befriedigt nicht nur Konsumbedürfnisse, sondern sorgt dafür, dass die Welt ein bisschen besser und freundlicher wird. Und weil darüber hinaus die Preise stimmen, ist das auch für Menschen möglich, die um Fair-Trade-Kaffee aus Kostengründen einen Bogen machen.

Dm als moderne Unternehmensmarke weist also weit über die klassischen Aufgaben eines Dienstleisters hinaus und knüpft dadurch erfolgreich ein ideelles Band zu seinen Kunden. Dm ist eine WIR-MARKE. Darin schlägt sich ein Markenverständnis nieder, das weit von den Anfängen der Marke im 19. Jahrhundert entfernt ist. Werfen wir einen kurzen Blick zurück.

Die Anfänge: Die Marke als Herkunftsnachweis

Das Herkunftswörterbuch belehrt uns, »Marke« komme vom französischen Begriff *marque*, dem auf einer Ware angebrachten Zeichen oder Kennzeichen; das germanische Wort *marka* – »Zeichen«, auch

»Grenzzeichen« – spiele ebenfalls mit hinein. Damit korrespondiert die ursprüngliche Funktion der Marke als Herkunftsnachweis, die sich im deutschen Begriff »Warenzeichen« lange erhalten hat. Im Zuge der Industrialisierung wurde es erforderlich, die in immer größeren Stückzahlen produzierten Waren zu kennzeichnen und als Hersteller mit ihrem Ursprung auch ihre Qualität zu beglaubigen. Das Englische geht mit der Ableitung von *brand* aus dem Brandzeichen für Tiere einen ähnlichen Weg. Laut Kelava/Scheschonka dominiert dieses »aufgabenorientierte« Markenverständnis vom Beginn der Massenproduktion Mitte des 19. Jahrhunderts bis etwa 1900.[20]

Verkäufermärkte: Die Marke als Merkmalsbündel

Bis in die Sechzigerjahre des letzten Jahrhunderts deckte die Wirtschaft den wachsenden Bedarf breiter Käuferschichten, man agierte größtenteils auf Verkäufermärkten. Markenartikel boten den Verbrauchern Orientierung, wurden durch Werbung bekannt gemacht und sorgten durch gleichbleibende Optik, Design und Verpackung für Wiedererkennungseffekte. Eine »Marke« signalisierte Qualität und war definiert durch stabile Produkteigenschaften: Ritter Sport war »Quadratisch. Praktisch. Gut.«; Dash wusch »so weiß, weißer geht's nicht« (beide Slogans wurden 1964 kreiert). Der Verbraucher war das passive Ziel von Werbebotschaften, die Angebotsmerkmale in seinem Gedächtnis verankern sollten. Wie gering seine Einflussmöglichkeiten in einem Verkäufermarkt waren, verdeutlicht ein Bonmot Henry Fords zu Beginn dieser Ära. Ford beschied seinen Kunden, das begehrte »Model T« sei für sie in jeder Farbe zu haben – solange es schwarz sei.

Käufermärkte: Die Marke als Vorstellungsbild des Kunden (Image)

Ab Mitte der Sechzigerjahre sorgte eine zunehmende Produktvielfalt für eine Verschärfung des Wettbewerbs. Die Aufbaujahre der

Nachkriegszeit waren vorbei, Verkäufermärkte wandelten sich zu Käufermärkten. Diese Machtverschiebung zugunsten des Kunden hatte Folgen für das Marketing. Es genügte nicht mehr, Produkteigenschaften in ein positives Licht zu rücken, dauerhaft die Werbetrommel zu rühren und davon auszugehen, dass die Verbraucher die Botschaft schon hören und in genügender Zahl zugreifen würden. Wenn alle Waschmittel weiß waschen, sparsam im Gebrauch und schonend zur Wäsche sind, warum dann zu einem bestimmten greifen? Das Bewusstsein der Austauschbarkeit erklärt den Erfolg von No-Name-Produkten, die in den Siebzigerjahren zunächst in den USA und ab den Achtzigerjahren auch in Deutschland ihren Siegeszug antraten und in den folgenden Jahrzehnten immer größere Marktanteile eroberten.

Doch der Mensch ist eben kein rein rationaler Nutzenmaximierer, der Kunde ist kein Homo oeconomicus: Es kann sein, dass er »Ja!«-Kaffee trinkt, aber beim Autofahren auf eine bayerische Nobelmarke schwört. Oder, umgekehrt, einen gebrauchten Kleinwagen fährt, seinen Kaffee aber frisch geröstet und gemahlen kauft. Das Marketing konzentrierte sich vor diesem Hintergrund immer stärker auf weiche Faktoren, auf Werthaltungen, Emotionen und Einstellungen des Kunden. Eine Marke war nicht mehr bloßes Kennzeichen oder klares Merkmalsbündel, sondern ein komplexes sozialpsychologisches Phänomen. Als erfolgsentscheidend wurde das Vorstellungsbild im Kopf des Kunden identifiziert, das man positiv zu beeinflussen suchte. Stark vereinfacht gesagt: Es galt herauszufinden, was Kunden sich wünschen, und das Markenimage an den Vorstellungen der angepeilten Zielgruppe auszurichten.

Im schlimmsten Fall führte dies zu einer opportunistischen Anpassung an tatsächliche oder vermeintliche Zielgruppenwünsche und -motive, die auch gründlich schiefgehen konnte. Ein klassisches Beispiel dafür ist die Zigarettenmarke Camel, die 30 Jahre lang, von 1960 bis 1990, den Geist von Freiheit und Abenteuer verbreitete und vor allem junge Männer ansprach. Dann wurde der Mann, der »meilenweit für eine Camel Filter« ging und dabei seine Schuhsohlen ruinierte, in den Ruhestand geschickt. Ein lustiges Kamel und flotte Sprüche sollten weitere Zielgruppen gewinnen. Als dies fehlschlug, probierte man es einige Jahre später mit lifestyligen Anzeigen von Frauen und Männern und dem Slogan »Slow down. Pleasure up«. Von diesen Fehlgriffen hat Camel sich bis heute nicht erholt, der Marktanteil sank um mehr als drei Viertel.[21]

»Zuvielisation«: Die Marke als Identität, als Persönlichkeit

»Wir leben in einem Zeitalter des ›Zuviels‹«, schreibt Marketingexperte Hermann Scherer und bezieht sich damit auf die Angebotsfülle in immer unübersichtlicheren globalen Märkten seit den Neunzigerjahren. »Zuvielisation« bedeutet Kundenstress:[22] Mit der Vielfalt wächst für den Kunden das subjektive Risiko eines Fehlgriffs, da es unmöglich ist, sich einen erschöpfenden Überblick über konkurrierende Waren zu verschaffen. Vielleicht kennen Sie Menschen, die seit Jahren ihre Wohnzimmereinrichtung erneuern wollen, seit Monaten die Anschaffung eines Computers planen, aber vor der Vielfalt der Möglichkeiten kapitulieren und eine Entscheidung immer wieder hinausschieben? Marketing ist zum Kampf um Aufmerksamkeit geworden, zum Wettstreit um den »Logenplatz« im Kopf des Kunden, der nur einen Bruchteil der 200 neuen Düfte pro Jahr oder 1.000 neuen Bücher pro Woche wahrnehmen kann. Starke Marken haben einen solchen Logenplatz erobert und verteidigen ihn durch behutsame Anpassung an den Zeitgeist. Sie flößen Kunden das Vertrauen ein, mit ihrer Entscheidung richtigzuliegen. Im Marketing gilt es seitdem, eine »eigenständige Markenpersönlichkeit«, eine »einheitliche Markenidentität« zu entwickeln, die Selbstbild/Eigenwahrnehmung im Unternehmen und Fremdbild/Image beim Kunden schlüssig integriert, sich eindeutig von Wettbewerbern abgrenzt und sich für den Kunden bei jeder Begegnung mit der Marke erneut bestätigt.[23] Der Begriff der Marke wurde also weiter mit immateriellen Eigenschaften und Funktionen aufgeladen.

Nüchtern betrachtet lässt sich feststellen: Je schwieriger die Marktbedingungen, desto komplexer und diffuser wird auch der Begriff der Marke und desto mehr Metaphern halten Einzug in die Marketingsprache. Wer eine Marke als »Persönlichkeit« umschreibt und ihr eine »Identität« zuweist, verabschiedet sich zwangsläufig von einfach zu operationalisierenden Kategorien. Eine erfolgreiche Marke ist wie ein vertrauter Freund im Gedächtnis des Kunden verankert, sie hebt sich von anderen Marken eindeutig ab, besitzt Kontinuität und Individualität. Sie wird getragen von einer passenden Unternehmenskultur. Die Markenphilosophie prägt im Idealfall nicht nur Produkte und deren Wahrnehmung durch Konsumenten, sondern auch Geschäftsprozesse und das Verhalten der Mitarbeiter. Wer beispielsweise einen Mercedes kauft, vertraut nicht nur auf technische Perfektion, sondern erwartet, dass dieses Credo auch das Selbstverständnis der Mitarbeiter prägt und sich in sehr gutem Service niederschlägt.

Die Psychologisierung der Marke hindert Marketingstrategen nicht daran, von einer Steuerbarkeit der Marke auszugehen: Marken werden von Unternehmen gemacht und unter Einbeziehung immer ausgeklügelterer Marktforschungsinstrumente kontrolliert. Das ist alles andere als einfach: »Die wichtigste Fähigkeit für Unternehmen und Markenmacher ist es, den Umgang mit immateriellen Gütern zu lernen«, sagt Markenberater Nicholas Adjouri.[24] Drastisch formuliert geht es in den Köpfen vieler Marketingverantwortlicher immer noch um »Kundenüberlistung«, darum, Verbrauchern (wenn auch auf psychologisch geschicktere Weise als früher) zu vermitteln, warum gerade dieses Produkt ihre rationalen wie emotionalen Bedürfnisse ideal befriedigt. Und trotz aller sperrigen Anglizismen und komplizierten Diagramme, die an Marketinglehrstühlen entwickelt werden, wird in der Marketingpraxis eher herumexperimentiert. »Das Konstrukt ›Marke‹ überschreitet in wesentlichen Punkten die Bereiche betriebswirtschaftlicher Theoriebildung und Erkenntnismöglichkeiten«, stellt Markenfachmann Klaus M. Bernsau lapidar fest: »Marke ist ein blinder Fleck der Netzhaut der Betriebswirtschaft.«[25]

Und in Zukunft? WIR-MARKEN stiften Sinn

Unternehmen machen Marken, Kunden kaufen, was ihren Bedürfnissen entspricht – diese klare Rollenverteilung der Vergangenheit wird in Zukunft noch radikaler erschüttert werden. Kunden geben sich immer weniger mit der Rolle des passiven Konsumenten zufrieden und sie wählen Produkte und Dienstleister nicht mehr nur nach Kriterien individueller Nutzenerwägung. Der Fall Schlecker ist ein Beispiel dafür. Wo die Märkte zahllose Alternativen bieten, zahlreiche Medien umfassenden Zugang zu Hintergrundinformationen erlauben und das Portemonnaie Wahlmöglichkeiten zulässt, kommen neue Gesichtspunkte ins Spiel.

Ein gutes Beispiel für die langsame Veränderung der Spielregeln auf den Märkten ist der Proteststurm der Konsumenten angesichts des geplanten Einstiegs von Lidl bei der Biosupermarktkette Basic. Nachdem bekannt wurde, dass der Basic-Vorstand den Verkauf der Aktienmehrheit an die Schwarz Unternehmensgruppe beabsichtigte, zu der auch der Discounter Lidl gehört, kam es zu anhaltenden Protesten und Kundenboykotten. Etliche Lieferanten kündigten Basic die Verträge, und im September 2007 wurde der Verkauf weiterer Aktien an Lidl gestoppt. Wütende Kunden warfen Basic vor, seine Seele an den Discounter zu verkaufen und kündigten ihm dafür quasi die Freundschaft. Diese emotionale Reaktion zeugt nicht nur vom gewachsenen Selbstbewusstsein von Kunden, die sich einmischen wollen. Sie zeigt auch, dass erfolgreiche Marken Beziehungen zum Kunden begründen, ein Wir-Gefühl schaffen und gut beraten sind, den Dialog zu den Konsumenten nicht abreißen zu lassen. Ein Leserkommentar in der *Frankfurter Allgemeinen Zeitung* bringt es drastisch auf den Punkt: »Alle Macht den Endkunden!« heißt es dort, und »Man fragt sich ja doch, für wie blöd, uninteressiert und bescheuert Basic seine Kunden hält.«[26] In solchen Stimmen artikuliert sich ein neuer »Gut-Konsum«, um ein Schlagwort des *Manager Magazins* aufzugreifen.[27] Was vor einigen Jahren noch als Luxusproblem weniger gut verdienender Lohas (»Lifestyle of Health and Sustainability«) bespöttelt wurde, ist längst in der Mitte der Gesellschaft angekommen. Vom »Ich-Werte-Konsum« sprechen die Autorinnen der Studie »Konsument 2020«: Immer mehr Menschen strebten danach, persönliche Vorteile (etwa gesunde Lebensmittel) mit ideellen Erwägungen in Einklang zu bringen.[28] Wer diesen Spagat schafft und sich mit seinen Kunden in einer Wertegemeinschaft zusammenfindet, ist deutlich im Vorteil.

Hauptaufgabe von Marken sei es, »Produkte und Dienstleistungen beziehungsfähig zu machen«, nur dann schafften sie es, unseren Wahrnehmungsfilter zu durchbrechen und unsere Aufmerksamkeit zu bekommen, schreibt Marketingkollege Klaus-Dieter Koch.[29] Damit eine Marke funktioniert, genügt es nicht mehr, Produktversprechen einzuhalten und die passenden sachlichen und emotionalen Markenbotschaften zu lancieren. Viele Verbraucher schauen inzwischen genauer hin, stehen Werbeversprechen gleichgültig bis kritisch gegenüber und bewerten Marken in einem größeren Kontext hinsichtlich ihrer Glaubwürdigkeit. Sie stellen sich die Frage: Was sagt es über mich aus, wenn ich diese Marke bevorzuge? Die Antwort kann sich an Kriterien wie Umweltfreundlichkeit oder Nachhaltigkeit bemessen (wie im Fall Lidl/Basic), an sozialen Fragen der Mitarbeiterfreundlichkeit (wie im Fall Schlecker) oder auch an Fragen von Lifestyle und Coolness (wie im Fall Apple). In allen Fällen jedoch wiegt die Stimme des persönlichen Umfelds oder der Social Community im Netz mindestens ebenso schwer wie die Werbebotschaften und weiteren Verlautbarungen der Unternehmen. Marken, denen dieser Dialog mit den Kunden gelingt und die es schaffen, gemeinsame Werte von Unternehmen und Kunden zu repräsentieren, sind WIR-MARKEN. Sie haben eher Anhänger als Kunden, sie bieten Identifikationsmöglichkeiten und ihre Funktion geht über bloße Bedürfnisbefriedigung weit hinaus: Sie stiften Sinn.

Auch Traditionsunternehmen wie die Telekom hat dieser Wandel längst erfasst. Im Frühjahr 2011 schaltete der Konzern doppelseitige Anzeigen unter der Überschrift »Wind kann viel bewegen. Sogar Ihre E-Mails«. Der kurze Text, der in ein großformatiges Foto eines Offshore-Windparks montiert war, beschwor eine enge Gemeinschaft von Unternehmen und Kunden, ein gemeinsames Credo:

»Nutzen Sei eigentlich erneuerbare Energien? Wenn Sie Kunde der Telekom sind, dann tun Sie es. Denn wir setzen in Deutschland ausschließlich auf Strom aus Windkraft, Wasserkraft und Solarenergie. So können Sie telefonieren oder im Internet surfen und gleichzeitig die Umwelt schonen. Das ist Ihnen zu wenig? Dann schauen Sie doch mal, was wir gemeinsam noch erreichen können: www.millionen-fangen-an.de«

Wer die Internetseite aufrief, stieß auf insgesamt 15 Projekte zu Themen wie Nachhaltigkeit, Umweltschutz, soziale Verantwortung – von Bildungsförderung über Handy-Recycling bis zum »klimafreundlichen Arbeiten« durch Webkonferenzen. »Zusammen mit Millionen Menschen kommen wir ein großes Stück weiter«, versprach der Aufmachertext.

Unternehmen und Kunden verschmelzen zu einer Glaubensgemeinschaft, in der die Produkte nicht mehr im Mittelpunkt stehen. Das Produkt wird zum Vehikel eines höheren Zwecks. In einer Welt, in der Produkte und Dienstleistungen immer ähnlicher werden, ist das ein logischer Schritt der Markenführung. Funktioniert der Schulterschluss von Unternehmen und Kunden, entsteht eine emotionale Bindung, die gegen die Werbeversprechen anderer immunisiert.

Parallelen zur religiösen Sinnstiftung drängen sich auf, und sie sind in der Tat schon gezogen worden. »Branding ist […] eine immer rationalere Disziplin geworden. Vielleicht ist es ja an der Zeit, hier einen Schritt zurück zu tun?«, schreibt Martin Lindstrom in seinem Buch *Brand Sense*, und: »Auf der ganzen Welt sind die Menschen auf der Suche nach emotionaler Erfüllung. Die Welt befindet sich im Schwitzkasten der Wissenschaft […] das Bedürfnis nach emotionaler Bindung wächst.«[30] Um eine solche Bindung zu ermöglichen, empfiehlt Lindstrom, Marken von den großen Religionen und ihrem Umgang mit Sinnesreizen, Ritualen, Symbolen und Geschichten zu lernen. Es ist in der Tat ein weiter Weg vom Warenzeichen des frühen 20. Jahrhunderts zur Erfolgsmarke in einer globalen Hightech-Wirtschaft.

Vom Konsumenten zum Partner auf Augenhöhe: der Kunde

Wir sind seit Jahren Zeuge einer langsamen, aber kontinuierlichen Veränderung der Rolle des Kunden, die noch nicht in allen Köpfen angekommen ist und die weitreichende Konsequenzen dafür hat, was Marken in Zukunft erfolgreich machen wird. In vielen Marketingabteilungen setzt man jedoch unverdrossen auf die Methoden der Vergangenheit.

Die Tücken der Marktforschung

Nach wie vor hoffen viele Unternehmen, ihren Kunden durch Befragungen und andere Instrumente der Marktforschung ihre Vorlieben entlocken und diese dann passgenau bedienen zu können. Dass die Mehrzahl der Neuentwicklungen trotz millionenteurer Absicherungen scheitert, lässt Skepsis aufkommen.

In Fokusgruppen verzerren gruppendynamische Prozesse und andere situative Einflüsse den Verlauf der Diskussionen. Was ein Laie in einer Laborsituation sagt, muss durchaus nicht seinem späteren Kaufverhalten entsprechen. Und wer sich schmeichelhafterweise zum Experten aufgewertet fühlt, sagt möglicherweise Dinge, die er am heimischen Küchentisch so gar nicht vertreten würde. Befragungen kranken ebenfalls daran, dass die hier geäußerten Präferenzen nicht dem späteren Verhalten am Verkaufspunkt entsprechen müssen. Legendär ist der Vergleich zwischen Pepsi und Coca-Cola: Obwohl Limonadetrinker in Blindtests Pepsi eindeutig bevorzugen, schwenken sie mehrheitlich zu Coca-Cola um, sobald sie sehen, was sie trinken. Das rückt Marktforschung in die Nähe teurer Zahlenspielereien.

Unternehmen und Marktforscher können bis heute nicht sicher voraussagen, wie Konsumenten sich verhalten werden, weil Kaufentscheidungen zu einem hohen Grad unbewusst fallen oder weil die eigentlichen Kaufmotive zugunsten sozial akzeptabler Gründe verschleiert werden. Kaum jemand sagt beispielsweise »Ich kaufe dieses Auto, weil meine Nachbarn (meine Kollegen, meine Verwandten …) endlich sehen sollen, was ich mir leisten kann!« Man sagt eher: »Ich kaufe dieses Auto, weil es sicher und praktisch ist«, »wegen der fortschrittlichen Technik«, »weil ich so viel unterwegs bin und dafür ein komfortables Fahrzeug brauche« et cetera. Markenexperte Otto Belz hat daraus schon vor Jahren lapidar gefolgert: »Marketingleute sind ratlos.«[31] Angesichts einer Misserfolgsquote von 70 bis 80 Prozent bei neu eingeführten Produkten ist das nicht übertrieben. Denken Sie beispielsweise nur daran, wie viele neue Zeitschriften und Magazine Sie in den letzten Jahren haben kommen und rasch wieder gehen sehen.

Die Ratlosigkeit wird weiter regieren, solange man im Marketing einseitig an den gewohnten Methoden und Verfahren festhält und sich an die Pseudoexaktheit minutiös ausgewerteter Kundenbefragungen klammert. Begünstigt wird dies durch die Absicherungsmentalität in vielen Unternehmen: Wo der Mut zu beherzten unternehmerischen Entscheidungen fehlt, sucht man Zuflucht in den Zahlen. Stellt sich hinterher heraus, dass diese Zahlen trogen, hat man seinen Irrtum zumindest methodisch sauber vorbereitet. Hinzu kommt: An der Spitze vieler Unternehmen stehen keine Marketingfachleute, sondern Betriebswirte, Techniker oder Juristen. Und ein berichtspflichtiger Manager wird im Regelfall vorsichtig agieren, um seine Position nicht zu gefährden. Es ist sicher kein Zufall, dass große Markt- und Markenerfolge häufig von Unternehmerpersönlichkeiten eingeleitet werden, die einer zündenden Idee und ihrem Gespür für Kundenwünsche vertrauen (siehe die Beispiele im nächsten Kapitel).

Der Überdruss an klassischer Werbung

Die Fixierung auf Zahlen und Marktforschungsergebnisse ist auch deswegen bedenklich, weil sie den Konsumenten in eine passive

Rolle drängt: Hat er einmal sein Geheimnis preisgegeben, soll er alles Weitere dem Unternehmen überlassen. Mit dieser Rolle geben sich Kunden jedoch immer weniger zufrieden.

»Verbrauchern genügt es nicht länger, sich zurückzulehnen und sich von Marken und deren Werten berieseln zu lassen. Sie wollen mit der ›Markenquelle‹ interagieren [...]. Das bedeutet, dass den Konsumenten Zugang zur Marke gewährt werden und ihre kreative Teilnahme ermöglicht werden muss«, schreibt beispielsweise James Cherkoff, einer der Vordenker des Open-Source-Marketings, in einem »Manifest« zu dieser neuen Marketingform. Open-Source-Marketing setzt gezielt auf die Einbeziehung der Kunden bei der Entwicklung und Verbreitung von Produkten.[32] Cherkoff, der ein Blog auf www.collaboratemarketing.com unter dem Titel »Modern Marketing« betreibt, spricht sicher für eine überschaubare Gruppe internetaffiner und engagierter Enthusiasten. Der erstaunliche Erfolg von Gemeinschaftsprojekten wie der Online-Enzyklopädie Wikipedia erhärtet seine These jedoch. Ein anderes Beispiel ist der Webbrowser Firefox, ebenfalls ein Gemeinschaftsprojekt engagierter Nutzer, mit dem die gemeinnützige Mozilla Foundation dem Konkurrenten Microsoft deutliche Marktanteile abjagen konnte. Anfang Dezember 2009 meldete der *Spiegel* sogar »Firefox überholt Internet Explorer«.[33] Auch wer nicht selbst mitmacht, empfindet offenbar Sympathie für Produkte, die von engagierten Gleichgesinnten mitgestaltet werden können. Das Phänomen der Markensympathie durch Mitmachen ist nicht auf Internettechnologie beschränkt: In Kapitel 6 stelle ich Ihnen das Notizbuch »Moleskine« vor, dessen erstaunlicher Siegeszug in die Buchhandlungen und Museumsshops dieser Welt von begeisterten Kunden und deren persönlicher Moleskine-Geschichte befeuert wurde.

Auch in einem anderen Punkt wird man Cherkoff zustimmen müssen: Der Überdruss an klassischer Werbung ist nicht zu leugnen. Bei 5.000 Werbebotschaften pro Tag, denen wir in den Industrienationen ausgesetzt sind, kann überhaupt nur ein verschwindend geringer Prozentsatz unsere Aufmerksamkeitsschwelle überwinden. Beobachten Sie sich einmal selbst, wie Sie heute auf Werbung reagieren: Man überblättert sie in Zeitschriften, man nutzt die Werbepause in Filmen gezielt für kleine Erledigungen, man klickt Internet-Pop-ups sofort weg und ärgert sich, wenn sie die eigentlichen Informationen kurz verdecken. Hinzu kommt: Die Mediennutzung ändert sich und wird sich weiter verändern. Das Magazin *Wired* berichtete schon vor einigen Jahren unter dem Titel »The Lost Boys« vom veränderten Medienkonsum der 18- bis 34-Jährigen. Im Mittelpunkt stand der sinkende Fernsehkonsum dieser werberelevanten Zielgruppe, der allein in einem Jahr um 12 Prozent zurückging.[34] Vermutlich weichen viele von ihnen auf das Internet aus: Wer heute in einem beliebigen ICE-Abteil seine Mitreisenden beobachtet, stellt fest: Wer nicht arbeitet oder döst, schaut am Laptop Filme – jedenfalls, wenn er männlich und unter 40 Jahre ist. Zeitungs- und Zeitschriftenleser werden dort allmählich zu einer Minderheit. Und so kann es passieren, dass in all dem Werbegetöse neue Produkte einfach untergehen, auch wenn sie von groß angelegten Kampagnen begleitet werden. Wie zum Beispiel der »Kofler Energies Club«, mit dem Ex-Premiere-Chef Georg Kofler um die Jahreswende 2010/2011 Privatkunden für einen »Strom-Spar-ADAC« gewinnen wollte. Ich kenne nicht wenige Menschen, die von dem Angebot erst erfuhren, als es bereits Geschichte war und das Aus nach nur sechs Monaten von der Wirtschaftspresse gemeldet wurde.[35] Menschen etwas Neues einfach vorzusetzen und sie anschließend mit missionarischem Eifer von dieser Idee überzeugen zu wollen, ist eine immer riskantere Strategie. Viele erfolgreiche Marken der letzten Jahre von Bionade bis zum Moleskine-Lifestyle-Notizbuch wuchsen langsam, aber kontinuierlich – nicht zuletzt durch Mundpropaganda begeisterter Kunden. Jim Stengel, Global Marketing Officer von Procter & Gamble, sagt dazu: »Unsere neue Welt gehört nicht länger den Unternehmen. Nicht diese legen heutzutage die Regeln des Geschäftslebens fest, sondern die Verbraucher.«[36]

Das Ende der linearen Wertschöpfung?

Die Indizien häufen sich also, dass einseitiges Hineinsenden in den Markt nicht mehr genügt, dass Kunden heute auf andere Art und

Weise involviert werden möchten. Sie wollen sich verstanden fühlen und sie sind mehr und mehr daran interessiert, sich selbst aktiv einzubringen. Trendforscher Matthias Horx hat dies zum Anlass genommen, das »Ende der linearen Wertschöpfung« auszurufen. Für Horx sind die Zeiten vorbei, in denen Unternehmen »von innen nach außen« operieren konnten, sprich: Produkte entwerfen und produzieren, um sie anschließend zu vermarkten. Im Zeitalter gesättigter Märkte komme es darauf an, Kundenwünsche möglichst schnell zu erkennen und möglichst früh mit einzubeziehen. »Komplexe, schnelle, globale Märkte verlangen einen anderen Kreislauf der Informationen und Kooperationen. Denn in ihnen geht es nicht mehr um Produktion vieler gleicher Dinge, wie in der glorreichen Zeit des Industrie-Taylorismus, sondern um ›adaptive Innovation‹«, schreibt Horx in seinem *Buch des Wandels* (2009).[37]

Der Niedergang der US-Automobilindustrie ist für ihn der drastische Beleg einer verfehlten Unternehmenspolitik, die darauf setzt, Produktionskapazitäten auszulasten, statt schneller auf gewandelte Kundenbedürfnisse zu reagieren. Doch mit der raschen Reaktion auf Kundenwünsche tun sich Großunternehmen – die eben auch Großbürokratien sind – naturgemäß schwer. Ob es ihnen tatsächlich gelingt, sich in flexibleren Netzwerken zu organisieren und ein »mitarbeiterorientiertes, kundengetriebenes Management«[38] zu installieren, bleibt abzuwarten. Textilketten wie Zara und H&M machen bereits vor, was es heißt, die Produktion abhängig von Kundenvorlieben zu steuern und binnen weniger Wochen flexibel auf Trends und Vorlieben zu reagieren.

Wer mitmachen kann, wer sich gehört fühlt, entwickelt eine stärkere Bindung zu einem Produkt, einer Marke, einem Unternehmen. Eine wichtige Herausforderung an Organisationen wird es daher in Zukunft sein, das Zuhören zu lernen. Dazu gehört auch, sich Kunden stärker zu öffnen und ihnen Gelegenheit zur Interaktion zu geben. Neben dem Anknüpfen an Werte und Lebenshaltungen der Kunden (wie im Fall Dm) ist dies ein weiterer Schlüssel dazu, sich zu einer WIR-MARKE zu entwickeln.

Für eine Kundenbeziehung auf Augenhöhe

WIR-MARKEN nehmen Kunden ernst und beziehen sie stärker ein, so eine These dieses Buches. Immer mehr Unternehmen haben das verstanden und adressieren das neue Bedürfnis der Kunden, sich aktiv einbringen zu können. Hier einige Beispiele:

➤ Kunden erzählen im Firmenblog ihre eigene Produktgeschichte. Beispiel: Converse Chucks bittet Kunden, ihre persönliche Turnschuhgeschichte zu erzählen (www.converse.com > Design Your Own).

➤ Kunden werden aktiv aufgerufen, ihre Meinungen und Erfahrungen zu äußern und so das Angebot zu optimieren. Beispiel: Hotelportale wie HRS oder Booking.com oder Internethändler wie Amazon, die Kundenrezensionen einbinden, Diskussionsgruppen einrichten und die Möglichkeit bieten, persönliche Lieblingslisten zu veröffentlichen.

➤ Kunden drehen selbst Werbeclips, die besten werden gesendet, zum Beispiel Bazooka Bubble Gum.

➤ Kunden werden gezielt als Tester für ein neues Produkt rekrutiert. Beispiel: Die mittelständische Firma Kiesel Bauchemie ruft Fliesenleger dazu auf, ihren neuen Hightech-Kleber zu testen, und verlost zu diesem Zweck 333 Paletten mit fünf Säcken des Produkts. Das sehr gute Testergebnis wird Grundlage einer Marketingstrategie.[39]

➤ Kunden entwickeln ein Produkt weiter. Beispiele: Kettle Foods (neue Geschmacksrichtungen für Chips) oder Lego (neue Spielzeugmodelle); gleichzeitig Beispiele dafür, wie Traditionsmarken auf eine neue Form des Kundendialogs setzen.

➤ Kunden entwickeln gemeinsam eine neue Marke. Beispiel: das Open-Source-Bier »Blowfly« von Brewtopia, einer australischen Firma, die 2002 gegründet wurde und 2006 an die Börse ging.[40]

In allen Fällen gilt: Auch wer nicht selbst mitmacht, nimmt eine Marke anders wahr, die ihren Kunden mit Interesse und Offenheit begegnet. Dabei ist der Grat zwischen gelungener Kommunikation mit den Kunden und durchschaubarem Kalkül schmal: Die wenigsten Kunden wollen sich einfach vor einen Firmenkarren spannen lassen; deswegen sind viele Interaktionsangebote mit Humor und Kreativität gepaart und ihre Inhalte und Resultate nicht kontrollierbar. Das gilt beispielsweise für Firmenblogs, die ein offenes Diskussionsforum und eben kein steuerbares PR-Instrument sind. »Menschen, die Marken führen, müssen sich eines abgewöhnen: sich einzubilden, dass sie Märkte beherrschen können. Dies ist ein Aberglaube aus der Frühzeit des Marketings«, sagt mein Kollege Klaus-Dieter Koch, und er hat sicherlich Recht damit.[41] Die Frage ist nur: Was können Unternehmen und Marketingfachleute tun, um die Voraussetzungen für den Markenerfolg zu optimieren? Sieben Stellschrauben für den Markenerfolg in unübersichtlichen Zeiten finden Sie im Hauptteil dieses Buches.

Fazit: Marken gestern, Marken heute

> ➤ Der Begriff »Marke« hat in den letzten Jahrzehnten einen tief greifenden Wandel erlebt, vom Bündel von Produktmerkmalen zum komplexen psychologischen Konzept.

> ➤ Hintergrund dieses Wandels sind eine zunehmende Komplexität und Sättigung der Märkte, die Markterfolge immer schwieriger und immer weniger prognostizierbar machen.

> ➤ Die alten Strategien verfangen immer weniger: Im Trommelfeuer der Werbung gehen die meisten Werbebotschaften unter. Konsumenten sind einer Reizüberflutung ausgesetzt, welche die Kapazität ihrer Aufmerksamkeit sprengt und der sie sich zum Teil bewusst entziehen.

> ➤ Marktforschung als Schlüsselinstrument des Marketings führt immer öfter in die Irre: Die Mehrzahl neu eingeführter Produkte und Angebote scheitert. Auch teure Studien können dies nicht abwenden.

> Auf den übersättigten Märkten von heute suchen Kunden nach neuen Differenzierungskriterien für Waren und Angebote: Wenn nicht der niedrigste Preis den Ausschlag gibt, spielt die emotionale Verbundenheit eine zunehmende Rolle.

> Diese Verbundenheit stellt sich dort ein, wo Unternehmen über das eigentliche Angebot hinaus Werte und Haltungen transportieren, die Kunden als sinnstiftend wahrnehmen und persönlich wertschätzen.

> Ein weiterer Faktor, der für Verbundenheit (ein »Wir-Gefühl«) sorgt, sind Interaktionsmöglichkeiten, die dem Kunden das Gefühl vermitteln, sich einbringen zu können.

> Unternehmen, die einen emotionalen Schulterschluss mit ihren Kunden anstreben, sind gut beraten, ihren Kunden auf Augenhöhe zu begegnen.

> Gelingt dem Unternehmen ein solcher emotionaler Schulterschluss, wird eine Marke zu WIR-MARKE.

2 Die Strahlkraft starker Marken von heute oder: Was Apple, Google & Co. anders machen

»Das einzige Problem an Microsoft ist,
dass sie keinen Geschmack haben.
Sie haben überhaupt keinen Geschmack.«
Steve Jobs

Woran erkennt man eine »starke« Marke? Das simpelste und unstrittigste Kriterium ist schlicht: der Erfolg. Starke Marken binden Kunden langfristig an ein Unternehmen, bescheren ihm Umsatz und Wachstum. Starke Marken sind in den Köpfen potenzieller Käufer präsent und positiv besetzt. Sie genießen Vertrauen und wecken Begehrlichkeiten. Doch Bekanntheit allein ist kein Kriterium für Markenstärke: Der Bekanntheitswert von Opel dürfte traumhaft sein, doch kaum jemand träumt noch wie vor 30 oder 40 Jahren von einem Opel in der Garage. Wichtiger ist die positive emotionale Bindung, die echte WIR-MARKEN auszeichnet.

Wie macht man eine Marke stark? Dies ist die eigentlich interessante Frage. Wäre sie leicht zu beantworten, gäbe es keine schwachen Marken. Der Markenexperte Klaus Brandmeyer hat ins Gedächtnis gerufen, dass Marken Ursache-Wirkungs-Zusammenhänge sind: »Marken gewinnen ihren Wert erst dadurch, dass viele andere Menschen gut über sie denken.«[42] Die Ursachen können Unternehmen beeinflussen, doch die Wirkungen sind nicht vollständig steuerbar. Was man tun kann, ist, die Weichen richtig zu stellen und zu hoffen, dass der Zug Fahrt aufnimmt.

Schauen wir uns einige Unternehmen an, denen das gelungen ist, und solche, die den Anschluss zu verlieren drohen. Was kann man aus ihren Geschichten lernen? Bei der Auswahl standen einige Markenrankings Pate. Keines dieser Rankings kommt ohne Apple aus: Auf der Basis von Umfragewerten der Gesellschaft für Konsumforschung (GfK) wurde das Unternehmen 2011 im deutschen Wettbewerb »Best Brands« zur »Besten Wachstumsmarke« gewählt.[43] In den Expertenrankings »Best Gobal Brands 2010« und »Brandz Top 100 Most Valuable Global Brands 2010« belegt Apple die Plätze 17 bzw. 3 und zählt damit zu den Gewinnern des letzten Jahres.[44] Und bei der Konsumentenabstimmung über »Lovemarks« – Marken, die Menschen lieben – ist Apple im Frühjahr 2011 nach dem indischen Filmstar Shah Rukh Khan und der Bookcrossing-Initiative die höchstplatzierte Unternehmensmarke.[45] Wer im März 2011 an einem Apple Store vorbeikam, konnte dort Hunderte von Kunden für das iPad 2 Schlange stehen sehen. Was also steckt hinter dem Apple-Mythos?

Google ist wie Apple eine ausgesprochene »Lovemark« (Platz 6), belegt Platz 4 der »Best Global Brands« und führt die »Top 100« im Jahr 2010 sogar auf dem ersten Platz an. Amazon ist mit den Plätzen 15 (Top 100), 35 (Best Global Brands) und 48 (Lovemarks) etwas weniger populär, hat sich jedoch beeindruckend gesteigert. Ganz anders sieht es bei Nokia aus, das zu den »Verlierern« des Jahres 2010 gezählt wird. Zwar belegte das Unternehmen bei den Best Global Brands noch Platz 8, aber bei den Top 100 zählt es klar zu den Absteigern (Platz 43). Auf der Lovemark-Liste findet man den einstigen Handy-Favoriten sogar noch weiter hinten: auf Platz 123. Opel schließlich taucht dort und in den anderen Bestenlisten gar nicht auf (anders als etwa BMW, Audi oder VW) – womit auch die Negativbeispiele benannt wären.

Apple – ein Hohepriester und seine (Technik-)Gemeinde

Ende 1983 machte Apple mit einem Werbespot Furore, den kein Geringerer als Hollywood-Regisseur Ridley Scott (*Blade Runner*) gedreht hat und dessen Anfangsszene Motive aus George Orwells Roman *1984* direkt umsetzte: Eine graue Masse kahl geschorener Männer in Arbeitskitteln trottet im Gleichschritt durch eine düstere Kulisse in eine riesige Halle. Dort versammeln sie sich vor einem monumentalen Bildschirm, von dem herab ein kühler Demagoge (Orwells »Big Brother«) seine indoktrinierende Botschaft hämmert. Verfolgt von einem schwer bewaffneten Spezialkommando stürmt eine athletische Läuferin den Saal – der einzige Farbklecks in einer gleichgeschalteten grauschwarzen Umgebung. Sie schleudert einen riesigen Vorschlaghammer in den Bildschirm und zertrümmert ihn. Der abschließend eingeblendete Slogan lautet: »On January 24th, Apple Computer will introduce Macintosh. And you'll see why 1984 won't be like *1984*«.[46]

Fast sieben Millionen Menschen haben sich den Spot bis heute auf Youtube angesehen. Er enthält bereits alles, was Apple zum aktuell erfolgreichsten IT-Konzern hat werden lassen: die kompromisslose Emotionalisierung des Produkts, die große Geste des Andersseins, die Überhöhung der eigenen »Mission«. In Anspielung auf George Orwells negative Utopie stilisiert sich Apple zum Rebellen in einer gleichgeschalteten (Computer-)Welt, zum Vorkämpfer für Individualität und Schönheit. Und auch wenn das Unternehmen in den Neunzigerjahren schwere Zeiten durchmachte – heute steht es glänzender da als je zuvor. Zu Beginn des Jahres 2011 verkündete man Rekordgewinne, einen Umsatzanstieg um 71 Prozent gegenüber dem Vorjahresquartal auf 26,7 Milliarden Dollar und eine Gewinnverdoppelung auf 6 Milliarden Dollar. »Damit übertraf Apple sogar die kühnsten Erwartungen der Analysten«, schrieb *Die Zeit*.[47] Getrübt wurde die Freude durch eine Erkrankung von Apple-Chef Steve Jobs. Seine Ankündigung, sich zumindest vorübergehend aus dem Tagesgeschäft zurückzuziehen, ließ den Aktienkurs um knapp 8 Prozent absacken. Das entsprach einem Wertverlust von 20 Milliarden Dollar.[48] Das Magazin *Der Westen* titelte: »Der Gott der Technik geht«.[49] Damit ist ein weiteres und zugleich das wichtigste Moment der Marke Apple benannt: Kein Unternehmen wird so stark mit seinem Topmanager identifiziert wie Apple mit Steve Jobs. Er ist der Motor der Marke – und ihre Achillesferse.

iPod, iPhone, iPad: Ein Design der Extraklasse

»Eines Tages erschien Steve auf einem Meeting in der Entwicklung mit einem Telefonbuch und warf es auf den Tisch: ›So groß darf der Macintosh sein. Wenn er größer ist, wird er es nicht schaffen. Die Kunden werden ihn nicht akzeptieren, wenn er mehr Platz beansprucht.‹« Diese Anekdote erzählen Jeffrey Young und William L. Simon in ihrem Buch *Steve Jobs und die Erfolgsgeschichte von Apple*. Die Techniker seien zu Recht blass geworden, denn jeder bis dato gebaute Computer war mindestens doppelt so groß. Außerdem beschied ihr Chef ihnen noch, er habe die »quadratischen, langweiligen« Computer satt und wolle etwas, das anders aussähe.[50]

Bis heute gilt Apple als sichere Adresse für gelungenes Design, Eleganz, Schlichtheit und hohe Funktionalität gleichermaßen. Wer sich das jüngste »Apple Special Event, March 2011« auf Youtube anschaut, erlebt einen CEO, der bei der Präsentation des iPad 2 ins Schwärmen gerät: »Put your hands on it. It feels incredible!« Natürlich gibt es einige technische Verbesserungen gegenüber der ersten Version, aber die eigentlichen Sensationen sind andere: Das neue Tablet ist 33 Prozent dünner – nur noch 8,8 Millimeter statt 13,4 Millimeter! Es hat ein »all new design«! Es gibt von Anfang an zwei Farben – »black and white«! Kurz: Es ist einfach »beautiful«! Kein anderer CEO eines IT-Konzerns redet so.

Steve Jobs gilt als designbesessen und hat allen Produkten seinen Stempel aufgedrückt. Von Beginn an waren Apple-Geräte anders, in ihrer Optik wie Benutzerfreundlichkeit gleichermaßen. In den Achtzigerjahren konnten sich »Mac-User« dadurch als eingeschworene Gemeinschaft fühlen, als Auserwählte, die nicht dem Massengeschmack und der Marktmacht von Microsoft auf den Leim gegangen waren. Heute sind Apple-Geräte selbst massenhaft verbreitet, aber der Hauch des Exklusiven haftet ihnen nach wie vor an: Sie sind zu begehrten Lifestyle-Produkten geworden, zu Statussymbolen der »Digital Natives« und derjenigen unter ihren Eltern, die mit der Zeit gehen und einen Sinn für schöne Dinge haben. Mit einem iPhone oder iPad drücke ich etwas über mich aus, ich demonstriere Stil und Modernität. Diese über das Gerät und seine Funktionen hinausgehende Strahlkraft erreicht keiner der Mitbewerber. Ihnen fehlt die Apple-Aura, der emotionale Mehrwert, den Apple-Kunden suchen, der sie verbindet und der Apple zu einer WIR-MARKE macht. Nicht wenige von ihnen fiebern neuen Produkten förmlich entgegen, und geschickte Marketingaktionen, zu denen die perfekt inszenierten Präsentationen des Vorsitzenden und vielversprechende Vorankündigungen gehören, heizen den Hype zusätzlich an. Andere IT-Unternehmen haben Kunden, Apple hat eine Gefolgschaft.

Ein klares Feindbild hilft zudem dabei, die Apple-Gemeinde fest zusammenzuschweißen: Ohne die Omnipräsenz von Microsoft, ohne dessen Image als technokratisches, machthungriges IT-Imperium wäre es nur halb so schön, Apple-Nutzer zu sein. Außerdem hat Jobs immer wieder ein ausgezeichnetes Gespür für den Markt bewiesen und auf Produkte gesetzt, die Apple zwar nicht erfunden, aber perfektioniert hat – ob Notebook, MP3-Player, Smartphone oder eben den Tablet-PC. Wie Google oder Amazon bleibt auch Apple niemals stehen und hat sich erfolgreich als Nummer eins für das »Post-PC-Zeitalter« positioniert.

Magical, revolutionary: Eine Welt der Superlative

Kennzeichnend für Apples Auftritt ist ein geradezu berstendes Selbstbewusstsein:

> »Apple designs Macs, *the best personal computers in the world,* along with OS X, iLife, iWork, and professional software. Apple *leads the digital music revolution* with its iPods and iTunes online store. Apple is *reinventing the mobile phone with its revolutionary* iPhone and App Store, and has recently introduced its *magical* iPad which is *defining the future* of mobile media and computing devices.«

So annonciert Apple in einer Pressemitteilung im Januar 2011 seine Quartalsergebnisse. Was wäre die Welt nur ohne Apple? Mehr Superlative lassen sich kaum auf so knappem Raum unterbringen. Schon der legendäre »1984«-Spot zeugte von Hybris: Ein IT-Unternehmen als heilbringender Retter? Auch spätere Werbekampagnen hielten sich selten mit dem Kleinklein von Produktbeschreibungen auf: »Soon there will be 2 kinds of people. Those who use computers, and those who use Apples« (frühe Achtzigerjahre); »The computer for the rest of us« (1984); »The power to be your best« (1990); »Think different« (1997–2002); »Get a Mac« (2006–2010).[51]

Den missionarischen Geist, der aus solchen Slogans spricht, impfte Jobs auch seinen Mitarbeitern ein. Ein Mitarbeiter berichtet: »Einer seiner Lieblingssätze über LISA [einen Computer, der nie gebaut wurde] lautete: Wir werden ihn so bedeutend machen, dass er eine Bresche ins Universum schlägt. Oberflächlich betrachtet ist das natürlich ein vollkommen lachhafter Gedanke. Aber die Leute fuhren auf solche Sachen ab ...«[52] Jobs Begeisterung wirkte auf die Apple-Belegschaft so ansteckend, dass einer der Mitarbeiter der ersten Stunden, Burrell Smith, dafür einen Begriff aus Star Trek entlehnte und von einem »Reality Distortion Field«, einer Wirklichkeitsverzerrung, sprach.[53] Bis heute beschwört Apple bei seinen Mitarbeitern den Geist einer auserwählten Gemeinschaft und verspricht ihnen eine »License to change the world«. Slogans auf der Apple-Homepage wie »Corporate jobs, without the corporate part«, »Leave your neckties, bring your ideas« oder »Less of a job, more of a calling« positionieren das Unternehmen gegen den vermeintlichen Mainstream. Innen und außen, Unternehmenskultur und Produktpalette, Mitarbeiter und Kunden bilden eine Einheit: *WIR gegen die anderen* lautet das Apple-Credo.

Wer Steve Jobs zuhört, hat in der Tat Mühe, sich von seiner überbordenden Begeisterung für die Produkte nicht anstecken zu lassen. Seine Präsentationen strotzen vor positiven Übertreibungen: Alles ist »fantastic«, »incredible«, »magical« und »revolutionary«. 2010 ist »the year of the iPad«, einem der «most successful consumer products« mit Verkaufszahlen, die alles Bisherige übertroffen haben.[54] Der Blogger und Werber Sascha Lobo spottete kürzlich: »Eigentlich ist Apple eine PR-Agentur mit angeschlossenem Merchandising« und untermauerte im *Spiegel* durch Beispiele, dass Steve Jobs mit Fakten bei seinen Präsentationen recht großzügig umgeht – insbesondere, wenn es darum geht, Seitenhiebe gegen die Konkurrenz auszuteilen.[55] Außergewöhnliches Design und geschicktes Marketing sind bei Apple also eine erfolgreiche Verbindung eingegangen. Zum Leben erweckt wird dies jedoch erst durch den charismatischen Propheten der »Wir sind anders«-Mission. Was wäre Apple ohne Jobs?

iGod? Ein charismatischer CEO

Steve Jobs ist nicht nur ein Entrepreneur im klassischen Sinne, der Entwicklungen, an die er glaubt, energisch und mit hohen Investitionen vorantreibt. Er ist auch ein Meister der Inszenierung. Wer eine seiner legendären Produktpräsentationen (»Apple Special Events«) anschaut, versteht, woher das spöttische »iGod« kommt. Diese Veranstaltungen haben tatsächlich etwas Sakrales: ein abgedunkelter Raum, an dessen Stirnseite ein riesiges Apple-Symbol projiziert wird. Steve Jobs als Hohepriester, der – wie immer im schwarzen Rollkragenpullover und Jeans – in einfachen Worte die frohe Botschaft verkündet, mit riesigen Folien, auf denen meist nur ein Wort, ein Produkt, eine Zahl verdeutlicht, wie viel besser die Welt dank Apple wieder einmal geworden ist. Das immergleiche Ritual, der Meister, dessen Weitsicht wieder Millionen bewegt hat und der mit großer Weltgewissheit verkündet, dass man einer blendenden Zukunft entgegengehe. All das hat etwas von einem »Apple-Gottesdienst«. Passend dazu erinnern die inzwischen über die ganze Welt verstreuten Apple Stores an gläserne Produkt-Kathedralen.

Jobs Autorität speist sich aus den grandiosen Erfolgen seiner Marke, vor allem aber aus der Apple-Historie, die untrennbar mit der Geschichte von Steve Jobs verbunden ist und die zweifellos Hollywood-Qualitäten besitzt: Der adoptierte Junge, in der Schule ein unbeliebter Einzelgänger, der schon im ersten Semester das College schmeißt, in der Garage mit einem Freund ein Unternehmen gründet, das fünf Jahre später an die Börse geht und den Studienabbrecher zum Multimillionär macht. Weitere fünf Jahre später unterliegt er in einem hausinternen Machtkampf und muss sein eigenes Unternehmen verlassen, um Ende der Neunzigerjahre zurückzukehren und die schwer angeschlagene Apple Corporation erneut zu grandiosen Erfolgen zu führen. Ein gefallener Held, der am Ende triumphiert; eine schier ausweglose Situation, die sich doch noch zum Guten wendet – all das sind archetypische Story-Muster, die Menschen bewegen und die sich in ihr Gedächtnis eingraben (vgl. Kapitel 6).

Steve Jobs entspricht dabei mit seiner visionären Durchsetzungsstärke und seiner Unbeirrbarkeit dem klassischen Helden, der alleine seinen Weg geht. Der Kontrast zu den stromlinienförmigen Managern in dunklen Anzügen, die wie Söldner von Unternehmen zu Unternehmen ziehen, könnte kaum größer sein. Und so überbieten sich die Medien in blumigen Charakterisierungen, preisen ihn als »Rockstar des Hightech«, als »Ikone« und »Idol«, als »Philosophen des 21. Jahrhunderts«, als »Guru«, »Genie« und »Messias«.[56]

Woher Charisma kommt, darüber rätseln Autoren auf Tausenden von Buchseiten. Eine Wurzel ist sicher die kompromisslose Verfolgung eines eigenen Weges. Und so wird Jobs zu einem Vorbild für all jene, denen dieser Mut fehlt: Jobs lebt seine Ideen so radikal, wie er es in seiner Stanford-Ansprache 2005 gefordert hat. Und da er dabei so erfolgreich ist, weckt er grenzenlose Bewunderung. Dabei ist Jobs kein »netter« Mensch, ganz im Gegenteil: Schon seinen ersten Geschäftspartner und Freund, Steve Wozniak, soll er übervorteilt und um Honorar betrogen haben. Seine erste Tochter erkannte er erst nach einem Vaterschaftsprozess an, Unterhalt zahlte der Multimillionär geizig und schleppend. Mitarbeiter beschreiben seinen Führungsstil als cholerische Schreckensherrschaft. Ein hochrangiger Manager, der es wagte, in einem Meeting an das Jobs vorbehaltene Whiteboard zu treten und dort etwas zu skizzieren, löste eine wüste

Beschimpfung aus und musste das Unternehmen verlassen. »Steve Jobs gilt als diabolisch, als Soziopath, und er hat diesen Ruf zu Recht, das wird schnell klar, wenn man seine Welt betritt«, schrieb der *Spiegel*.[57] Doch für Genies gelten eben andere Gesetze.

Und so ist Apple das erstaunliche Beispiel einer Unternehmenskultur, die Mitarbeiter in Angst und Schrecken versetzt und sie trotzdem zu Höchstleistungen inspiriert. Eine »Yelling Culture«, wie ein Programmierer sagt, in der jedoch alle Entbehrungen vergessen sind, wenn der CEO eine Begegnung im Fahrstuhl nicht zum Feuern nutzt, sondern einen beim Vornamen nennt, oder wenn er das Team bei der öffentlichen Produktpräsentation lobend erwähnt. Eine Kultur, in der Marktforschung (etwa beim Mac) darin bestand, dass »Steve jeden Morgen in den Spiegel sah und sich fragte, was er wollte«.[58] Apple ist das Paradebeispiel dafür, was ein Unternehmenslenker mit visionärer Kraft, Durchsetzungsvermögen und Begeisterungsfähigkeit erreichen kann. Und es ist ein Beispiel für die Risiken, wenn der Einfluss eines Einzelnen übermächtig wird und niemand weiß, was nach dem großen Vorsitzenden kommen wird.

Warum Apple eine WIR-MARKE ist

➤ Apple ist es gelungen, IT-Produkte zu emotionalisieren und ihren Kauf in ein bewusstes Statement des Kunden über sich selbst zu verwandeln. Wer Apple kauft, bricht aus dem Mittelmaß aus.

➤ Apple hat sich erfolgreich als Marke positioniert, die »anders« ist, als Rebell der Schönheit in einer gleichgeschalteten Computerwelt.

➤ Apple gelingt es besser als Wettbewerbern, Kundenbedürfnisse mit funktionalen und eleganten Produkten zu befriedigen. Was andere erfinden, führt Apple zur Vollendung.

➤ Apple bleibt nie stehen: Jobs hat ein Gespür für die relevanten Trends und lässt entsprechende Produkte entwickeln, vom iPod über das iPhone bis zum iPad.

> ➤ Neben einem Faible für Design, schlichte Eleganz und Funktionalität schweißt ein griffiges Feindbild die Apple-Gemeinde zusammen: Microsoft als gleichmacherischer, auf Marktdominanz zielender Technikkonzern.

> ➤ Apple bietet mit Steve Jobs eine charismatische Gründer- und Führungsfigur mit hohem Identifikationswert.

> ➤ Apple bietet eine aufregende Unternehmensgeschichte, eine Story mit Hollywood-Appeal – von der Garagengründung über die tiefe Krise bis zum triumphalen Wiederaufstieg.

Google – der Datenkrake zum Gernhaben

»Wir sind der unangefochtene Marktführer im Bereich Internetsuche mit einem weltweiten Marktanteil von 80 bis 90 Prozent. Seit unserer Gründung im Jahr 1998 wachsen wir stetig und erzielten allein im letzten Quartal 2010 einen Umsatz von 8,44 Milliarden Dollar und einen Gewinn von 2,54 Milliarden. Zurzeit beschäftigen wir weltweit in über 60 Niederlassungen von Atlanta bis Zürich mehr als 24.000 Mitarbeiter; allein 2011 planen wir, unsere Belegschaft um weitere 6.000 Mitarbeiter aufzustocken. Unser stürmisches Wachstum verdanken wir unter anderem einer Vielzahl gezielter Firmenübernahmen zum stetigen strategischen Ausbau unseres Geschäftsmodells.«

So könnte eine Google-Selbstpräsentation auch aussehen, ganz in der Diktion eines traditionellen Konzerns. Doch der Text oben ist ein reines Gedankenspiel, selbst wenn alle Unternehmensdaten den Tatsachen entsprechen. Google ist nicht ohne Grund die aktuell wertvollste Marke der Welt und der absolute Wunscharbeitgeber Zigtausender. Weltweit gehen bei Google pro Jahr 1,7 Millionen Bewerbungen ein, allein in Deutschland sind es 40.000.[59] Was macht die Google AG so attraktiv? Wofür steht die Marke Google?

Ein Unternehmensauftritt auf Augenhöhe

Google verbindet zeitgemäße Produkte mit einem genialen Selbstmarketing, das noch dazu ohne jede Werbekampagne auskommt. Oder haben Sie je einen Google-Werbespot, ein Google-Plakat oder ein Google-Pop-up im Internet gesehen? Selbst die Flut von Bewerbungen ergießt sich unaufgefordert, während andere Unternehmen aufwendige Recruiting-Events veranstalten müssen, um im globalen »War for Talents« ins Bewusstsein der Zielgruppe zu rücken. Auch wenn Google stetig neue Angebote austüftelt oder durch Firmenübernahmen eingliedert, werden über 90 Prozent des Umsatzes nach wie vor mit Online-Werbung (»Adwords«, »Adsense«) bestritten, die an die Suchmaschine gekoppelt ist. Google war dabei von Anfang an schneller als die Suchmechanismen der Konkurrenz, auch weil der Marktführer optisch schlicht daherkommt und die Startseite nicht mit anderen Inhalten vollstopft. Die Firmenlegende besagt, dass Firmenmitgründer Sergey Brin einfach nicht wusste, wie man eine aufwendigere Seite programmiert. Ein fröhliches Logo in den Grundfarben Blau, Rot, Gelb und Grün, angeblich geborgt vom Inventar an Legosteinen, das die beiden Gründer Brin und Page für den Bau des ersten Firmencomputers nutzten, dazu ein schlichtes Suchfeld – that's it. Von dieser unaufdringlichen Harmlosigkeit hat man sich bis heute nicht verabschiedet. Auch als Aktienunternehmen tritt man im Gewand eines Kinderspielzeugs auf. So bleibt Google rein optisch der nette Freund seiner Nutzer.

Die lustigen »Doodles«, die zu bestimmten Jahrestagen das Google-Logo verfremden (etwa zum Lego-Firmenjubiläum oder zum Geburtstag von John Lennon), passen perfekt dazu. Auch die Texte, mit denen sich das Unternehmen präsentiert, sind meilenweit von jeder üblichen Großunternehmensrhetorik entfernt. Die Zahlen, Daten, Fakten, mit denen andere Konzerne offensiv Macht und Größe demonstrieren, muss man bei Google unter »Über Google« > »Pressezentrum« > »Weitere Unternehmensinformationen« > »Investor Relations« > »Financial Information« suchen. Stattdessen wirbt der Konzern mit einfacher und direkter Sprache um Sympathie. Ein Beispiel sind die »Zehn Punkte, die für Google erwiesen sind«, also die Google-Philosophie:

>1. Der Nutzer steht an erster Stelle, alles Weitere ergibt sich von selbst.

2. Es ist das Beste, eine Sache richtig gut zu machen.

3. Schnell ist besser als langsam.

4. Die Demokratie im Internet funktioniert.

5. Fragen treten nicht nur auf, wenn Sie gerade an Ihrem Schreibtisch sitzen.

6. Man kann Geld verdienen, ohne jemandem damit zu schaden.

7. Irgendwo gibt es immer noch mehr Informationen.

8. Der Informationsbedarf überschreitet alle Grenzen.

9. Man kann seriös sein, ohne einen Anzug zu tragen.

10. Großartig ist einfach nicht gut genug.«[60]

Vom Sprachstil her klingt das eher wie das Ergebnis eines Küchen-Brainstormings in einer Studenten-WG und nicht wie das Credo eines Unternehmens, von dem Bill Gates sagt, es sei Microsoft ähnlicher als je ein Wettbewerber zuvor.[61] Google ist der gute Kumpel von nebenan und kommuniziert mit seinen Kunden auf Augenhöhe. Dazu stellt man die Nutzer in den Vordergrund. So erfährt man unter Punkt 1 (»Der Nutzer steht an erster Stelle«): »Von der Entwicklung eines neuen Internetbrowsers bis zum letzten Schliff des Startseitendesigns ist unser höchster Anspruch, dass Sie von diesen Verbesserungen profitieren. Interne Ziele oder Gewinne treten dahinter zurück.« Oder unter Punkt 3 (»Schnell ist besser als langsam«): »Google ist wahrscheinlich weltweit das einzige Unternehmen, dessen erklärtes Ziel es ist, dass Nutzer seine Website schnellstmöglich wieder verlassen.« Punkt 4 schließlich (»Die Demokratie im Internet funktioniert«) beschreibt das Unternehmen als basisdemokratische Nutzergemeinschaft: »Das Konzept von Google funktioniert, da es auf Millionen von einzelnen Nutzern basiert, die auf ihren Websites Links setzen und so bestimmen, welche anderen Websites wertvolle Informationen bieten.« Google vermarktet sich selbst als WIR-MARKE. Dabei profitiert man in Sachen Sympathie zweifellos auch davon, dass das Google-Angebot für die Nutzer der Suchmaschine kostenlos ist. Doch das gilt schließlich auch für die Mitbewerber.

Natürlich lesen nur wenige Nutzer die Unternehmensphilosophie, bevor sie beginnen zu googeln. Doch dieser Habitus – Google als guter Freund der Nutzer – prägt die Außendarstellung des Unternehmens, das inzwischen mit Werbung Milliarden verdient. Und Sätze wie »Man kann seriös sein, ohne einen Anzug zu tragen«, werden in Blogs und Presseartikeln zuverlässig weitergetragen.

Eine coole Unternehmenskultur

»Google aspires to be a different kind of company«, heißt es am Ende des unternehmenseigenen »Code of Conduct«. Wer unter »Google Unternehmenskultur« nachschaut, bekommt zu lesen:

> »Obwohl Google seit der Unternehmensgründung im Jahr 1998 erheblich gewachsen ist, haben wir die Atmosphäre eines kleinen Unternehmens bewahrt. Mittags isst fast jeder in der Kantine, setzt sich an irgendeinen freien Tisch und unterhält sich mit Googlern aus anderen Abteilungen. Innovation als unser Unternehmensziel kann nur erreicht werden, wenn alle Mitarbeiter selbstbewusst eigene Ideen und Meinungen

vorbringen. [...] Da jedem Mitarbeiter bewusst ist, dass er einen gleich wichtigen Anteil am Erfolg von Google hat, zögert auch niemand, beim wöchentlichen TGIF-Meeting eine gezielte Frage an Larry Page oder Sergey Brin zu richten – oder einen Volleyball auf ein Mitglied der Unternehmensführung zu schmettern.«

Gerald Reischl hat Google in seinem unternehmenskritischen Buch als »Flowerpower-Paradies« bespöttelt.[62] Doch die demonstrative Wertschätzung der Mitarbeiter, die sich in Aktienoptionen und vielen anderen Annehmlichkeiten von freiem Essen bis zum kostenlosen Fitnesscenter niederschlägt, kommt gut an. Gepaart ist das Ganze mit einer Spaßkultur, von der Kletterwand im Foyer bis zu Rollern und Fahrrädern als Fortbewegungsmittel. Das Unternehmen will so bunt sein wie sein Logo – das signalisieren auch die Fotos der weltweiten Niederlassungen auf der Homepage und der Hinweis auf deren »lokales Flair«. Gleichzeitig verabschiedet man sich von traditionellen Hierarchien und erfüllt so die Sehnsüchte der ambitionierten Millenials.[63] Vermittelt wird das kurz und treffend im Volleyball-Bild. Können Sie sich vorstellen, dass ein Siemens-Vorstand beim Volleyball zur Zielscheibe eines Schmetterballs wird? Kein Wunder, dass Google als hippes, cooles, modernes Unternehmen gilt. Man propagiert eine Kultur, die auf Fairness und individuelle Förderung setzt, und sucht auch hier wieder den Schulterschluss mit den Kunden: »In unseren Niederlassungen auf der ganzen Welt werden Dutzende verschiedener Sprachen – von Türkisch bis Telugu – gesprochen. Unsere Belegschaft ist daher ein Spiegelbild unserer weltweiten Nutzergemeinde.« TGIF steht übrigens für »Thank God It's Friday«.

Vertrauen zu Google?

Google wirbt offensiv um Vertrauen und beschwört auch in dieser Hinsicht eine enge Verbindung zu seinen Nutzern. Das beginnt schon beim viel zitierten Google-Leitspruch »Don't be evil« (Tu nichts Böses), der gerade aufgrund seiner Schlichtheit die Anmutung einer ehernen moralischen Instanz bekommt. Außerdem unterstreicht Google die Unverkäuflichkeit seiner Page Ranks: »Unsere Nutzer vertrauen auf die Objektivität von Google, und kein kurzfristiger Nutzen könnte es jemals rechtfertigen, dieses Vertrauen zu brechen.«[64] Das Geheimnis, das um den genauen Algorithmus zur Berechnung der Trefferfolge bei Suchanfragen gemacht wird und das mit der Suchmaschinenoptimierung sogar ein neues Geschäftsfeld in der Beratungsbranche eröffnet hat, erhärtet die Glaubwürdigkeit dieser Aussage. Die schlichte Eröffnungsseite ohne jede Zusatzinformation oder gar Werbung passt ebenfalls dazu. Google wirkt auf den ersten Blick fast »nicht kommerziell«. Dazu gehört, dass sich Anzeigen in einer Trefferliste optisch zwar von neutralen Suchergebnissen abheben, der Nutzer aber auch dort nicht von Pop-ups belästigt wird, sondern thematisch passende Texthinweise erhält.

Google hat das Kunststück fertiggebracht, als Unternehmen, das den Markt für Online-Werbung unangefochten dominiert, in der flüchtigen Wahrnehmung der Internetnutzer wie ein Unternehmen zu wirken, für das Werbung eine untergeordnete Rolle spielt. Auch das kommt gut an in einer Zeit, in der Werbebotschaften mit immer schrilleren Mitteln um Aufmerksamkeit buhlen und oft genug für Überdruss sorgen. Maßgeblich für die Google-Strategie ist die Entwicklung der Werbesysteme »Adwords« und »Adsense«, die beide auf Unternehmenszukäufen basieren.[65]

Auch Humor ist eine oft unterschätzte Waffe im Werben um Vertrauen. Kann ein Unternehmen mit lustigen Eröffnungs-»Doodles, flotten Sprüchen gegen Anzugträger und der Möglichkeit, Treffer auf Klingonisch anzuzeigen, denn böse sein? Und selbst der Name »Google« hat etwas Anheimelnd-Verniedlichendes – nehmen Sie zum Vergleich etwa »Altavista«, »Fireball« oder »Mirago«. Dazu die Kinderzimmerfarben des Logos, zwei studentisch anmutende Garagengründer – die personifizierte Harmlosigkeit. Schließlich war auch die Google-Unternehmenskultur immer wieder Thema in den Medien, die Buntheit, die Mitarbeiterfreundlichkeit. Angesichts der vielen Schlagzeilen über Missmanagement und Machtmissbrauch, über Mobbing und Dumpinglöhne, ist das ein nicht zu unterschätzender Sympathiefaktor, der dem Unternehmen einen Vertrauensvorschuss einbrachte.

Inzwischen ist Google dabei, diesen Vertrauensvorschuss zu verspielen. In den letzten Jahren hat die Negativberichterstattung in der Presse stetig zugenommen. Im Mittelpunkt stehen dabei der laxe Umgang Googles mit Urheberrechten und der fragwürdige Umgang mit Nutzerdaten. Wenn der *Spiegel* das Unternehmen einen »geheimnisvollen Giganten« nennt und auf dem Titelblatt verkündet: »Der Konzern, der mehr über Sie weiß als Sie selbst« (Januar 2010), ist das Thema nicht mehr zu übersehen. Mit »Google Books« legte sich das Unternehmen mit Buchverlagen an, mit »Google News« mit Zeitungsverlagen, mit dem Kauf von Youtube mit Fernsehsendern und Musikverlagen, mit »Google Street View« schließlich mit Privatkunden. Ob es darum geht, dass Google bestimmte Suchergebnisse herausfiltert, wenn sie autoritären Regimen nicht genehm sind (so etwa in China), ob es um die Identifizierbarkeit von Nutzern und deren Suchverhalten durch langfristig gespeicherte, browserabhängige Identifikationsnummern geht oder um den Manipulationsvorwurf durch nutzerbezogene Werbung (»Behavioral Targeting«) – Google wird immer öfter als Datenkrake kritisiert. Gut 27.000 Treffer landete man im März 2011, wenn man bei Google die Stichworte »Google Datenkrake« eingab. In den USA wurde das Unternehmen von Bürgerrechtsgruppen schon vor längerer Zeit als »datenschutzfeindlich« eingestuft (2007) und für den »Big Brother Award« nominiert (2003).[66] Constanze Kurz vom Chaos Computer Club sagt über Google: »Das ist keine Suchmaschine, sondern ein Datensammler«; das Magazin *Brand eins* spricht von »einem Albtraum für Medien- und IT-Konzerne, Verbraucherschützer, Juristen und Politiker«[67]; Wikipedia schreibt, »Googles Expansionsstrategie ähnelt der von Microsoft, nur agiert Google viel schneller«.[68] Während ich diese Zeilen schreibe, meldet *Spiegel Online* »US-Senat untersucht Googles Marktmacht« und berichtet vom Vorwurf der Manipulation von Suchergebnissen zugunsten Google-eigener Dienste.[69]

Für eine detaillierte Aufarbeitung dieser Einschätzung ist hier nicht der rechte Ort, dazu gibt es inzwischen zahlreiche Publikationen.[70] Die spannende Frage ist, wie lange sich Google noch der Sympathie und des Vertrauens von Millionen Nutzern gewiss sein kann. In Deutschland, wo man es mit dem Datenschutz genauer nimmt und Street View zu Protesten führte, ist Google als »Absteiger des Jahres 2011« bereits aus den Top Ten der Best Brands herausgefallen, die die GfK aufgrund von Kundenbefragungen ermittelt.[71] Ob die Benutzerfreundlichkeit des Hauptproduktes weiterhin alle kritischen Stimmen überstrahlen wird, ist ungewiss. Google-Vizepräsidentin Marissa Mayer hat den Google-Vorteil einmal so beschrieben: »Google hat die Funktionalität eines komplizierten Schweizer Taschenmessers, aber unsere Homepage ist simpel und elegant wie ein geschlossenes Messer.«[72]

Warum Google (noch) eine WIR-MARKE ist

➤ Google funktioniert schnell und simpel, das heißt es erfüllt den Zweck einer Suchmaschine optimal – die Grundvoraussetzung für ein wohlwollendes Kundenurteil.

➤ Google vermarktet sich (bislang weitgehend erfolgreich) als Unternehmen, dem die Bedürfnisse seiner Nutzer am Herzen liegen.

➤ Google kommuniziert offiziell mit seinen Nutzern auf Augenhöhe.

➤ Google verzichtet auf Eigenwerbung, die von Konsumenten mehr und mehr als aufdringlich empfunden wird.

➤ Googles Systeme für Online-Werbung integrieren die Textanzeigen so geschickt (und bieten durch thematische Anbindung an die Suche zudem passende Informationen), dass die Suchmaschine fast »nicht kommerziell« wirkt.

➤ Google pflegt und kommuniziert eine sympathische Unternehmenskultur, die Mitarbeiterfreundlichkeit, Fairness und Kreativität in den Mittelpunkt stellt und die für positive Presseberichte sorgte.

➤ Google präsentiert sich und seine Mitarbeiter als Spiegelbild seiner weltweiten User.

➤ Google kommt einfach, bunt und unprätentiös daher und demonstriert immer wieder verspielten Humor.

Amazon – ein Großhändler als freundliche Verkaufscommunity

»Kundenservice ist der entscheidende Erfolgsfaktor im Online-Handel. Wenn Sie in der echten Welt Kunden verärgern, erzählen die das vielleicht ein paar Freunden. Wenn Sie im Internet Kunden verärgern, können die das Tausenden von Freunden erzählen, mit nur einer einzigen Nachricht in einer Newsgroup. Wenn Sie Kunden begeistern, können diese auch das Tausenden von Freunden mitteilen. Ich will, das jeder unserer Kunden ein Missionar in Sachen Amazon wird.«[73]

Es sieht so aus, als sei der Wunsch von Amazon-Gründer Jeff Bezos in Erfüllung gegangen: Seit der Buchversender 1995 in den USA online ging, wächst das Unternehmen stetig. Heute hat Amazon als weltweit größter Online-Händler viel mehr als nur Bücher im Programm und ist mit den »Amazon Web Services« schon wieder auf dem Weg zu neuen Ufern und neuen Geschäften als globale E-Commerce-Plattform. Längst ist Ebay im Internethandel auf Platz 2 verwiesen. 2010 verbuchte Amazon weltweit einen Gewinn von 1,15 Milliarden Dollar – 27,7 Prozent mehr als 2009. Der Umsatz stieg um 39,5 Prozent gegenüber dem Vorjahr auf 34,2 Milliarden Dollar.[74] Erwirtschaftet wurde diese Summe von rund 33.000 Mitarbeitern mit Kunden in über 150 Ländern. Was schätzen die Kunden an Amazon?

Das »kundenfreundlichste Unternehmen der Welt«

Bezos beschreibt sein Unternehmen gerne als »customer obsessed«. Der Geschäftsbericht für das Jahr 2009 führt den finanziellen Erfolg von Amazon gleich im ersten Satz auf »15 Jahre Verbesserungen beim Kundenerlebnis« zurück. Bezos verweist außerdem stolz darauf, dass 360 der insgesamt 452 Unternehmensziele direkt mit dem Kundenservice zu tun haben und dass die Vokabeln »Nettoerlös«, »Gewinn« oder »Marge« in sämtlichen Zielen nicht ein einziges Mal erwähnt werden.[75] Was tut Amazon, um sein selbst gesetztes Ziel des »kundenfreundlichsten Unternehmens der Welt«[76] zu erreichen?

Folgt man Bezos, so hat Bill Gates einmal gesagt: »Ich kaufe alle Bücher bei Amazon, weil ich sehr beschäftigt bin und das bequem ist. Die haben eine große Auswahl und sie sind sehr zuverlässig.«[77] Bequemlichkeit, Zuverlässigkeit, große Auswahl – für den Unternehmenschef sind das drei Kernwerte der Marke Amazon. Wer zum zweiten Mal bei Amazon kauft, profitiert vom »1-Click«-Bestellsystem, für das das Unternehmen in den USA sogar einen Patentschutz erreichte. Alle Daten sind gespeichert, auch alle Versandadressen, sodass der Bestellvorgang nur wenige Minuten dauert. Der Kunde wählt, wie er zahlt, ob per Rechnung, Bankeinzug oder Kreditkarte. Er kann Geschenke verpacken und direkt verschicken lassen; Amazon sorgt für eine passende Grußkarte. Eine kurze Notiz für den Empfänger ist kostenlos, ebenso wie der Versand generell. Gegen eine Pauschale von derzeit 29 Euro bekommt er sämtliche Amazon-Sendungen ein Jahr lang garantiert am nächsten Tag (»Amazon prime«). Diese Option gilt übrigens nicht nur für ihn, sondern darüber hinaus für weitere vier Mitglieder seines Haushaltes. Alternativ kann er Einzelsendungen gegen Gebühr über Nacht zustellen lassen. Doch Amazon ist ohnehin schon schnell, vieles trifft bereits am nächsten oder spätestens übernächsten Tag beim Kunden ein. Wer unschlüssig ist, kann sich an Kundenrezensionen und Bestsellerlisten orientieren. Außerdem protokolliert Amazon das Bestellverhalten des Kunden und versorgt ihn regelmäßig mit passenden Empfehlungen.

Sämtliche Bestellungen können binnen 30 Tagen zurückgesendet werden. Wer Geld sparen möchte, schaut nach, ob er den gewünschten Artikel gebraucht bekommt. Auch Gebrauchtware kann er über Amazon ordern und bezahlen. Ähnlich komfortabel wie die Bestellung von Büchern und anderen Medien ist für Endkunden das Ordern anderer Waren, die Amazon zum Teil in Kommission, zum Teil über die Aufnahme in eigene Lager vertreibt.

Die simple Aufzählung verdeutlicht, was sich hinter der »Kundenobsession« verbirgt. Verfolgt wird diese Obsession nach wie vor von Jeff Bezos selbst. So meldete der *Spiegel* im Dezember 2010: »Amazon-Chef erfindet Filter für Geschenke-Spam«.[78] Unter dem scherzhaften Namen »Aunt Mildred« hat Bezos ein Patent für ein System eingereicht, mit dem Amazon-Kunden selbst programmieren können, welche Geschenke automatisch in Gutscheine umgewandelt werden sollen, welche Größen Kleidungsgeschenke haben müssen, ob Filme als DVD oder Blu-ray-Discs geliefert werden sollen et cetera. Offenbar kommen unpassende Präsente häufig von älteren Damen in der Verwandtschaft. Auch wenn »Aunt Mildred« noch Zukunftsmusik ist, ist sie doch ein schlagender Beweis dafür, dass Bezos es ernst meint, wenn er den Amazon-Grundansatz so beschreibt: »Beginne bei den Kunden und arbeite rückwärts. Hör den Kunden zu, aber höre nicht *nur* zu – erfinde, was ihnen nützt.«[79]

In der Managementpraxis schlägt sich diese kompromisslose Kundenorientierung in einem detaillierten Berichtswesen nieder, das an die Intranetprogramme »Wocas« und »Skyline« gekoppelt ist. Wocas steht für »What our customers are saying« und speist Kundenstimmen direkt in ein Projektmanagement-Tool ein. Skyline berechnet die Folgekosten von Kundenproblemen und ordnet sie Verantwortungsbereichen im Unternehmen zu. Das heißt ein Manager, dessen Bereich zusätzliche Kosten verursacht, muss diese Kosten aus seinem Budget begleichen. Kompromisslose Kundenorientierung setzt eine kompromisslose Kultur der Selbstverantwortung voraus.[80] Dies schlägt sich auch in Führungsleitlinien nieder, die hohe Leistungsbereitschaft, Ergebnisorientierung und »Eigentümerdenken« einfordern und dabei gleichzeitig eine Kultur des Vertrauens und der Selbstkritik anmahnen (»Unsere Leadership Principles«).[81] Auf das wachsende Umweltbewusstsein der Kunden reagiert Amazon mit Initiativen zur Reduzierung von Verpackungsmüll (»Frustfreie Verpackung«) und Projekte in den Filialen, die Energie einsparen (»Amazon und unser Planet«; dort auch eine Liste mit erfolgreichen Umweltprojekten unter der Überschrift »Earth-Kaizens«). Ohne entsprechende Initiativen und Bekenntnisse zu Umweltschutz und Nachhaltigkeit kommt heute kaum ein Unternehmen mehr aus.

Eine altmodische Unternehmensstrategie

Amazon ist ein stetig wachsendes, aber auch ein ungeheuer innovatives Unternehmen. In den letzten Jahren hat sich nicht nur die Zahl der vertriebenen Artikel stetig erweitert, sondern auch die Businessstrategie wurde kontinuierlich vorangetrieben. So versteht sich Amazon heute als Spezialist für E-Commerce, der sein Know-how, seine Serverkapazitäten und seine Innovationen im Bereich Software ebenfalls zu Geld macht und digitale Dienstleistungen für andere Unternehmen bietet (»Amazon Web Services«).

Doch in anderer Hinsicht ist das Unternehmen überraschend traditionell. Da ist zum einen die prägende Gründerfigur Jeff Bezos, der wie ein Mittelständler bis heute das Unternehmen selbst weiterentwickelt und dies nicht etwa an wechselnde Manager delegiert. Vom kurzsichtigen Schielen auf den Börsenkurs distanziert sich Bezos explizit. Welcher andere Vorstand schreibt schon an seine Aktionäre:

> »Wir können Ihnen nicht versprechen, dass wir dieses Jahr alle unsere Ziele erreichen. Das haben wir auch in den vergangenen Jahren nicht geschafft. Was wir Ihnen versprechen können, ist, dass wir weiterhin obsessiv Kundeninteressen vertreten werden. Wir sind fest davon überzeugt, dass dieser Ansatz – langfristig – für Aktionäre wie für Kunden gleichermaßen gut ist.«[82]

Das Wirtschaftsmagazin *Brand eins* überschrieb ein Firmenporträt Amazons treffend mit »Eins nach dem anderen« und attestierte dem Unternehmen eine »branchenuntypische Eigenschaft«: Geduld.[83] Die Börse reagiert auf diesen Kurs tatsächlich reserviert. So verlor die Amazon-Aktie Ende Januar 2011 fast 9 Prozent, trotz eines Umsatzplus von fast 40 Prozent im Jahr 2010 und einer Steigerung des Unternehmensgewinns um knapp 28 Prozent. Dennoch gehen Kunden weiterhin vor Aktionären, etwa wenn die günstige Jahrespauschale für Kurierzustellung (»Amazon prime«) trotz Verlusten in den USA (laut Amazon-Finanzchef jährlich 600 Millionen Dollar)[84] beibehalten und auf andere Länder ausgedehnt wird. In Form von Kundenbindung zahlt sich die Maßnahme auf längere Sicht offensichtlich aus.

»Persönliche« Kundenbindung ohne persönlichen Kontakt

Google verdient Milliarden mit Werbung, ohne Kunden offensiv mit Werbung zu konfrontieren – ein Paradoxon. Auch Amazon ist für ein Paradoxon gut: Der Internethändler hat es verstanden, den persönlichen, direkten Kundenkontakt auf ein Minimum zu beschränken und gilt dennoch als ausgesprochen kundenfreundliches Unternehmen.

Haben Sie schon einmal bei Amazon angerufen? Wahrscheinlich nicht. Das wäre auch gar nicht so einfach, weil die Telefonnummer für Kunden auf der Website gut versteckt ist. Wo andere Unternehmen mit freundlich lächelnden Callcenter-Mitarbeiterinnen werben und Anrufe »gerne rund um die Uhr entgegennehmen«, setzt Amazon auf programmierbare Algorithmen, mit denen Kunden sich gut versorgt und offenbar auch persönlich gut betreut fühlen. CPO oder »Contacts per Customer Order« ist eine wichtige Kennzahl des Versenders, und Amazon hat diese Frequenz kontinuierlich gesenkt, etwa durch ein detailliertes E-Mail-Infosystem zu Bestelleingang und Bestellstatus. Die Beschwerdequote liegt trotzdem weit unter dem anderer Großunternehmen bei etwa 25 Prozent des Üblichen, so ein ehemaliger leitender Amazon-Angestellter.[85] Außerdem lernt Amazon seine Kunden mit jeder Bestellung besser kennen und hat die Marketinginstrumente des »Behavioral Targeting« perfektioniert. Und so kann es passieren, dass eine E-Mail mit Empfehlungen aus dem Programm die neueste Managementliteratur, einschlägige Krimis und Musikneuerscheinungen der bevorzugten Stilrichtungen enthält. Offenbar sehen sich die meisten Kunden dennoch nicht im Visier eines Big Brother, sondern schätzen den passgenauen Service. Seit seiner Listung im Jahr 2000 belegt Amazon im »American Customer Satisfaction Index«, ACSI, kontinuierlich den Spitzenplatz mit der höchsten Zufriedenheitsrate im Internethandel.[86]

Eine persönliche Beziehung zu den Kunden schafft Amazon nicht über routiniert-freundliche Callcenter-Mitarbeiter, sondern dadurch, dass es Kunden immer mehr Möglichkeiten bietet, sich einzubringen. Dazu zählen längst nicht mehr nur die Kundenrezensionen, deren Gesamtzahl Jeff Bezos allein für das Jahr 2009 stolz auf weltweit 7 Millionen beziffert. Kunden können die Rezensionen anderer bewerten, Diskussionen eröffnen, Lieblingslisten von Büchern und persönliche Wunschlisten anlegen. Sie können selbst über Amazon verkaufen und im Rahmen des »Partnerprogramms« sogar »Geld verdienen mit Amazon«, beispielsweise durch eine Beteiligung an Umsätzen, die über Links einer Kunden-Website angebahnt werden. Mit anderen Worten: Amazon behandelt seine Kunden als gleichwertige Geschäftspartner – es bot ihnen schon Möglichkeiten, sich als Community zu organisieren, lange bevor der Hype um Social-Media-Marketing einsetzte. »Das ist ein wichtiger Zusatznutzen für unsere Kunden, aber kein eigenständiges Geschäft für uns. Wir müssen damit kein Geld verdienen«, so Jeff Bezos im *Spiegel*-Interview Ende 2007.[87]

Neben gutem Service gibt es wahrscheinlich kaum eine bessere Möglichkeit, Kunden Wertschätzung zu demonstrieren und ans Unternehmen zu binden, als diese beiden Amazon-Erfolgsmomente: Behandle deinen Kunden als Geschäftspartner und gib ihm die Möglichkeit, sich mit anderen Kunden zu vernetzen. Amazon ist zweifellos eine WIR-MARKE. Die persönliche Begrüßung beim Öffnen der Website (»Hallo, Lise Müller«) und die Unterseite mit gezielten Empfehlungen (»Lises Amazon«) sind da nur noch kleine Sahnehäubchen.

Warum Amazon eine WIR-MARKE ist

➤ Die Basis stimmt: Amazon ist einfach und schnell zu nutzen und liefert zuverlässig aus einem großen Angebot.

➤ Amazon optimiert seinen Kundenservice stetig und sehr erfolgreich, wie Umfragen belegen. Kunden können aus einer Vielzahl von Zusatzangeboten und Bestelloptionen wählen und sind über den Bestellstatus stets auf dem Laufenden.

➤ Amazon ist innovativ und bietet seinen Kunden immer wieder neue Möglichkeiten.

➤ Hintergrund ist eine Unternehmenskultur, die auf Selbstverantwortung und Leistungsbewusstsein setzt und den Kunden und seine Wünsche ausdrücklich an die Spitze stellt (»customer obsession«).

➤ Amazon beachtet die heute üblichen Standards, die Kunden in puncto Umweltschutz und Nachhaltigkeit erwarten.

➤ Durch das »Amazon Partner-Programm« begegnet Amazon seinen Kunden auf Augenhöhe: Es behandelt sie demonstrativ als Geschäftspartner.

➤ Amazon bietet seinen Kunden Möglichkeiten, miteinander zu kommunizieren, sich über Produkte auszutauschen, Rezensionen zu schreiben und zu bewerten, Themen zu diskutieren, sich zu beschenken, Wunschlisten zu erstellen, selbst Bücher und andere Waren zu verkaufen et cetera.

Nokia – wenn ein Unternehmen den Anschluss verpasst

Wie rasch Marken ihren Glanz verlieren können, dafür ist der finnische Mobilfunkkonzern Nokia ein Paradebeispiel. In seiner besten Zeit war Nokia mit weitem Abstand Weltmarktführer auf dem

Handymarkt, mit einem Marktanteil von fast 40 Prozent, 115.000 Mitarbeitern in aller Welt und einem Jahresumsatz von über 50 Milliarden Euro (2008). Drei Jahre später schrieb die *Frankfurter Allgemeine:* »Nokia kämpft ums Überleben«.[88] Nokias Marktanteil war inzwischen von 38,6 Prozent (2008) auf 28,9 Prozent (2010) geschrumpft; die Nokia-Aktie war weniger als ein Zehntel des einstigen Spitzenwertes von knapp 65 Euro wert, der im Jahre 2000 erreicht worden war.[89]

Vom Erfolgsunternehmen zur Handy-Behörde

Nokia stand lange für günstige und einfach zu bedienende Handys. Was war passiert? Glaubt man Razvan Olosu, einem langjährigen Mitarbeiter, der unter anderem sieben Jahre lang das Deutschlandgeschäft leitete, wurde Nokia Opfer seines eigenen Erfolges. Eine Mischung aus Trägheit und Ängstlichkeit habe dazu geführt, dass das Unternehmen wichtige Entwicklungen verschlief, etwa das Klapphandy oder den Touchscreen. Nokia produzierte unbeirrt weiter Tastentelefone, während Apple mit dem iPhone auf ein zehnmal so teures Smartphone im eleganten Design setzte und den Geist der Zeit traf. Das wichtigste finnische Unternehmen, das laut der *Frankfurter Allgemeinen* zeitweise fast ein Viertel der Unternehmenssteuern des Landes bezahlte, habe sich in eine riesige Behörde mit »Handy-Beamten auf Lebenszeit« entwickelt. Es habe »viele innovative Mitarbeiter mit tollen Ideen« gegeben, so Olosu: »Aber umgesetzt wurden die Ideen nie oder erst nach Jahren.« Die Entwicklung eines Touchscreen-Gerätes beispielsweise dauerte vier Jahre, statt der zunächst geschätzten sechs Monate.[90] Anfang 2011 sollten schließlich der Einstieg von Microsoft und die Übernahme von dessen Betriebssystem für Smartphones die Wende bringen. Ein Google-Manager spottete daraufhin mit Blick auf den ebenfalls nicht sehr erfolgreichen Smartphone-Bereich von Microsoft: »Zwei Truthähne machen gemeinsam noch keinen Adler.«[91]

Mutlose Manager

Mangelnde Dynamik kann einem in stürmischen Zeit den Kopf kosten. Was Nokia fehlte, war neben einer innovativen und ambitionierten Unternehmenskultur ein beherztes Topmanagement, das das Unternehmen energisch vorantrieb. Der langjährige CEO Jorma Ollila führte Nokia zum Erfolg. Seinem Nachfolger Kallasvuo, der das Unternehmen ab 2006 leitete, fehlte der Mut zu einer Neuausrichtung. Dabei spielte auch die Sorge um den Aktienkurs eine Rolle, vorübergehende Umsatzeinbußen aufgrund von Investitionen in neue Geschäftsbereiche wären von den Analysten abgestraft worden. Der Unterschied zu Steve Jobs und seinem rastlosen Ehrgeiz oder zu Jeff Bezos und seiner Experimentierfreudigkeit in Sachen Kundenservice könnte kaum größer sein. Engstirniges Kostensparen, verzagtes »Weiter so« und mangelndes Gespür für Kundenbedürfnisse gingen bei Nokia eine unheilvolle Allianz ein. Selbst die Kooperation mit Microsoft ist kein echter Befreiungsschlag, sondern wirkt wie ein Griff nach dem nächstliegenden Strohhalm: Der neue CEO Stephen Elop, ein Kanadier, war vorher bei Microsoft.

Wie weit das Unternehmen den Kontakt zu seinen Kunden verloren hat, zeigt ein Auszug aus der Nokia-Website. Unter »Nokia im Überblick« heißt es da:

> »Im Bereich Mobilität ist Nokia das weltweit führende Unternehmen und leistet einen entscheidenden Beitrag zur Gestaltung und zum Wachstum der konvergierenden Internet- und Kommunikationsbranche. Nokia verfügt über eine breite Produktpalette und bietet den Menschen eine Vielfalt an Erlebnissen […]«[92]

Das ist blutleeres »Konzern-Sprech« in Reinform und erinnert eher an die Verlautbarungen von Politikern an die Menschen »draußen im Lande« als an ein Unternehmen, dem seine Kunden am Herzen liegen. In Deutschland verlor das Unternehmen zudem durch die Schließung des Nokia-Werkes in Bochum viele Sympathien. Im

Januar 2008 wurde diese Maßnahme verkündet, in den folgenden sechs Monaten sank der Marktanteil von Nokia um 8 Prozent. Das Nachrichtenportal *Heise Online* bezifferte den daraus resultierenden Umsatzverlust auf 220 Millionen Euro.[93] Nokia Deutschland ist ein schönes Beispiel für den »Schlecker-Effekt«: Kunden schauen heute nicht mehr ausschließlich auf das Produkt, sondern auch darauf, wie ein Unternehmen sich sonst verhält. Und WIR-MARKEN verhalten sich eben anders.

Warum Nokia keine WIR-MARKE mehr ist

➤ Nokia verfolgte unbeirrt eine einstmals erfolgreiche Geschäftsstrategie weiter, obwohl die Kundenbedürfnisse sich gewandelt hatten. Immer mehr Menschen wollen nicht nur ein günstiges Handy, sondern ein trendiges Lifestyle-Produkt mit Internetzugang.

➤ Nokia handelte zahlenfixiert und kurzsichtig: Statt neue Produkte voranzutreiben, setzte man den Schwerpunkt auf Kosteneinsparungen.

➤ Nokia krankte an einer bürokratischen Unternehmenskultur, die Veränderungen ausbremste und das Unternehmen schwerfälliger machte als seine Mitbewerber.

➤ Nokia fehlte ein mutiges Topmanagement, das beherzt Neuentwicklungen vorantrieb.

Opel – wie man eine Traditionsmarke kaputt macht

Welcher Spruch fällt Ihnen spontan zu Audi ein? Wahrscheinlich »Vorsprung durch Technik« (seit 1971). Und zu BMW? Möglicherweise »Freude am Fahren« (seit 1969). Zu Opel? Genau: »Jeder Popel fährt 'nen …« Das sang die Popgruppe »Die Prinzen« schon vor zwanzig Jahren.

Der geringschätzige Spruch bringt die Opel-Misere auf eine Kurzformel. Opel wirkt gestrig, bieder, angestaubt. Der aktuelle Opel-

Slogan »Wir leben Autos« hat gegen dieses Negativimage kaum eine Chance, zumal die Halbwertszeit der Opel-Claims ziemlich kurz ist. Allein seit 2002 textete man: »Frisches Denken für bessere Autos«, »Wir bauen Ihr Auto«, »Eine Generation voraus«, »Entdecke Opel« und jetzt eben »Wir leben Autos«. Natürlich macht ein Claim allein noch keinen Verkaufserfolg. Aber das Hin und Her ist Ausdruck einer Konzeptlosigkeit, die die Markenführung bei Opel prägt.

Vom »Zuverlässigen« zum Beliebigen

Opel hatte seine große Zeit in den Sechziger- und Siebzigerjahren. 1972 wurden über 450.000 Opel-Fahrzeuge neu zugelassen; das entsprach einem Marktanteil von gut 21 Prozent, mehr als der von Volkswagen. Seitdem sank der Marktanteil der Traditionsmarke kontinuierlich. 2010 waren es mit knapp 234.000 Neuzulassungen noch 8 Prozent. In der Zwischenzeit hatte Opel 13 verschiedene Vorstände, rigorose Sparmaßnahmen unter Ignazio López, Rückrufaktionen aufgrund von Qualitätsmängeln, ein US-Management, das eigene Löcher auch mit Opel-Geldern stopfte, und letztendlich die drohende Schließung im Gefolge der Insolvenz von General Motors hinter sich gebracht.

Wofür steht Opel heute? Audi wird ein Autokäufer mit erstklassiger Technik assoziieren, BMW vermutlich mit Sportlichkeit in Optik wie Fahrkomfort – aber bei Opel muss er grübeln. Dabei verfügte Opel jahrzehntelang über einen glasklaren Markenkern: Von 1954 bis 1974 lautete der Opel-Claim »Der Zuverlässige«. Damit knüpfte man an die erste Blütezeit vor dem Zweiten Weltkrieg an, als Opel als größter Automobilhersteller Deutschlands bereits mit einem »Volks-Wagen« (dem »P4«) und mit den Modellen »Kadett«, »Kapitän« und »Admiral« Erfolge feierte. In der Zeit des Wirtschaftswunders standen Opel-Automobile für komfortable, zuverlässige Familienautos für jedermann, mit großem Kofferraum und ansprechender Optik. Junge Familien kauften Kadett; wer es geschafft hatte, stieg auf einen Kapitän um. Praktische Familienautos waren ab den Achtzigerjahren jedoch immer weniger gefragt: Die Zeiten hatten sich geändert, Opel veränderte sich aber leider nicht mit. Kunden konnten sich mehr leisten, Autos sollten Spaß machen und Status demonstrieren. Opel-Fahrer galten plötzlich »als alternde Spießer, die die linke Spur der Autobahn blockierten, oder als hirnlose Raser, die in ihren tiefergelegten Mantas abstrakte Gummiskizzen auf den Asphalt radierten«.[94]

Wofür Opel heute steht, weiß niemand so genau. Und das ist kein Qualitätsurteil über die Fahrzeuge, sondern ausschließlich eines über die Markenführung. Opel hat in Rüsselsheim 2002 eine der modernsten Produktionsanlagen in Betrieb genommen und 2009 nach der missglückten Trennung von General Motors »New Opel« ausgerufen. Neue Modelle wie etwa der neue Astra werden in der Presse gelobt. Am Markenimage ändert das aber wenig. Eine vorgefasste Meinung sei schwerer zu zertrümmern als ein Atom, meinte schon Albert Einstein. Bei Opel scheint sich seine Einschätzung zu bewahrheiten.

Im Marketing regiert offenbar Ratlosigkeit: Die neuen Markenbotschafter von Opel heißen Lena Meyer-Landrut und Katie Melua. Ist Opel jetzt also das praktische (Erst-)Auto für junge Frauen? Auf der Opel-Website erfährt man, die Gewinnerin des Eurovision Song Contest 2010 passe aufgrund ihrer »unkonventionellen und offenen Wesenszüge« zu Opel. Bei der elfenhaften Melua ist es ihre Arbeit daran, »die Welt ein Stückchen besser zu machen«, die »Opels Bemühungen im Bereich Umweltschutz und nachhaltiger Mobilität ein Gesicht« gibt. Ich fürchte, das ist vielen Melua-Fans bisher komplett entgangen. Der Claim »Wir leben Autos« wird dem Leser auf einer vollen Seite als »lebendiger Ausdruck der langjährigen Markenwerte« erklärt. Allein der große Erklärungsbedarf macht misstrauisch – zu Recht: Dort fallen Begriffe wie »Hingabe«, »Begeisterung«, »Leidenschaft«, »Energie«, »Innovation« und wir erfahren, dass Autos heute »wesentlicher Teil unseres Lebens sind«.[95] Was soll uns das alles sagen? Ist Opel also eine unkonventionelle, umweltfreundliche Leidenschaftsmarke? Eine nachhaltige Innovationsmarke? Ei-

ne offene Begeisterungsmarke? Das ist ein Brei beliebiger Modevo-
kabeln, aber keine klare Positionierung.

Konzeptlose Manager

(Vor-)Urteile halten sich hartnäckig, und so leidet Opel genauso unter dem Image angestaubter Biederkeit wie Google trotz seines uner-
sättlichen Datenhungers noch immer vom Sympathiebonus der An-
fangsjahre profitiert. Wenn erfolgreiche Marken davon leben, dass
sie vorwiegend gute Emotionen und positive Assoziationen auslösen, lautet die Schlüsselfrage, ob Opel eine solche »emotionale
Wende« überhaupt noch schaffen kann. Marketing ist ein Kampf
der subjektiven Wahrnehmungen, nicht der Produkte – diese These ist inzwischen Allgemeingut. Es nützt nichts, tolle Produkte zu
haben, wenn sich in den Köpfen (und Herzen!) der Käufer nichts
ändert. Und Opel ist schon lange das Gegenteil einer WIR-MARKE,
ein Hersteller, mit dessen Produkten sich kaum jemand identifizieren mag. Jack Trout, Positionierungspapst aus den USA, sagt dazu:
»Stecken Sie kein Geld in eine sterbende Marke. Investieren Sie es
in eine neue Idee.«[96] Und Markus Voeth, Professor für Marketing,
meint schlicht: »Vergesst den Namen Opel!« Die Marke sei so stark
mit Schwächen aufgeladen, dass ein Neustart damit kaum vorstellbar sei.[97]

Wie konnte es überhaupt so weit kommen? Eine Erklärung für
die Opel-Misere ist, dass Opel die Fehler der Muttergesellschaft
General Motors (GM) wiederholt hat. Auch GM hat einen kon-
sequenten Markenaufbau versäumt und sich in unzähligen Typen unterschiedlicher Preisklassen verzettelt, bis niemand mehr
wusste, wofür beispielsweise die Marke »Chevrolet« überhaupt
stand.[98] Helmut Kluger, Herausgeber der *Automobilwoche*, gab auf
dem Höhepunkt der Opel-Krise 2009 der Zeitschrift *Horizont* zu
Protokoll: »Empfehlen kann man den Opel-Produkt- und -Mar-
ketingverantwortlichen nur, zu den Kernwerten zurückzukehren.
Jeder in der Autobranche weiß, dass das Management von GM in

Detroit von Markenführung so viel Ahnung hat wie vom Bau amerikanischer Kleinwagen.«[99] Auch wer keine Insider-Informationen aus dem Unternehmen hat, kann sich zudem vorstellen, wie es in einer Organisation zugeht, in der der Vorstandssessel seit 1982 im Schnitt alle 2,5 Jahre neu besetzt wurde. Die meisten dieser Vorstände kamen aus den USA und schätzten den deutschen Markt offenbar falsch ein. Eine Folge war beispielsweise, dass Opel den Diesel-Boom der Neunzigerjahre verschlief und schwer verkäufliche Geländewagen wie »Monterey« oder »Sintra« produzierte.[100] Auch das würde dafür sprechen, dass die Konzeptlosigkeit der US-Mutter auf Deutschland überging.

Verstehen, was Kunden wollen – das klingt beinahe banal und ist doch die Hauptaufgabe der Markenführung. Dafür bedarf es der Kontinuität und einer hohen Identifikation mit der eigenen Marke. Hat es dem Topmanagement bei Opel möglicherweise jahrelang daran gefehlt? Das trotzige »Wir sind Opel!«, das die Opel-Mitarbeiter im Krisenjahr 2009 auf ihre T-Shirts druckten, passt dazu. Spätestens ab diesem Zeitpunkt wurde Opel in der Öffentlichkeit als Unternehmen wahrgenommen, das am Tropf einer fernen Muttergesellschaft hängt, die genügend eigene Probleme hat – und das selbst Chinesen oder Russen nur kaufen würden, wenn in großem Stil Staatsgelder flössen. Verblüffenderweise hat die Marke und wofür sie stehen soll in der ganzen Krisendiskussion überhaupt keine Rolle gespielt. Die eigene goldene Opel-Geschichte ist bei alledem in Vergessenheit geraten: der Aufstieg von der 1862 in Rüsselsheim gegründeten Nähmaschinenfabrik des Schlossergesellen Adam Opel zum größten deutschen Automobilhersteller, zum Unternehmen mit Pioniergeist, das als Erstes in Deutschland mit Fließbändern arbeitete (ab 1924), das schon 1928 ein Auto mit Raketenantrieb und einer Spitzengeschwindigkeit von 220 Kilometer pro Stunde baute, das die erste selbsttragende Ganzstahlkarosserie fertigte (1935) und nach dem Krieg das Wirtschaftswunder motorisierte. Verdrängt wurde all das durch den »López-Effekt«, Rückrufaktionen, die Beinahe-Pleite und schließlich durch den vergeblichen Versuch, sich von General Motors zu lösen.

Warum Opel keine WIR-MARKE mehr ist

➤ Opel fehlt ein klares Markenprofil – niemand weiß, wofür Opel steht. Mit einer diffusen Marke aber kann sich niemand identifizieren.

➤ Opel ist in der öffentlichen Wahrnehmung zum Spielball ausländischer Manager geworden, zu einem Unternehmen, das seit Jahrzehnten in der Krise steckt und 2009 nur noch mit Staatsbürgschaften zu halten war. Mit einer solchen Marke hat man möglicherweise Mitleid, aber man begeistert sich nicht für sie.

➤ Opel hat in den Achtziger- und Neunzigerjahren seinen guten Ruf durch Qualitätsprobleme verspielt.

➤ Opel hat es nicht verstanden, seine Modellpalette veränderten Kundenbedürfnissen anzupassen, eine Nachfolgestrategie für die praktischen Familienautos der Wirtschaftswunderzeit zu entwickeln.

➤ Opel hat zugelassen, dass die eigene Erfolgsgeschichte und die lange Opel-Tradition in Vergessenheit geraten sind.

➤ Das Opel-Marketing zeugt nach wie vor von Konzeptlosigkeit: ein nichtssagender Claim, der umständlich erklärt wird, und überraschende Markenbotschafterinnen sind Indizien dafür.

➤ Opel ist ein Musterbeispiel dafür, was passiert, wenn es nicht (mehr) gelingt, eine Marke eindeutig zu positionieren und von Mitbewerbern abzugrenzen.

Fazit: Was Apple, Google & Co. anders machen

Nichts währt ewig und nichts ist sicher in unserer schnelllebigen globalen Wirtschaft. Kann man aus den Erfolgen starker Marken wie aus Fehlern schwächelnder Marken tatsächlich lernen? Jein, denn jede Situation ist einzigartig. Doch auf jeden Fall schärfen die Beispiele den Blick dafür, was Spitzenmarken von heute gemeinsam haben:

➤ WIR-MARKEN machen ihre Hausaufgaben. Sie bieten ein überzeugendes Produkt, das als funktional und überdurchschnittlich benutzerfreundlich empfunden wird.

➤ WIR-MARKEN sprechen die richtige Sprache. Sie kommunizieren auf Augenhöhe mit ihren Kunden und nehmen ihre Kunden tatsächlich ernst.

➤ WIR-MARKEN suchen den Schulterschluss mit ihren Kunden: »Wir gegen die anderen«. Wege dahin: eine Identifikationsfigur im Management und ein griffiges Feindbild (Apple), eine geschäftliche Partnerschaft bzw. ein Community-Gedanke (Amazon), eine mitreißende Unternehmenskultur und ein legerer Unternehmensauftritt (Google).

➤ WIR-MARKEN lösen positive Emotionen aus, die von Vertrautheit und Begehrlichkeit bis hin zu Verehrung reichen. Zu einer WIR-MARKE bekennen sich Kunden; sie zu nutzen schmeichelt dem Ego.

➤ WIR-MARKEN haben eine hohe Dynamik. Sie entwickeln sich stetig weiter und überraschen ihre Kunden mit neuen Angeboten, Produkten und Möglichkeiten.

➤ WIR-MARKEN bieten spannende Geschichten, die mit ihrer Gründung, ihrer Führungsfigur, ihrer Kultur verbunden sind. Das verleiht WIR-MARKEN ein Gesicht.

➤ WIR-MARKEN fordern viel von ihren Mitarbeitern, denn nur so können sie ihre Versprechen einlösen.

➤ WIR-MARKEN sind eindeutig positioniert. Kunden wissen, wofür sie stehen. WIR-MARKEN grenzen sich eindeutig von ihren Mitbewerbern ab.

➤ WIR-MARKEN haben mutige Manager – ein Topmanagement, das handelt und die Marke weiter vorantreibt. Ein Management, das »besessen« von der Idee ist, was Kunden heute brauchen und morgen brauchen werden. Ist es Zufall, dass viele der neuen Topmarken von ambitionierten Gründern gelenkt werden?

Teil II

Machen Sie Ihr Unternehmen zu einer WIR-MARKE

»Verantwortlich ist man nicht nur für das, was man tut,
sondern auch für das, was man nicht tut.«

Laotse

3   Selbstverantwortung: Handeln statt reagieren

Wɪʀ-Mᴀʀᴋᴇɴ haben mutige Manager, hieß es am Ende des vorigen Kapitels. Das ist rasch geschrieben, in der Praxis aber ziemlich herausfordernd in einer Zeit, in der nicht nur Märkte, sondern auch Unternehmen immer größer, komplexer und unübersichtlicher werden. In vielen Umfeldern sind Absicherungsmentalität und Unauffälligkeit heute opportune Karrierestrategien. Doch es ist sicher kein Zufall, dass viele der größten Markenerfolge der letzten Jahre von energischen Einzelpersönlichkeiten erzielt wurden. Das gilt nicht nur für Apple oder Amazon, sondern es gilt auch für Neugründungen wie Bionade oder Red Bull, für Neuentwicklungen wie Nespresso oder für Markenrettungen wie bei Porsche.

Nespresso, ein milliardenschweres Geschäft für den Nestlé-Konzern, entstand beispielsweise nicht hinter Konzernmauern, sondern in einer Firmenneugründung, der das Schweizer Wirtschaftsmagazin *Bilanz* »Narrenfreiheit« attestiert[101] und die zunächst von einem eigenwilligen Tüftler, Eric Favre, und ab 1988 von einem extern berufenen Marketingfachmann, Jean-Paul Gaillard, geleitet wurde. Der Turnaround bei Porsche wurde von Wendelin Wiedeking nicht nur durch Kostensenkungen erzielt, sondern auch durch höhere Sympathiewerte für eine Marke, die unter Federführung des neuen CEO vom Angeberauto zum sportlichen David der Autobranche mutierte, zu einer vermeintlich kleinen Autoschmiede, die es tapfer mit den Konzerngoliaths aufnimmt und die mit dem westfälischen Sturkopf Wiedeking plötzlich ein anderes Gesicht bekam.

Wir werden in diesem Kapitel etwas genauer hinschauen, wie Markenführung in vielen Unternehmen betrieben wird und wo die Fallstricke dieser Praxis liegen.

Markenführung ist Chefsache

In der Topetage von Unternehmen sind Markenfachleute in der Minderheit. Die Gesellschaft für Konsumforschung und die Agenturgruppe Serviceplan haben errechnet, dass lediglich 24 Prozent der Topmanager der 100 größten Unternehmen aus dem Marketing kommen. Über Produkte, Markenleitbilder, Design und Kommunikation werde in mehr als drei Viertel aller Fälle von Finanzfachleuten, Juristen, Ingenieuren und Medizinern entschieden.[102] Das muss nicht unbedingt zu schlechten Ergebnissen führen – auch Steve Jobs' geniales Gespür für die Marke basiert schließlich nicht auf einer einschlägigen Ausbildung. Es wirft aber die Frage auf, welchen Stellenwert die Marke im Unternehmen hat und wie stark sie im Fokus der Unternehmensführung steht. Unter dem Titel »Managing Brands for Value Creation« ist die internationale Beratung Booz/Allen/Hamilton zusammen mit den Markenexperten von Wolff Olins vor einiger Zeit dieser Frage nachgegangen. Befragt wurden dazu die Marketing- und Vertriebsmanager der 500 größten europäischen Unternehmen. Auf dieser Grundlage unterschieden die Berater drei Typen von Organisationen:

1. *Markenorientierte Unternehmen* (brand-guided companies): Hier wird die Marke als zentral für den Geschäftserfolg betrachtet und der Markenführung Priorität eingeräumt. Es gibt im Unternehmen ein gemeinsames Verständnis davon, wofür man steht. Markenführung ist auf der Ebene des Topmanagements angesiedelt.

2. *Markenaffine Unternehmen* (emerging brand companies): Hier räumt man der Marke noch nicht den zentralen Stellenwert ein, geht aber davon aus, dass sie in den nächsten fünf Jahren zunehmend wichtiger für den Geschäftserfolg werden wird. Man arbeitet auf ein gemeinsames Markenverständnis im Unternehmen hin, hat aber noch keine klare Zuständigkeit für die Marke etabliert.

3. *Markenblinde Unternehmen* (brand-agnostic companies): Hier hält man die Marke aktuell und auch in den nächsten fünf Jahren

nicht für wichtig für den Geschäftserfolg. Weder arbeitet man an einem gemeinsamen Markenverständnis noch gibt es eine klare Markenzuständigkeit auf der Topebene.[103] Das ist umso erstaunlicher, als nahezu alle Unternehmen heute von sich behaupten, »kundengetrieben« zu agieren und nicht etwa produktorientiert. Wie dies ohne strategische Markenführung umgesetzt werden soll, bleibt rätselhaft.

Die wirtschaftlichen Ergebnisse der »Managing-Brands«-Erhebung sprechen eine klare Sprache: Die Eigenkapitalrentabilität (ROE) der markenorientierten Unternehmen ist mehr als doppelt so hoch wie die der übrigen (19 Prozent versus 8 Prozent), der Gewinn vor Steuern um 70 Prozent höher (17 Prozent versus 10 Prozent). Auch sonst fördert die Studie Erstaunliches zutage: Neun von zehn Unternehmen halten die Marke für »wichtig« oder »sehr wichtig« für ihren Erfolg. Doch in weniger als 20 Prozent der Unternehmen ist das Markenmanagement auf der Topebene angesiedelt. Von den DAX-30-Unternehmen verfügten nicht einmal 45 Prozent über einen Chief Marketing Officer; der direkte Draht zum Vorstandsvorsitzenden fehle oft, kritisierte auch das Beratungsunternehmen Heidrick & Struggles Anfang 2011.[104] Noch prekärer wird die Situation dadurch, dass jeder CEO während seiner Amtszeit im Schnitt vier Marketingchefs erlebt. Was das in der Praxis bedeutet, wissen Sie wahrscheinlich aus eigener Erfahrung: vier Mal jemand, der sich neu einarbeiten muss; jemand, der sich die Marke erst erschließen muss – und jemand, der sich beweisen will. Dieser Erwartungsdruck führt im schlimmsten Fall dazu, dass auf Teufel komm raus neue Maßnahmen propagiert werden, und sei es nur, um die Hoffnung zu erfüllen, ein neuer Besen kehre tatsächlich gut.

Wer führt die Marke?

Die Marke ist zu wichtig, um sie an eine Marketingabteilung ohne Einfluss auf die Unternehmensstrategie zu delegieren oder den Profilierungsansprüchen wechselnder Manager auszuliefern. Mit dieser

Vernachlässigung der Marke geht in der Regel auch eine Abwertung des Markenbegriffs einher: Die Marke wird nicht als Triebfeder der Organisation verstanden, die Strategien und Prozesse bestimmt und von den Mitarbeitern gelebt werden soll, sondern eher als eine oberflächliche Prägung, die einem Produkt von Marketingleuten und Werbern nachträglich aufgedrückt wird. Branding wird reduziert auf Fragen der Optik, der Verpackung, der Kommunikation. Funktioniert das nicht so wie erhofft, wechselt man die Agentur oder tauscht gleich die Marketingverantwortlichen aus.

Doch wer auf einem Schleudersitz Platz genommen hat, sucht automatisch nach Sicherheit, und die versprechen häufig Zahlen. »Alles und jedes wird gemessen, und was nicht gemessen werden kann, ist nicht wichtig«, sagt Markenexperte Otto Belz dazu und kritisiert: »Marktveränderungen werden nicht wahr- und schon gar nicht ernst genommen, bevor sie sich in Budgetabweichungen manifestieren und jede Verbesserung, und sei sie noch so einleuchtend und wünschbar, wird im Keime erstickt, wenn damit auch Budgetposten umverteilt werden müssen.«[105] Er ist nicht der Einzige, der die Zahlengetriebenheit des modernen Marketings kritisiert, das Jonglieren mit Zielgruppendefinitionen, Zustimmungswerten und Bekanntheitsgraden. Doch was er beschreibt, ist schlicht der Businessalltag in vielen Unternehmen, in denen eine Sitzung die nächste jagt und eine Flut von Charts und Excel-Tabellen die eigentlich zentralen Fragen überdeckt: Wofür stehen wir wirklich? Was macht uns, was macht unsere Marke aus? Welche Ziele ergeben sich daraus? Was passt zu uns, und was nicht? Auch die Zuflucht in einem Marketingkauderwelsch, das kaum jemand ohne Marketingsozialisation noch versteht, überdeckt häufig nur eine Form von gut organisierter Desorientierung.

Wenn ein Unternehmen langfristig Erfolg haben will, muss es wissen, was seine Marke im Kern ausmacht – es muss seine Erfolgsfaktoren kennen. Klaus Brandmeyer hat zu Recht darauf hingewiesen, dass damit keine wolkigen Markenanalysen gemeint sind, die einer Marke wenig greifbare Eigenschaften (»Tradition«, »Qualität«, »Innovation«) zuschreiben, sondern dass es um das ganz konkrete

»Erkennen und Definieren des eigenen Erfolgsmusters« geht. Und diese Erkenntnis ist Chefsache: Es ist das Topmanagement, das das Wesen einer Marke begreifen, vermitteln und gegen alle Versuche einer Verwässerung verteidigen muss.

Apple ist das Paradebeispiel für eine Marke, die von der Unternehmensspitze stetig vorangetrieben wird. Wofür die Marke steht und was zu ihr passt, wird vom CEO bestimmt. Und da Apple nicht nur durch kompromisslose Bedienerfreundlichkeit und außergewöhnliches Design definiert wird, sondern auch für ein Abheben vom »Mainstream« steht, kam für Steve Jobs beispielsweise die beliebte »Intel-inside«-Strategie anderer IT-Unternehmen nicht infrage.

»Erfolgreiche Unternehmen werden von herausragenden Unternehmern oder Managerpersönlichkeiten geführt. Sie geben die Leitlinie vor, sie stellen die Weichen für die weitere Entwicklung. Was für ein Unternehmen selbstverständlich ist, gilt erst recht für eine Marke. Marken benötigen klare Leitlinien und Weichen, die es möglich machen, die Marke aus sich selbst heraus – mit Ecken und Kanten – zu entwickeln«, schreibt daher Markenberater Klaus-Dieter Koch.[106] Hinter starken Marken stehen starke Manager, die sich der Marke verschrieben haben und die Verantwortung für den Markenerfolg nicht delegieren, sondern als ihre ureigenste Aufgabe ansehen. Dass das Bewusstsein dafür wächst, zeigt die wachsende Verbreitung des Begriffs »Entrepreneurship«, der klassische unternehmerische Tugenden wie Eigeninitiative, Ideenreichtum, Selbstverantwortung und Risikobereitschaft bündelt. Kaum eine namhafte Wirtschaftsfakultät kommt heute ohne einen entsprechenden Lehrstuhl aus, vom LMU Entrepreneurship Center München bis zum Arbeitsbereich Entrepreneurship der Freien Universität Berlin. Dabei geht es nicht nur darum, Gründertugenden zu fördern. Mindestens ebenso wichtig ist die Verankerung unternehmerischen Denkens in klassischen Managementstrukturen. Professor Hermann Simon, der sich seit vielen Jahren mit den Hidden Champions des Mittelstandes beschäftigt, schlägt im Interview am Ende dieses Kapitels dazu eine sehr pragmatische Lösung vor: Leitende Manager sollten in nennenswerter Höhe wirtschaftlich am Unternehmen beteiligt sein.

Dieses Miteigentum verändere die Denkweise fundamental. Denn nur wer die Verantwortung für eine Marke voll annimmt, wird sie energisch vorantreiben.

Red Bull: Der Topmanager als Motor der Marke

Eines der erfolgreichsten Beispiele für die gezielte Entwicklung und Führung einer Marke ist Red Bull, der Energydrink, den der österreichische Marketingprofi Dietrich Mateschitz 1984 angeblich in der Bar des Mandarin-Hotels in Hongkong entdeckte und ab 1987 zur Weltmarke machte. Red Bull gibt es heute in über 160 Ländern, der Jahresumsatz liegt bei drei Milliarden Euro, der Gewinn im dreistelligen Millionenbereich.[107] Kern der Marke sind Energie, Coolness und Spaß. Mateschitz verpackte das koffeinhaltige Getränk in eine schlanke silberne Dose mit einprägsamen Bullen-Logo, verlangte hohe Preise und ließ lustige Werbespots drehen (»Red Bull verleiht Flüüüüügel«). Vor allem aber sponserte er trendige und ungewöhnliche Sportarten und Events – Snowboarden, Freeclimbing, Extrembergsteigen oder Red-Bull-Flugtage. Red-Bull-Trinker bildeten eine Gemeinschaft junger Sportbesessener oder sie identifizierten sich zumindest mit deren »coolen« Hobbys. Inzwischen leistet Mateschitz sich gleich zwei Formel-1-Rennställe: Scuderia Toro Rosso und Red Bull Racing, für den Sebastian Vettel 2010 Weltmeister wurde. Der Gründer verkörpert die von ihm kreierte Marke auch ganz persönlich: durch außergewöhnliche Ideen (etwa die Errichtung eines spektakulären Hangars in Salzburg für seinen »Red Bull Flying Circus«), durch sein Auftreten als durchtrainierter Sportfanatiker oder durch das Verbreiten der Meldung, er trinke täglich mehr als fünf Dosen seines Energydrinks.

Lange Zeit ging es für Red Bull nur aufwärts. Misserfolge fuhr man bezeichnenderweise erst mit Produkten ein, die mit der Ursprungsmarke wenig zu tun hatten und sich von den eigenen Kernwerten entfernten (etwa mit dem Gesundheitsdrink »Kombucha« des Tochterunternehmens Carpe Diem). Inzwischen gehören sogar

Handytarife und ein kleiner TV-Sender zum Mateschitz-Imperium, bislang allerdings mit geringem finanziellen Erfolg. Die Marke drohte, sich zu verzetteln, 2009 ging der Red-Bull-Umsatz erstmals zurück. Insider führen das auch darauf zurück, dass frische Ideen fehlen, weil stromlinienförmige »Jungspunde« und »lähmende Controllingsysteme« Einzug ins Unternehmen gehalten hätten.[108]

Was bedeutet das für WIR-MARKEN? Es bestätigt das Prinzip Selbstverantwortung: Markenführung ist nicht delegierbar. Man braucht ein Topmanagement, das sich mit der Marke identifiziert, ihre Kernwerte verkörpert und energisch vermittelt. Es wirft außerdem ein Licht darauf, was es ganz praktisch bedeutet, eine »Marke zu leben«: Man braucht die richtigen Mitarbeiter, nämlich Menschen, die den Geist der Marke verstehen. Das ist einerseits einer Herausforderung an die interne Kommunikation (siehe Kapitel 4), andererseits eine Frage der sorgfältigen Auswahl. Bei Google zum Beispiel, einer groß angelegten Erhebung zufolge 2010 der »World's Most Attractive Employer«, sind die Hürden hoch.[109] Bewerber durchlaufen ein halbes Dutzend Gespräche und der Einstellungsprozess dauert Monate. In vielen anderen Unternehmen werden Bewerber zwischen Tür und Angel angeheuert. Zeitdruck, diffuse Sympathie, blindes Vertrauen in klingende Namen im Lebenslauf spielen dort eine Rolle. Die meisten Maschinen werden sorgfältiger ausgewählt als die Menschen, die die Marke tragen und weiterentwickeln sollen.

Denken Sie auch daran, dass Kunden von jedem Kontakt mit dem Unternehmen auf die Marke schließen. Technische Vorzüge eines Autos verblassen, wenn das Werkstattpersonal notorisch unfreundlich ist. Das beeindruckende Werbematerial verfehlt seine Wirkung, wenn der zuständige Produktmanager Geschäftskunden durch Unzuverlässigkeit und stoischen Gleichmut verprellt. Und schließlich: In der Markenführung zählt nicht nur, was man zählen kann. Wer sich auf kurzfristige Zahlenspiele verlässt und den Kern der Marke aus den Augen verliert, läuft Gefahr, sich zu verrechnen.

Der Marke ein Gesicht geben

Längst ist die Person an der Spitze eines Unternehmens börsenrelevant. Extrembeispiel ist Steve Jobs: Wird der Apple-Chef krank, schwächelt auch die Aktie. Doch auch die Zu- und Abgänge in anderen Unternehmen werden an der Börse aufmerksam registriert. Als etwa der frühere Daimler-Chrysler-Chef Jürgen Schrempp, der erfolglos von einer »Welt AG« träumte, 2005 seinen Posten räumte, machte die Unternehmensaktie einen Sprung nach oben. In der Regel wird dies mit Blick auf die wirtschaftlichen Gestaltungsspielräume und die Unternehmensstrategie begründet. Übersehen wird dabei eine andere, zunehmend wichtigere Rolle des Managements als »Gesicht« der Marke für Kunden wie für Mitarbeiter.

Wer macht die Marke greifbar?

Menschen machen eine Marke fassbar und eröffnen Identifikationsmöglichkeiten, während ein Unternehmen selbst eher fern und abstrakt bleibt. Die Werbung bedient sich schon seit Jahrzehnten fiktiver Charaktere, die eine Marke greifbar und sympathisch machen sollen, von menschlichen (Klementine, Herr Kaiser) bis zu künstlichen (Meister Proper, Michelin-Männchen). Auch Prominente sind als Markenbotschafter beliebt – wer es sich leisten kann, heuert Thomas Gottschalk (Haribo), Manfred Krug (Telekom) oder George Clooney (Nespresso) als Markenbotschafter an. Die Risiken dabei liegen auf der Hand: Ein Fehlverhalten des Promis schadet der Marke, etwa wenn Verona Pooth wegen des Geschäftsgebarens ihres Ehemanns Schlagzeilen macht oder wenn Radprofi Jan Ullrich und sein Team Telekom über Monate Dopingvorwürfen ausgesetzt sind.

In der modernen Informationsgesellschaft rücken echte »Marken-Menschen« mehr und mehr ins Visier der Öffentlichkeit. Neben tatsächlichen oder vermeintlichen Mitarbeitern des Unternehmens sind es vor allem die Manager oder Gründer und Inhaber, die für ihre Marke verantwortlich zeichnen. So wirbt Claus Hipp seit Jahren in Spots und im Internet für die Qualität seiner Babynahrung (»Dafür stehe ich mit meinem Namen«) und Trigema-Chef Wolfgang Grupp präsentiert stolz die Fertigung seiner Sportbekleidung »nur in Deutschland«. Der Vorteil echter Unternehmenslenker gegenüber »gekauften« Prominenten ist offensichtlich: Sie verkörpern die Marke authentisch, weil sie direkt für ihren Erfolg (oder Misserfolg) einstehen. Was knorrige Gründerfiguren möglicherweise intuitiv und aus klassischem Unternehmerstolz heraus tun, wird mehr und mehr auch für Manager zur Aufgabe: In einer komplizierten, unübersichtlichen und mit Waren überschwemmten Welt Unverwechselbarkeit bieten, Vertrauen schaffen, Kontinuität garantieren. Eine WIR-MARKE braucht ein Gesicht. Nicht selten ist das heute das Gesicht des Menschen an der Spitze des Unternehmens. Auch deshalb läuft die Zeit der pressescheuen Albrechts (Aldi) und Schleckers ab.

Porsche: Wie der Manager, so die Marke

Kaum jemand hat es so geschickt verstanden, zum Gesicht einer Marke zu werden und deren Image zu verändern, wie der langjährige Porsche-Vorstand Wendelin Wiedeking. Als Wiedeking 1993 zum Vorstandsvorsitzenden berufen wurde, war die Marke am Boden. Porsche produzierte zu teuer und verkaufte zu wenig. Wiedeking verordnete dem Unternehmen eine Rosskur, verschlankte die Modellpalette, baute in großem Umfang Stellen ab, drückte die Preise der Zulieferer. Mit Erfolg: Im Rekordjahr 2007 fuhr das Unternehmen einen Nettogewinn von 4,2 Milliarden Euro ein. Ihrem Vorsitzenden bescherte das dank einer Gewinnbeteiligung ein Rekordsalär von 50 Millionen Euro. Mindestens ebenso spektakulär wie diese Erfolgsgeschichte ist jedoch der Imagewandel der Marke Porsche, der ebenfalls mit Wiedeking verbunden ist: Aus der elitären Schmiede für spritfressende Luxuskarossen wurde der »kleinste und zugleich profitabelste« deutsche Automobilhersteller, der unerschrockene David, der es den Goliaths zeigt und die Sympathien der Zuschauer gewinnt – selbst jener, die sich niemals einen Porsche werden leisten können. Ob *Manager Magazin* oder *Zeit, Frankfurter*

Rundschau oder *Absatzwirtschaft,* alle Medien druckten diese griffige Formel vom »kleinsten unabhängigen« Autohersteller aus der Porsche-Eigenwerbung.

Dieses David-Credo verkörperte Wendelin Wiedeking auch ganz persönlich, gab sich angriffslustig, stilisierte sich zum »Retter der Sportwagenschmiede« *(Who's Who),* mokierte sich öffentlich über Großunternehmen als aussterbende »Dinosaurier« und lehnte publikumswirksam 50 Millionen Euro Subventionen für die Errichtung des Porsche-Werks in Leipzig ab. Ein unerschrockener David kommt ohne solche Krücken aus. Wiedeking legte sich verbal gern einmal mit den anderen Autobossen an und suchte den Schulterschluss mit den Porsche-Mitarbeitern, die nach der erfolgreichen Wende ebenfalls vom Unternehmenserfolg profitierten. Er demonstrierte Bodenständigkeit, erzählte, dass er die Kartoffeln für den Kartoffelsalat am IAA-Stand eigenhändig geerntet habe und schwärmte von seinem alten Porsche-Traktor. Über teure Hobbys, Luxusvillen und Yachten (wie etwa bei Karstadt-Quelle-Interimschef Thomas Middelhoff) ist nichts bekannt. So wurde Wiedeking trotz seines astronomischen Gehaltes zum Sympathieträger im Unternehmen sowie nach außen, während andere Manager sich Raffgier vorwerfen lassen mussten. Als er sich im Machtkampf mit VW und Ferdinand Piëch schließlich verhob, wurde er von Gründerenkel Wolfgang Porsche mit Tränen in den Augen verabschiedet.

Von außen ist nur schwer abzuschätzen, ob Wendelin Wiedeking ein Naturtalent ist oder eine exzellente Presseabteilung beschäftigte. Wahrscheinlich kam beides zusammen. Und natürlich entscheidet sich kein Kunde für ein Produkt, nur weil er den CEO des Unternehmens schätzt. Wiedekings Beispiel illustriert jedoch eindrucksvoll, was ein charismatischer Topmanager für eine Marke tun kann, wie er die Mitarbeiter für sich gewinnen und Sympathiepunkte bei Kunden und Nichtkunden sammeln kann. Für die Markenführung bedeutet das: Neue Zeiten erfordern einen neuen Typus von Führungskräften. Statt »Markenverwaltern auf Zeit« sind entscheidungsfreudige Manager mit Leidenschaft für die Marke gefragt; statt blasser Technokraten gestandene Persönlichkeiten, die eine Marke nach außen, zum

Markt, wie nach innen, für die Mitarbeiter, glaubwürdig vertreten. Diese Menschen sind selten »bequem« für ihre Umgebung, im Gegenteil: Sie sind hartnäckig bis eigensinnig, fordernd bis zur Erschöpfung, anspruchsvoll und rastlos. Wie die Marken, die sie führen, haben auch sie Ecken und Kanten, egal ob sie nun Richard Branson (Virgin), Mark Zuckerberg (Facebook) oder Wendelin Wiedeking heißen. Doch sie haben einen unschätzbaren Vorteil: Sie übernehmen Verantwortung und bringen die Marke nach vorn. Sie können Mitarbeiter für die Marke begeistern und ihr Engagement befeuern.

Die Kunden nicht aus den Augen verlieren

Kundenbesessenheit, so beschrieb Amazon-Chef Jeff Bezos die Haltung, die sein Unternehmen zum kundenfreundlichsten der Welt machen sollte. Das geht so weit, dass der CEO höchstpersönlich an einem System herumtüftelt, dass Amazon-Kunden das lästige Umtauschen ersparen soll – erinnern Sie sich an »Aunt Mildred«! Absurd? Vielleicht vor dem Hintergrund der in vielen Unternehmen üblichen Art und Weise, Marketing zu betreiben: Dort kommen die Kunden eigentlich nur noch in Papierform, in Excel-Tabellen und auf Power-Point-Folien vor. Wann haben Topmanager, Marketingleiter und Führungskräfte es denn noch mit »echten« Kunden aus Fleisch und Blut zu tun?

Was wollen Kunden wirklich?

Bei Ikea sitzen Manager angeblich von Zeit zu Zeit an der Kasse, um den Kontakt zur Kundschaft nicht zu verlieren. Auch einige der Mittelstandsunternehmen, die in der Initiative »Top Job« jährlich ausgezeichnet werden, lassen Führungskräfte immer wieder einmal kurzfristig mit Mitarbeitern tauschen, um zu verhindern, dass sie sich zu weit von der Unternehmenswirklichkeit entfernen.[110] Je größer eine Organisation ist, desto größer wird auch die Gefahr, dass die Unternehmensspitze im Elfenbeinturm agiert.

Zahlen können trügen, Marktforschung hat ihre Tücken, wie schon im ersten Kapitel festgestellt. Partikularinteressen und Abteilungsegoismen sind aus kaum einem Meeting herauszuhalten. Beauftragte Agenturen werden immer auch den eigenen Umsatz im Auge behalten und ihre Argumentation darauf abstimmen. Und je höher ein Manager steigt, desto überschaubarer wird die Zahl der Menschen, die ihm noch zu widersprechen wagen und unangenehme Wahrheiten aussprechen. In dieser Gemengelage das Gespür für Kundeninteressen nicht zu verlieren, ist eine echte Herausforderung. Und ohne Gespür, Bauchgefühl, Intuition ist kein erfolgreiches unternehmerisches Handeln denkbar.

Oberflächlich widerstrebt das unserem Wunsch nach Rationalität, gerade im Geschäftsleben. Doch verlässliche Intuition ist nicht irrational, sondern durch langjährige Erfahrung geeicht. Sie befähigt dazu, durch einen verwirrenden Schleier von Zahlen, Daten und Meinungen auf das Wesentliche zu blicken. Dafür braucht es aber konkrete Erfahrungen. Wie oft machen Sie selbst einen Ausflug zum Point of Sale, reden Sie selbst mit Kunden? Sicher gab es bei Nokia schlaue Rechner, die schlüssig darlegen konnten, warum es trotz Abwärtsentwicklung ratsam war, die Strategie günstiger Tastentelefone weiterzuverfolgen und zunächst das Klapphandy und dann den Touchscreen auf die lange Bank zu schieben. Möglicherweise hätten schon einige Fahrten mit der U-Bahn oder ein Spaziergang durch eine Großstadt-Einkaufsmeile am Samstagmittag die Manager nachdenklich stimmen können. Beobachten Sie, wann immer möglich, Kunden in alltäglichen Situationen. Je mehr Zahlen ins Feld geführt werden, desto größer ist die Gefahr, dass sie dazu dienen, den nächsten Irrtum vorzubereiten – siehe den Anteil scheiternder Produkte im Bereich der Fast Moving Consumer Goods, die trotz umfänglicher Marktforschung rasch wieder aus den Regalen verschwinden.

Hinzu kommt eine weitere Gefahr: Anhaltender Erfolg schürt die Illusion des »Alles ist möglich«, einen gefährlichen Glauben an die eigene Unbesiegbarkeit. Die ungezügelte Schlecker-Expansion oder das Experimentieren mit Fernsehsendern und Telefontarifen bei Red Bull sind Beispiele für die unangenehmen Folgen. Erfolg kann leichtsinnig machen. Auch dafür ist es gut, sich gelegentlich in der Kundenwelt zu erden – wie auch das folgende Beispiel illustriert.

VW Phaeton: Produktpolitik im Elfenbeinturm

Volkswagen zählt seit Langem zu den stärksten Marken Deutschlands. 2011 war das Unternehmen in der »Best-Brands«-Befragung die Nummer eins in der Kategorie Unternehmensmarke.[111] Für was steht Volkswagen? Grob gesprochen für solide Qualität, ansprechendes Design, guten Wiederverkaufswert, für langlebige Fahrzeuge, Kleinwagen wie (untere) Mittelklasse. Teurer als die Konkurrenz aus Fernost, aber auch hochwertiger. Ein Polo, Golf oder Passat ist ein »vernünftiges« Auto.

Umso erstaunlicher ist der Ausflug von VW in die Luxusklasse: Mit dem Phaeton produziert das Unternehmen seit 2001 einen Wagen, der in ambitionierter Ausstattung sechsstellige Beträge kosten kann. Vorangetrieben wurde dieses Projekt von VW-Aufsichtsrat Ferdinand Piëch persönlich, der damit in die automobile Oberklasse vorstoßen wollte. Obwohl die Absatzzahlen von Beginn an eher entmutigend waren und die US-Produktion rasch wieder eingestellt werden musste, hält Piëch unbeirrbar an dem Projekt fest. *Autobild* verspottete den Wagen schon einmal als »blaue Mauritius«, weil er so selten auf deutschen Straßen zu sehen war. Auch nach knapp zehn Jahren, im ersten Halbjahr 2010, wurden nur 700 Fahrzeuge zugelassen, verglichen mit knapp 3.000 in der Mercedes S-Klasse. Der Porsche Panamera, erst seit Juli 2009 auf dem Markt, brachte es im gleichen Zeitraum auf über 1.300 Fahrzeuge.[112] Bis heute macht das VW-Luxusauto so seinem Namen alle Ehre: Phaeton, der Sohn des Sonnengottes Helios, verursacht beim Versuch, selbst den Sonnenwagen zu lenken, eine Katastrophe und stürzt ab. Inzwischen hofft man bei VW auf den wachsenden chinesischen Markt.

Was veranlasst den als kühlen Strategen bekannten Ferdinand Piëch zu einem derart kostspieligen Abenteuer? Dazu, mit einer Marke, die kein Fahrzeug in der oberen Mittelklasse anbietet, gleich in die Luxusklasse vorstoßen zu wollen? Mercedes- oder BMW-Fahrer von einem Volkswagen zu überzeugen, scheint gleichermaßen ambitioniert wie Volkswagen-Kunden zu einer Ausgabe in Porsche-Dimensionen zu bewegen. Es drängt sich der Verdacht auf, dass der erfolgsgewohnte Automanager schlicht aus den Augen verloren hat, mit welchen Endkunden es sein Unternehmen normalerweise zu tun hat. Wann war Ferdinand Piëch wohl das letzte Mal bei einem Volkswagen-Händler zu Besuch?

Je weiter jemand in der Unternehmenshierarchie aufsteigt und je mehr Verantwortung er damit (auch) für die Marke übernimmt, desto weniger kommt er im Regelfall mit echten Kunden in Kontakt. Diesem Paradoxon gilt es zu begegnen. Ein Tag im Verkauf, einige Reisetage mit dem Außendienst, einige Stunden im Callcenter, wo die Kundenbeschwerden auflaufen, sind womöglich aussagekräftiger als viele Seiten Marktanalyse im üblichen Marketing-Denglisch. Interessant ist in diesem Zusammenhang, wie der Online-Großhändler Amazon seinen kundenfreundlichen Webauftritt entwickelte (und somit heute ganz ohne Telefonabteilung auskommt): Vice President Bill Price, ab 1999 zuständig für den weltweiten Kundendienst, ging mit seinen Leuten direkt ins Callcenter:

> »Wir hörten zu, weshalb die Leute […] anriefen und was sie wollten. Das ist die Sprache, die man in seiner Bildschirmdarstellung haben will, keinen Jargon.«[113]

Die Marke in den Köpfen der Mitarbeiter verankern

An der Kasse eines großen Supermarktes am Freitagnachmittag. Zwei Kassiererinnen, die Rücken an Rücken an ihrer jeweiligen Kasse sitzen und sich über die Schulter hinweg unterhalten. Es geht um die eigenen Einkäufe, die beide noch erledigen müssen. Ich werde Zeuge, wie die eine zur anderen sagt: »Ich muss nachher noch rasch zu Aldi. Bei uns ist mir das viel zu teuer!«

Stehen Mitarbeiter hinter »ihrer« Marke?

Es gibt wohl kein größeres Armutszeugnis für eine Marke als Mitarbeiter, die bei der Konkurrenz kaufen und sich auch noch in geschäftsschädigender Weise öffentlich dazu bekennen. WIR-MARKEN werden von den Kunden geschätzt und von den Mitarbeitern gelebt. Können Sie sich einen Apple-Mitarbeiter vorstellen, der Microsoft-Produkte kauft? Einen Google-Mitarbeiter, der auf Altavista schwört? Wohl kaum.

Eine hohe Identifikation mit der eigenen Marke – und damit auch mit dem eigenen Unternehmen – ist aus verschiedenen Gründen zentral für den Unternehmenserfolg. Zum einen sind Mitarbeiter die besten Botschafter für die eigenen Produkte. Die Nachbarschaft würde sich wohl zu Recht wundern, wenn der Opel-Mitarbeiter selbst lieber VW führe. Zufriedene Mitarbeiter betreiben Mundpropaganda für »ihr« Unternehmen und seine Produkte. Sie sind stolz darauf, dort zu arbeiten. Sie sagen Sätze, die mit »Wir bei …« anfangen und mit einer Positivnachricht weitergehen. Zum anderen engagieren sich Mitarbeiter, die sich mit einer Marke oder einem Unternehmen identifizieren, stärker. Der bekannte »Gallup-Engagement-Index«, belegt Jahr für Jahr ein erschreckendes Maß an Demotivation in Deutschland, aber auch in Nachbarstaaten: Rund zwei Drittel aller Arbeitnehmer verrichten demnach lediglich Dienst nach Vorschrift, ein Fünftel hat bereits innerlich gekündigt und nur eine Minderheit hat eine »hohe emotionale Bindung« an das Unternehmen. Zu ganz ähnlichen Ergebnissen kommt auch das Taunussteiner IFAK-Institut in seinem »Arbeitsklima-Barometer«. Dort erhob man unter anderem die Zustimmungswerte zur folgenden Aussage: »Wenn ein Freund bzw. eine Freundin oder ein Verwandter bzw. eine Verwandte eine Arbeitsstelle suchen würde, würde ich ihm bzw. ihr empfehlen, sich bei meinem derzeitigen Unternehmen zu bewerben.« Bei Mitarbeitern ohne Bindung, die innerlich schon gekündigt haben, bejahen das nur 5 Prozent. Und nur 31 Prozent aus dieser Gruppe sind sich sicher, »auch in einem Jahr noch für mein derzeitiges Unternehmen zu arbeiten«.[114] Das ist verheerend, denn in einer von Gütern überschwemmten Konsumwelt sind es die Mitarbeiter, die den entscheidenden Unterschied machen. Exzellenter Service, freundliches Auftreten, echtes Interesse am Kunden sind nicht so leicht kopierbar wie Produktmerkmale.

In der Praxis kann man die Identifikation mit einem Unternehmen und mit den dort angebotenen Produkten oder Dienstleistungen schwer voneinander trennen. »Ich arbeite gerne dort, aber die Produkte sind schlecht«? »Meine Arbeit ist mir gleichgültig, aber wir stellen ein tolles Produkt her«? Beide Aussagen wirken gleichermaßen lebensfremd. Ein schönes Beispiel für hohe Identifikation mit der Marke und entsprechendes Engagement gibt das Beraterduo Anja Förster und Peter Kreuz in einem seiner Bücher. Beide sollten einen Vortrag bei Porsche halten, warteten in einer Veranstaltungspause an einem wackeligen Stehtisch und baten einen vorbeigehenden Mitarbeiter um einen Bierdeckel. Stattdessen tauchte der Techniker kurze Zeit später mit einem Schraubenschlüssel wieder auf, justierte den Tisch mithilfe eines Wasserglases millimetergenau und kommentierte knapp: »Wir bei Porsche arbeiten nicht mit Bierdeckeln!« Wer eine solche Markenidentifikation erreichen möchte, tut gut daran, für faire Arbeitsbedingungen und ein gutes Arbeitsklima zu sorgen. Dass damit kein leistungsfeindlicher Kuschelkurs gemeint ist, verdeutlicht das abschließende Unternehmensbeispiel.

Schindlerhof: »Stolzkultur« und Serviceleistung

Der Schindlerhof in Nürnberg-Boxdorf ist ein vielfach preisgekröntes Tagungshotel, das durch seinen außergewöhnlichen Service über die Landesgrenzen hinaus bekannt ist. In einer Zeit, in der Hoteliers über starke Konkurrenz klagen und von der Politik mit Steuergeschenken bei Laune gehalten werden, erzielt das Unternehmen, das keine Werbung macht und unspektakulär in einem Wohngebiet außerhalb der Stadt liegt, hohe Belegungsraten und solide Gewinne.

1984 kaufte Inhaber Klaus Kobjoll einen sanierungsbedürftigen Bauernhof, um den herum inzwischen weitere Tagungsgebäude und eine großzügige Gartenanlage entstanden sind. Schlagzeilen machte der Schindlerhof nicht nur mit seiner gehobenen Form von Gastlichkeit, sondern auch mit seinen ungewöhnlichen Führungsmethoden. Kobjoll setzt auf die Eigenständigkeit und das Engagement seiner Mitarbeiter. »Service ist die Kunst, Kunden zu begeistern«, sagt er im Interview. Jeder Gast soll sich persönlich umsorgt fühlen. Dazu gehört, dass die Vorlieben von Stammgästen protokolliert und schon beim Einchecken automatisch berücksichtigt werden. Dazu gehört aber auch, dass ein Auszubildender beispielsweise einem Gast zum Abschied ein Päckchen des Tees mitgeben darf, den er persönlich für ihn gemischt hat. Wer schon einmal im Schindlerhof übernachtet hat, weiß: Selten ist er so aufmerksam behandelt worden.

Das überdurchschnittliche Engagement, das er von seinen Mitarbeitern dafür erwartet, wurzelt für Kobjoll in einer »Stolzkultur«: »Wenn es Ihnen gelingt, Ihre Mitarbeiter zu begeistern, und wenn Sie Freiräume lassen, kommen die Ideen von alleine.« Kobjoll schickt seine Auszubildenden dafür gern einmal auf Erkundungsreise in internationale Tophotels, heißt jeden Angestellten nach dem Urlaub persönlich willkommen oder honoriert Leistung mit einem schicken Firmenwagen übers Wochenende. Allerdings fordert er von seinen Leuten auch viel: Schon vor Jahren führte er in Zusammenarbeit mit der FH Würzburg-Schweinfurt den »MitarbeiterAktienindeX« MAX ein, in dem jeder Mitarbeiter mit guten Ideen, Pünktlichkeit, Weiterbildung, Fitness und anderen Leistungen Punkte sammeln kann. Bei Versäumnissen sinkt der monatlich in Eigeneinschätzung erhobene MAX entsprechend. Auch wenn Gewerkschaften Ausbeutung wittern, bewährt sich das Konzept. »Ein Kunde spürt, ob jemand Freude hat an dem, was er tut; ob er stolz auf das ist, was er macht, und stolz auf die Firma, in der er arbeitet«, so Klaus Kobjoll.[115]

Die Marke in den Köpfen der Mitarbeiter zu verankern ist also einerseits eine Frage klarer Markenbotschaften, andererseits eine Frage der Führungskultur. Wer sich persönlich nicht gewürdigt oder gar schlecht behandelt fühlt, wird sich kaum im Sinne des Unternehmens und der Marke ins Zeug legen. Im Dienstleistungsbereich ist genau das aber überlebenswichtig. Und auch dort, wo kein direkter Kundenkontakt besteht, leidet das Engagement, wenn das Klima nicht stimmt. Die Folgen reichen von Fehlzeiten bis Fluktuation, von Ausschussware bis zu kleinen Sabotageakten. Die Werte, die eine Marke verkörpert, und die Werte, die im Unternehmen gelebt werden, müssen zueinander passen. Aber das ist schon das Thema des nächsten Kapitels.

Fazit: Selbstverantwortung

Wir-Marken beginnen beim Stellenwert, den die Geschäftsleitung der Marke einräumt. Eine starke Marke ist mehr als gelungene Optik und Vermarktung: Eine starke Marke wird gelebt.

➤ In übersättigten Märkten muss die Marke Chefsache sein. Sie ist zu wichtig, um sie allein der Marketingabteilung zu überlassen.

➤ Wir-Marken brauchen mutige Manager, die sich mit der Marke identifizieren und sich als Entrepreneure verstehen.

➤ In unübersichtlichen Märkten zählt der menschliche Anker. Unternehmen, deren Topmanager es schaffen, die Marke glaubwürdig und öffentlichkeitswirksam zu verkörpern, sind daher im Vorteil.

➤ Markenführung ist heute komplex und schwer kalkulierbar (im doppelten Wortsinne). Gefragt sind neben verlässlichen Zahlen auch Intuition, Bauchgefühl und Risikobereitschaft.

➤ Für eine verlässliche Intuition braucht es immer wieder den direkten Kontakt zum Markt, zu den Kunden. Manager tun gut daran, ihre Intuition regelmäßig durch direkten Kundenkontakt zu erden.

➤ Um in hart umkämpften Märkten zu bestehen, sind exzellente Mitarbeiter zentral – Mitarbeiter, die hinter dem Unternehmen und seinen Produkten stehen und die sich ernsthaft engagieren.

➤ Dafür müssen Mitarbeiter erstens wissen, wofür das Unternehmen und die Marke stehen. Dies zu verdeutlichen ist vor allem Aufgabe des Topmanagements.

> ➤ Zweitens müssen Mitarbeiter sich fair behandelt fühlen. Das ist eine Frage der gesamten Unternehmens- und Führungskultur.

> ➤ Drittens sollten schon bei der Einstellung Mitarbeiter ausgewählt werden, die zur Marke und zum Unternehmen passen. Das bedeutet entsprechend klare Vorgaben und einen sorgfältigen Auswahlprozess.

Interview mit Prof. Dr. Dr. h.c. Hermann Simon zum Thema Selbstverantwortung

Hermann Simon, Experte für Strategie, Marketing und Pricing, ist Chairman von Simon-Kucher & Partners. Als Universitätsprofessor lehrte er Marketing unter anderem an der Universität Mainz, der Harvard Business School, der Stanford University und der Keio University. Er berät Unternehmen weltweit und hat mehr als 30 Bücher in 25 Sprachen veröffentlicht, neben dem Weltbestseller *Hidden Champions des 21. Jahrhunderts: Die Erfolgsstrategien unbekannter Weltmarktführer* (2007) unter anderem *33 Sofortmaßnahmen gegen die Krise: Wege für Ihr Unternehmen* (2009) und *Die Wirtschaftstrends der Zukunft* (2011).

Herr Professor Simon, Sie beschäftigen sich seit vielen Jahren mit außergewöhnlich erfolgreichen Unternehmen, den »Hidden Champions«. Dabei geht es um unbekannte Weltmarktführer, international erfolgreiche Mittelständler. In der Gesamtschau: Welche Rolle spielt selbstverantwortliches Handeln der Entscheidungsträger bei solchen Ausnahmeerfolgen?

Hermann Simon: Wenn ich nur eine einzige Ursache für den Erfolg der Hidden Champions nennen dürfte, dann wäre das die Persönlichkeit an der Spitze des Unternehmens. Die Führungskräfte dieser Unternehmen handeln in der Tat selbstverantwortlich. Sie identifizieren sich uneingeschränkt mit dem, was sie tun; es gibt keine Trennung von Person und Aufgabe. Auf diese Weise verstehen sie es auch, ihre Mannschaft zu begeistern.

Das hohe Maß an Selbstverantwortung hängt sicherlich damit zusammen, dass Eigentum und Führung in einer Hand liegen. 70 Prozent der Hidden Champions sind Familienunternehmen, und wiederum 80 Prozent davon werden auch von Familienangehörigen geführt. In meinem neuen Buch über *Wirtschaftstrends der Zukunft* schlage ich deshalb vor, Manager zu Unternehmern zu machen: Statt Aktienoptionen zu erhalten, sollten Manager Aktien »ihres« Unternehmens kaufen – und zwar in einer Größenordnung, die ihnen finanziell wehtut. Das echte Miteigentum verändert die Denkweise fundamental.

Wie gehen Erfolgsunternehmen mit der eigenen Marke um? Gibt es Besonderheiten bei der Markenführung?

Hermann Simon: Mit ihrer Marke gehen Hidden Champions so vorsichtig um wie mit einer Porzellankiste. Dabei sehen sie die Marke holistisch, ganzheitlich: Ihr Markenverständnis schließt die Reputation des Unternehmens ein. Dazu passt, dass die Kundennähe dieser Unternehmen fünfmal größer ist als in Großunternehmen. Während in großen Organisationen im Schnitt 5 Prozent der Mitarbeiter Kontakt zum Kunden haben, sind es bei erfolgreichen Mittelständlern 25 bis 50 Prozent. Auch die Führungsspitze ist nah am Kunden und achtet akribisch darauf, dass die Reputation von Marke und Unternehmen gewahrt bleibt. Eine Einschränkung betrifft die operative Umsetzung klassischer Marketingstrategien und -instrumente, dort sind Großorganisationen deutlich professioneller.

Welchen Stellenwert messen Sie der Auswahl der richtigen Mitarbeiter für den Markenerfolg bei? Und was zeichnet einen »richtigen« Mitarbeiter aus?

Hermann Simon: Zwei Eigenschaften von Mitarbeitern sind meiner Erkenntnis nach wesentlich für den Markenerfolg: Commitment und Kompetenz. Die Mitarbeiter der Hidden Champions identifizieren sich ungewöhnlich stark mit dem Produkt und dem Unternehmen. Sie sind stolz darauf, Bester im Markt zu sein, und sie strahlen diese Haltung überzeugend nach außen, zum Kunden hin, aus. Außerdem sind sie fachkompetent, sie verstehen ihr Produkt – und zwar häufig besser als irgendjemand sonst. Nehmen Sie zum Beispiel den Weltmarktführer für Druckknöpfe, die Firma Prym aus dem rheinischen Stolberg: Die Mitarbeiter dort wissen wahrscheinlich mehr über Druckknöpfe als sämtliche Kunden in der Textilindustrie. Aufpassen müssen Hidden Champions, dass die Bereitschaft der Mitarbeiter, sich auf Kunden einzustellen, mit ihrer Fachkompetenz Schritt hält. Manchmal resultiert aus dem Wissensvorsprung eine gewisse Arroganz im Sinne von »Wir wissen am besten, was gut für Sie ist«.

Bei der Auswahl von Mitarbeitern sollten Kompetenz und Commitment Schlüsselkriterien sein. Erfolgsunternehmen legen bei der Einstellung sehr strenge Maßstäbe an und selektieren in der Probezeit konsequent. Das führt zu einer extrem geringen Personalfluktuation von nur 2,7 Prozent, während die durchschnittliche Fluktuationsrate bei 7,3 Prozent liegt.

Sie plädieren in Ihren Büchern dafür, nicht aktuellen Managementmoden hinterherzulaufen, sondern »altbewährten Prinzipien« und dem »gesunden Menschenverstand« zu folgen. Was hat es damit auf sich, insbesondere im Hinblick auf das Marketing?

Hermann Simon: Marketingleute laufen gerne Hypes hinterher; da wird heute »Cocooning« zum Trend ausgerufen und morgen »Guerilla-Marketing« als ultimative Methode propagiert. Langfristige Erfolge basieren jedoch auf Kontinuität, nicht auf häufigen Richtungsänderungen und aktuellen Moden.

Welche »Weltmarken« sind auf diese Weise entstanden? Können Sie einige Beispiele nennen?

Hermann Simon: Bei deutschen Weltmarktführern denkt natürlich jeder gleich an Automobilmarken. Dabei gibt es eine Fülle weiterer Beispiele in anderen Branchen: Miele etwa überzeugt seit Jahrzehnten durch Spitzenqualität und ist inzwischen ebenso eine Weltmarke wie Haribo, die Uhrenmanufaktur Lange & Söhne oder Claas als Hersteller von Mähdreschern und Landmaschinen. Bei einem typischen Industrieprodukt, nämlich Werkzeugmaschinen, ist Trumpf eine echte Weltmarke.

Hinter einigen außergewöhnlichen Markenerfolgen der letzten Jahre, von Apple bis Red Bull, stehen Einzelpersonen, die die Marke energisch vorantreiben. Zufall oder Methode?

Hermann Simon: Ich würde sogar sagen: Jede starke, große Marke ist letztlich von einer Person geschaffen worden. Ob Sie an Mercedes, Nivea, Bosch oder Ford denken, immer steht ein Einzelner dahinter. Nicht zufällig kaufen Konzerne häufig Marken auf, statt sie zu kreieren. Eine starke Marke setzt eine starke Persönlichkeit voraus.

Abschließend Ihr Rat an alle, die Verantwortung für eine erfolgreiche Marke tragen. Und Ihr Rat an alle, die eine Marke erfolgreich machen wollen.

Hermann Simon: Ich möchte beide Fragen zusammen beantworten: Identifizieren Sie sich total mit der Marke. Versuchen Sie nicht, etwas Künstliches zu schaffen, sondern in der Marke ihre eigenen Werte lebendig werden zu lassen.

4   Werte: Position beziehen

>»Wenn über das Grundsätzliche keine Einigkeit besteht,
>ist es sinnlos, miteinander Pläne zu schmieden.«

Konfuzius

Das Thema »Werte und Management« ist nicht neu. Der Ruf nach Werten oder auch einem Wertewandel wird seit vielen Jahren immer dann laut, wenn das Fehlverhalten einzelner Manager Presse und Öffentlichkeit beschäftigt. Meist geht es dabei um monetäre Fragen, etwa um Millionenabfindungen für Topmanager trotz erwiesener Erfolglosigkeit oder um die Erhöhung von Vorstandsbezügen bei gleichzeitigen Sparmaßnahmen auf anderen Hierarchieebenen. Die medialen Auseinandersetzungen kreisen dann oft um den persönlichen Wertekodex Einzelner; im Zentrum steht deren tatsächliches oder vermeintliches Fehlverhalten. Doch in den letzten Jahren hat die Diskussion eine neue Wendung genommen, die sich knapp so zusammenfassen lässt: Es genügt nicht mehr, dass Unternehmen erfolgreich wirtschaften. Sie sollen das auch deutlich zum Wohl der Zivilgesellschaft, unter Bewahrung der Schöpfung und mit den Interessen nachfolgender Generationen im Blick tun. All das hat Folgen dafür, was Marken heute und in Zukunft erfolgreich macht. Gemeinsame Werte knüpfen ein Band zwischen Marken und Kunden.

Markenführung und Moral

1970 schrieb der spätere Nobelpreisträger Milton Friedman in der *New York Times* einen Artikel unter der Überschrift »The Social Responsibility of Business is to Increase its Profits«(dt.: Die soziale Verantwortung der Wirtschaft ist es, den Gewinn zu steigern).

Knapp 40 Jahre später konstatiert Trendforscher Matthias Horx in einem Buch: »An die Stelle der alten, durch Massenprodukte befriedigten materiellen Bedürfnisse treten […] die Bedürfnisse des humanen Selbst: das Bedürfnis nach Verwirklichung, nach Schönheit, nach Selbstheit und Gerechtigkeit.«[116] Zwischen diesen beiden Polen zeichnet sich ein grundlegender Wandel im Verständnis dessen ab, was Unternehmen leisten sollen: Über die Erfüllung von Konsum(enten)wünschen hinaus geht es in den westlichen Industrienationen längst auch darum, individuelle Sinnbedürfnisse und ethische Ansprüche von Kunden zu erfüllen. »Ethic & Sense« ist auch für das junge Team vom Büro *TrendONE* einer der »Mega-Trends« des kommenden Jahrzehnts, das heißt eine der großen gesellschaftlichen Strömungen wie etwa demografischer Wandel oder Globalisierung.[117]

Zwischen 1970 und 2010 liegen die Folgen der Studentenbewegung, die Ölkrise, die Friedensbewegung, die Anti-Atomkraft-Debatte, der Einzug der Grünen in die Parlamente, das Ende des Kalten Krieges, die Diskussion über den Klimawandel und erneuerbare Energien. Vor diesem Hintergrund rücken für viele Kunden Wertfragen immer stärker ins Blickfeld. Persönliche Sinnfragen werden dabei vielfach mit gesellschaftlichen Grundfragen verknüpft: Der Schlüsselbegriff der neuen Debatte heißt »Nachhaltigkeit«, in ihm bündelt sich der Anspruch an Unternehmen, einer übergeordneten Verantwortung gerecht zu werden.

Vom ehrbaren Kaufmann zur Nachhaltigkeit

Wenn in früheren Jahrzehnten über Wirtschaft und Moral debattiert wurde, dann gern mit Hinweis auf die Tugenden des ehrbaren Kaufmanns. Bis ins letzte Drittel des vergangenen Jahrhunderts standen traditionelle Werte wie Redlichkeit, Ehrlichkeit, Sparsamkeit, Mäßigung, Fleiß und umsichtiges Wirtschaften im Mittelpunkt der Diskussion. Und heute? In einer globalisierten Weltwirtschaft ist die persönliche Integrität des Einzelnen sicher nicht obsolet geworden.

Man sollte jedoch nicht übersehen, dass die ehrbaren Kaufleute aus der Zeit des Wirtschaftswunders in der Regel auch für ein patriarchalisch-autoritäres Führungsmodell standen, das nicht mehr in die Jetztzeit passt, und dass man sich in den Nachkriegsjahren über Umweltfragen noch vergleichsweise wenig Gedanken gemacht hat.

Fragen der sozialen Verantwortung stellen sich heute neu und anders. Wenn heute von den Verantwortungsträgern international aufgestellter Unternehmen ethisches Handeln erwartet wird, meint das über persönliche Tugenden hinaus ein Wirtschaften, das das Wohl der Mitarbeiter, der Gesellschaft, der Umwelt berücksichtigt. Ein Beispiel: Schließt Nokia in Bochum ein Werk, obwohl dieses (noch) schwarze Zahlen schreibt, oder sollen bei Schlecker Mitarbeiterinnen nach einer Kündigung zu schlechteren Bedingungen wieder eingestellt werden, schlägt das nicht nur innerhalb des Unternehmens Wellen. Es führt in einer gut informierten Öffentlichkeit zu Diskussionen und kann Umsatzeinbußen zur Folge haben. Wenn die Kunden Werte des menschlichen Umgangs miteinander verletzt sehen, kann das demnach auch die Marke beschädigen.

Werte betreffen im Zusammenhang mit Marken folglich nicht nur die persönlichen Werthaltungen und das moralische Verhalten von Entscheidungsträgern vor Ort. Sie betreffen heute auch das »ethische« Verhalten eines Unternehmens insgesamt, das seine gesellschaftliche Verantwortung wahrnimmt. Der in diesem Zusammenhang meist zitierte Begriff »Nachhaltigkeit« stammt ursprünglich aus der Forstwirtschaft: Ein Förster, der seinen Wald nachhaltig bewirtschaftet, sorgt dafür, dass nicht mehr Bäume geschlagen werden, als in vertretbarer Zeit wieder nachwachsen. Er vermeidet einen Kahlschlag und gibt dem Wald die Chance, sich zu regenerieren. Im weiteren Sinne wird Nachhaltigkeit heute für verantwortliches Handeln in ökologischer, ökonomischer und sozialer Hinsicht verwendet. Wer nachhaltig wirtschaftet, erhält Natur und Umwelt für nachfolgende Generationen, geht schonend mit wirtschaftlichen Ressourcen um und behält den sozialen Konsens im Auge. Er vermeidet also ein Handeln, das soziale Spaltung provoziert und Einzelne an den Rand der Gesellschaft drängt.

Die Bedeutung solcher Faktoren für die Akzeptanz eines Unternehmens und damit auch für die mit ihm assoziierten Marken wurde noch vor wenigen Jahren als Marotte weniger Gutverdienender belächelt, der Lohas, die sich einen »Lifestyle of Health and Sustainability« leisten konnten. Inzwischen ist er in der Mitte der Gesellschaft angekommen. »Marketingexperten sind sich einig: Nachhaltigkeit ist das Top-Differenzierungsmerkmal im Wettbewerb der Marken«, konstatiert beispielsweise das Magazin *Absatzwirtschaft* in seinem Sonderheft *Marken 2010* und verweist darauf, dass die Gruppe nachhaltig konsumierender Verbraucher wachse und einer Studie des Beratungsunternehmens A. T. Kearney zufolge bereits 25 bis 30 Prozent aller Konsumenten umfasse. Die Gesellschaft für Konsumforschung (GfK) unterstreicht ebenfalls, »dass Nachhaltigkeit, fairer Handel und die soziale Verantwortung von Unternehmen die Kaufentscheidungen von krisenresistenten Haushalten immer stärker beeinflussen«.[118] Die Marktforscher prophezeien gesellschaftlich verantwortungsvoll agierenden Unternehmen, Traditionsmarken und heimischen Produkten daher ein verstärktes Wachstum.

Auch »ganz normale« Verbraucher fragen sich heute, ob bei der Herstellung eines Sportartikels Kinderarbeit im Spiel war oder ob die Kaffeebauern, die den Rohstoff zu ihrem Lieblingskaffee liefern, von ihrer Arbeit menschenwürdig leben können. Die Aktiveren unter ihnen gehen einen Schritt weiter und informieren sich vor dem Einkauf auf Plattformen wie Utopia, wo man sich nichts weniger als die Bündelung der Verbrauchermacht für einen »Globalen Turnaround« zum Ziel gesetzt hat:

> »Utopia will dazu beitragen, dass Millionen Menschen ihr Konsumverhalten und ihren Lebensstil nachhaltig verändern. Dass sie bewusster entscheiden und mit jedem Kauf umweltfreundliche Produkte und faire Arbeitsbedingungen in aller Welt unterstützen. Gemeinsam mit den Utopisten wollen wir einen starken Impuls in Richtung Unternehmen setzen, dass es richtig und wichtig ist, ökonomisch, ökologisch und sozial nachhaltig zu handeln«, so die Selbstdarstellung des Unternehmens.[119]

Unter den Partnershops von Utopia befinden sich Nischenanbieter wie MyMuesli und Versender wie Hess natur, aber auch Branchenriesen wie Otto. Andere Verbraucher mit ökosozialer Einstellung beteiligen sich an sogenannten »Carrotmobs«, dem verabredeten Einkauf bei Unternehmen, die zusichern, den resultierenden Mehrumsatz in klimafreundliche Maßnahmen zu investieren: »Alle reden von der Macht der Verbraucher – Wir machen ernst! Wir drehen das Prinzip des Boykotts um und belohnen Geschäfte, die bereit sind, etwas positiv zu verändern.« (Selbstbeschreibung des Carrotmob Berlin)[120]

Gemessen am jährlichen Gesamtumschlag von Waren und Dienstleistungen sind »Carrotmobber« und »Utopisten« eine Minderheit. Doch ihre Aktivitäten sind Indizien eines umfassenden Bewusstseinswandels, dem sich Unternehmen nicht mehr entziehen können. Außerdem illustrieren beide Beispiele, dass gemeinsame Werte ein starkes Gemeinschaftsgefühl begründen. Findet ein Unternehmen Aufnahme in eine solche Wertegemeinschaft, kann es damit ein ideelles Band knüpfen, das klassischen Kundenbindungsinstrumenten weit überlegen ist, weil es nicht mit dem Geruch der vielfach verpönten Werbung behaftet ist. Die Kehrseite: Verliert ein Unternehmen in diesem Bereich seine Glaubwürdigkeit, wird es für oberflächliches »Greenwashing« abgestraft. Christian-André Weinberger, leitender Marketingmanager bei Henkel, sagt auf die Frage der *Absatzwirtschaft*, ob es nicht genüge, »ein bisschen nachhaltig« zu sein, lapidar: »Wer diese Frage falsch beantwortet, überlebt dank Internet, Youtube oder Twitter maximal einen Nachmittag.«[121] Ein Beispiel für die gezielte Integration von Nachhaltigkeitsbotschaften in die Marke – und für die Tücken dieses Ansatzes – ist die Kaffeehauskette Starbucks.

Starbucks: Kaffeekette mit moralischem Bewusstsein?

1971 in Seattle mit einer Filiale als Starbucks Coffee, Tea and Spice gegründet, ist Starbucks heute eine internationale Kaffeehauskette mit über 16.000 »Coffee Houses« in 44 Ländern der Welt.[122] Starbucks schenkt nicht nur Kaffee aus und bietet trendige Kreationen unter so fantasievollen Namen wie »Mocha Frappuccino Blended Coffee« oder »Iced Caramel Macchiato« an, sondern röstet und vertreibt auch Kaffeebohnen, die man direkt bei den Herstellern bezieht. Auf seiner Website präsentiert sich der Konzern als Unternehmen, das sich seiner gesellschaftlichen Rolle voll bewusst ist. Soziale Verantwortung, Werte, Kaffee – in dieser Reihenfolge setzt man Schwerpunkte: »Den Gemeinden und der Umwelt etwas zurückzugeben. Menschen mit Respekt und Würde behandeln. Den besten Kaffee der Welt anbieten.«[123] Einige der wechselnden Fotos auf der Eröffnungsseite des Internetauftritts von Starbucks Deutschland – Hände, die behutsam eine Tasse Kaffee halten, warme Farben, goldenes Licht, der Zweig einer Kaffeepflanze in Nahaufnahme – erinnern eher an eine Nichtregierungsorganisation (NGO) als an ein nüchtern kalkulierendes Wirtschaftsunternehmen. Schon auf der Startseite findet man neben der gefühligen Kaffeepräsentation prominente Hinweise auf das gesellschaftliche Engagement: das Umweltprojekt »Starbucks Shared Planet« und die Zusammenarbeit mit dem Roten Kreuz bei der Hilfe für Japan im April 2011. Dazu kommen der Link zu Facebook und das Angebot von »Free Internet« in vielen Filialen. Kann man den (Zeit-)Geist einer jungen, vorwiegend städtischen Kundschaft geschickter einfangen? Mit Erfolg, denn die Kaffeekette hat es so unter die Top 30 der Lovemarks geschafft, jener Marken, die Kunden lieben und über die sie im Internet abstimmen können.[124]

Der Hinweis auf soziale Verantwortung, fairen Handel und nachbarschaftliches Engagement zieht sich durch die ganze Website, durch Labels (»Fair Trade«, »Starbucks Shared Planet«), durch Berichte über nachbarschaftliches Engagement, durch Einblendung des CSR-Reports (»Corporate Social Responsibility«), durch die Imagebroschüre »Voices behind the bean«, die nicht nur Kaffeefarmer und Agrarwissenschaftler in Südamerika zu Wort kommen lässt, sondern auch Starbucks-Entwicklungsprojekte vorstellt, etwa den Bau einer Brücke für äthiopische Kaffeebauern.[125] Gleichzeitig wird der Kaffee als Lifestyle-Produkt vermarktet, das mit höchster Sorgfalt produziert und verkostet wird. Insgesamt gelingt es Starbucks so, sich als »netter Nachbar« zu inszenieren, als moderne »Location«, die exzellenten Kaffee bietet und aktiv für Werte wie schonenden Umgang mit Ressourcen, Klimaschutz, fairen Handel, Förderung der Kaffeebauern eintritt.

Starbucks vermarktet sich gezielt als WIR-MARKE, die den engen Schulterschluss mit ihren Kunden sucht. Wie virtuos das gemacht ist, zeigen Auszüge aus dem Mission Statement des Unternehmens (»Unser Leitbild bei Starbucks«):

> »Wir kümmern uns um nachhaltigen Anbau und gerechten Handel der feinsten Kaffeebohnen [...] verbessern die Lebensbedingungen der Menschen, die den Kaffee anbauen. [...] Wir Mitarbeiter heißen Partner, weil es nicht nur ein Job ist – es ist unsere Leidenschaft. [...] Auch wenn wir viel zu tun haben, gehen wir auf unsere Gäste ein, lachen mit ihnen und verschönern ihren Tag. [...] Es geht im Wesentlichen um zwischenmenschliche Beziehungen. [...] Wenn unsere Gäste sich zugehörig fühlen, werden unsere Coffee Houses zu einem Hafen, einer Zuflucht [...] stets voller Menschlichkeit. Jedes Coffee House ist Teil einer Gemeinschaft. Und wir nehmen unsere Verantwortung ernst, gute Nachbarn zu sein. [...] Unsere Verantwortung und unser Potenzial, Gutes zu tun – ist aber noch größer. Die Welt erwartet von Starbucks neue Standards. Wir werden als Vorreiter vorangehen.«[126]

In der Selbstdarstellung von Starbucks bilden Mitarbeiter, Kunden und Unternehmen eine eingeschworene Gemeinschaft. Dieses Image (die WIR-MARKE) ist wesentlicher Teil des Unternehmensauftritts. Kein Wunder, dass das Unternehmen empfindlich reagiert, wenn die heile Welt Kratzer zu bekommen droht, etwa durch einen kritischen Bericht des Politmagazins *Frontal 21* im Dezember 2010, der dem Unternehmen eine unfaire Behandlung der Mitarbeiter vorwarf. Starbucks reagierte mit einer langen Stellungnahme im Presse-

bereich der Website. Es genügt eben nicht, hehre Grundsätze nie-
derzuschreiben – sie müssen authentisch mit Leben gefüllt werden.
Verantwortlich dafür ist das Topmanagement des Unternehmens,
das propagierte Werte nicht nur glaubwürdig verkörpern, sondern
auch über deren Einhaltung im operativen Geschäft wachen muss.

Die hehren Grundsätze von Starbucks werden nicht nur in Deutschland kritisch hinterfragt. International sorgten Prozesse für Aufsehen, die unter anderem äthiopische Kaffeebauern oder die »Natio-
nale Behörde für Arbeitsbeziehungen der USA« auf Betreiben der
internationalen Gewerkschaft IWW anstrengten. Im Frühjahr 2008
berichtete *Spiegel Online*, das Unternehmen müsse circa 100 Millionen Dollar an einbehaltenen Trinkgeldern an seine Mitarbeiter
auszahlen.[127] Auch Markenkritiker wie Naomi Klein (»No Logo«)
kritisieren das Unternehmen; der Enthüllungsjournalist Günter
Wallraff attestiert ihm laut *Focus* angesichts der Arbeitsbedingungen
in den Cafés gar »menschenunwürdige Zustände.«[128] Das ist heikel,
denn Werte und Glaubwürdigkeit sind nicht teilbar: Werden Mitarbeiter in den Filialen schlecht behandelt, wirkt das Engagement für
Nachhaltigkeit und fairen Handeln plötzlich wie eine aufgepfropf-
te Marketingstrategie. Jedes Unternehmen, das sich in dieser Weise
positioniert, legt also eine Messlatte auf, an der es sich jederzeit und
in allen Bereichen kritisch messen lassen muss. Wer daran scheitert,
muss wirtschaftliche Einbußen befürchten. Auch deshalb beteuert
Starbucks-CEO Howard Schultz inzwischen in einem aufwendig
produzierten Video das Commitment zu den »Values«, den Werten, des Unternehmens.[129]

Die Marke in einen ethischen Kontext stellen

Das Beispiel Starbucks zeigt: Ein Unternehmen kann sich Negativschlagzeilen in Sachen unternehmerischer Sozialverantwortung heute kaum noch leisten. Peter Forstmoser, langjähriger Präsident des
Verwaltungsrates der Swiss Re, verweist daher im Zusammenhang
mit heutigen Herausforderungen an Organisationen ganz selbstver-

ständlich auf den »Triple-Bottom-Line«-Ansatz, »wonach für die Beurteilung unternehmerischer Leistungen neben dem ökonomischen Erfolg auch das Umweltverhalten und die Wahrnehmung sozialer Verantwortung zählen«.[130] Wie groß der öffentliche Druck auf Unternehmen werden kann, bei der Gewinn-Verlust-Rechnung unter dem Strich (der »Bottom Line«) nicht nur Ökonomie, sondern auch Ökologie und Soziales zu berücksichtigen, illustriert der Fall der Ölplattform Brent Spar: Obwohl ein Versenken im Meer juristisch zulässig und möglicherweise sogar ökologisch vorteilhafter gewesen wäre, demontierte Shell die Plattform nach anhaltender Kritik schließlich und entsorgte sie an Land. Der Ölkonzern geriet über Wochen in die Defensive und konnte die Öffentlichkeit letztlich nicht von seinen Plänen überzeugen. Brent Spar wurde zum Symbol für die Ignoranz eines »Ölmultis« in Umweltfragen. Shells Einlenken verdeutlicht, dass »Corporate Social Responsibility« für Unternehmen längst ökonomisch relevant ist, auch wenn sie sich nicht exakt bilanzieren lässt.

Statt zögerlich auf Kritik von außen zu reagieren, sollten zukunftsorientierte Organisationen die propagierten Werte deshalb sehr ernst nehmen. Der resultierende Verhaltenskodex darf nicht als Fessel verstanden werden, sondern als authentische Selbstverpflichtung – und als Chance, Kunden dauerhaft an sich zu binden. Wie man das umsetzt, zeigt das Pharmaunternehmen Johnson & Johnson.

Johnson-&-Johnson-Credo: gelebte Werte seit 1943

»Wir sind der Auffassung, dass unsere Verantwortung zuallererst den Ärzten, Krankenschwestern und Patienten gilt, den Müttern und Vätern und allen anderen, die unsere Produkte und Dienstleistungen nutzen«, heißt es im Credo von Johnson & Johnson. Mit rund 115.000 Mitarbeitern in über 50 Ländern und einem Jahresumsatz von über 60 Milliarden Dollar gehört der Hersteller von Babypflegemitteln, Medikamenten und medizintechnischen Geräten zu den ganz Großen. Das zitierte Credo formulierte Robert Wood Johnson, ein Mitglied der Gründerfamilie, schon 1943, kurz bevor Johnson & Johnson an die Börse ging. Bis heute wirkt der Text erstaunlich modern, denn neben dem Bekenntnis zur Verantwortung gegenüber den Kunden enthält er auch eine Selbstverpflichtung zum fairen und respektvollen Umgang mit Mitarbeitern, deren »Vorschläge und Klagen« Gehör finden sollen. Und lange bevor das Thema »Corporate Social Responsibility« in Mode kam, formulierte Johnson bereits den Anspruch an das Unternehmen, ein »Good Citizen« – also ein guter Bürger – zu sein und Verantwortung am jeweiligen Standort wie gegenüber der »Weltgemeinschaft« zu übernehmen. Dabei handelt es sich bei den über 250 Einzelunternehmen, aus denen der Health-Care-Konzern besteht, nicht um wirklichkeitsferne Sozialromantiker. »Unser Credo ist mehr als ein moralischer Kompass«, heißt es auf der Unternehmenswebsite, und: »Wir glauben, dass es ein Rezept für den geschäftlichen Erfolg ist.«[131]

Dass diese Auffassung berechtigt ist, bewies das Unternehmen während der Tylenol-Krise zu Beginn der Achtzigerjahre. Tylenol war Marktführer unter den rezeptfreien Schmerzmitteln in den USA, als es im Herbst 1982 in Chicago binnen zweier Tage zu sieben Todesfällen nach Einnahme des Medikaments kam. Es stellte sich heraus, dass Tylenol-Kapseln mit Zyanid vergiftet worden waren, und zwar nach Auslieferung in den Handel. Johnson & Johnson reagierte rasch und ohne zu zögern: Man warnte in großem Stil öffentlich über Massenmedien sowie über Ärzte vor der Einnahme des Medikaments. Außerdem wurden landesweit sämtliche Tylenol-Packungen aus dem Handel zurückgerufen. Insgesamt betraf dies über 30 Millionen Einheiten mit einem Marktwert von 100 Millionen Dollar. Alle wurden vernichtet. Dieses entschlossene Handeln entsprach der Selbstverpflichtung des Unternehmens, das Wohl der Kunden an die oberste Stelle zu setzen. Für die Marke Tylenol und das Unternehmensimage schien der Vorfall auf den ersten Blick verheerend, doch Johnson & Johnson gelang es durch eine transparente Geschäftspolitik, die Marke zu retten.

Johnson & Johnson führte das Produkt sechs Wochen nach dem Anschlag mit einer dreifach versiegelten Packung neu ein und verfügte so als erstes Unternehmen überhaupt über eine fälschungssichere Medikamentenverpackung. Begleitet wurde die Wiedereinführung des Produktes von einer telefonischen Informationskampagne sowie Sonderrabatten für Händler. Entgegen allen Befürchtungen gewann die Marke schnell wieder an Akzeptanz: Sechs Monate nach der Krise lag der Tylenol-Umsatz sogar um 24 Prozent höher als vor den Vergiftungsfällen. Dies erhärtet die These von Beobachtern, das Unternehmen habe durch die Krise letztendlich Vertrauen gewonnen, und nicht etwa verloren: Die Kunden honorierten, dass dem Hersteller ihre Gesundheit wichtiger war als kurzfristiger Profit, und die *Washington Post* schrieb lobend über das vorbildliche Handeln: »Johnson & Johnson sets example in crisis«.[132] Bis heute gilt der Tylenol-Fall als Musterbeispiel für gute Krisen-PR. Wer genauer hinschaut, erkennt, dass er in Wahrheit ein Musterbeispiel für klare moralische Standards und deren Umsetzung in der Praxis ist – für Werte, die authentisch gelebt werden und mehr sind als wohlklingende Statements in Imagebroschüren.

Kenner des Unternehmens berichten, das Johnson-&-Johnson-Credo sei bis heute in ungewöhnlich starker Weise im Unternehmensalltag verankert. Führungskräfte könnten aus dem Stand heraus referieren, was die im Leitbild verankerten Werte für die Unternehmenspraxis bedeuten; das Credo werde diskutiert und in Meetings herangezogen. Auf dieses Weise bilde es die verbindende Klammer in einer dezentral geführten Unternehmensfamilie.

Wertorientiertes Handeln sichtbar machen

Das Beispiel Johnson & Johnson zeigt: Gelebte Werte sind nicht nur Schönwetterparolen. Sie bleiben auch in Krisenzeiten Richtschnur unternehmerischen Handelns. Darüber hinaus gilt: Ein Unternehmen braucht auch in ruhigem Fahrwasser griffige Signale, um die Werte, für die es steht, nach außen sichtbar zu machen. Im Folgenden einige praktische Möglichkeiten, Werte für Kunden und andere Stakeholder zu dokumentieren.

Anpassen der Angebotspalette

Eine »Adidas-grün«-Kollektion mit Sportartikeln aus recycelten Materialien, ein extra Shop mit »nachhaltigen« Waren von Kleidung bis Elektroartikel beim Otto-Versand (»Ecorepublic«), Planungen für ein Gezeitenkraftwerk beim Energiekonzern Eon, Biogemüse im Supermarkt oder Kreditprogramme für Investitionen in erneuerbare Energien bei einer Bank – damit setzen Unternehmen kleine und größere Zeichen für gesellschaftliches Bewusstsein. Glaubwürdig sind solche Aktivitäten, wenn sie von weiteren Maßnahmen im Sinne einer Corporate Social Responsibility begleitet werden (siehe unten). Andernfalls gerät das Unternehmen in den Generalverdacht einer reinen Symbolpolitik (Greenwashing).

Soziales Engagement

Wofür man sich engagiert, zeigt, was einem wichtig ist. Ein solches Engagement beginnt bei gezielten Spenden und beim Sponsoring geeigneter Veranstaltungen und endet beim aktiven Einsatz von Mitarbeitern vor Ort im Sinne einer »Corporate Citizenship« (»Social Days«). So macht sich Sage Hospitality (Marriott, Hilton) beispielsweise mit der Aktion »Give a day, get a night« für ehrenamtliches Engagement stark und honoriert einen Tag gemeinnütziger Arbeit mit einer Hotelübernachtung zum halben Preis. Auch gezielte Hilfsaktionen gehören hierher, etwa wenn Google in den ersten Tagen nach der Naturkatastrophe in Japan im März 2011 ein Tool für die Personensuche anbietet. Andere Beispiele sind unternehmenseigene Stiftungen, die sich gesellschaftlichen Belangen verschrieben haben, oder Aktivitäten wie die »Shell Jugendstudie«, deren Ergebnisse schon seit 1953 immer wieder für Aufmerksamkeit in der Presse sorgen. Auf diese Weise dokumentieren Unternehmen, dass sie sich nicht nur wirtschaftlichen Zwecken, sondern auch für die Gesellschaft insgesamt verantwortlich sehen.

Interne Projekte für nachhaltiges Wirtschaften

Wer bei Amazon unter »Amazon und unser Planet« nachschaut, findet nicht nur Informationen zur Reduktion von Verpackungsmüll, sondern stößt auf das Programm »Earth Kaizens«. Dabei geht es um energiesparende Maßnahmen, die weltweit in Projekten von Mitarbeitern entwickelt werden, vom Stromsparen im hessischen Bad Hersfeld über eine optimierte Beleuchtung im Logistikzentrum bis zu geringeren Transport- und Kraftstoffkosten durch doppelt gestapelte Lkw-Paletten in Kentucky. Diese Beispiele verdeutlichen, dass mehr Umweltbewusstsein nicht automatisch mehr Kosten bedeutet – im Gegenteil: Energieeffizienz führt zu Kosteneinsparungen. Taten zählen im Zweifelsfall mehr als schöne Worte. Auch andere Unternehmen setzen daher auf Projektbeispiele, um Kunden von ihrem Engagement für Nachhaltigkeit zu überzeugen. Google beispielsweise dokumentiert seine Anstrengungen unter »Initiativen« und listet dort unter »Google Green« seine Maßnahmen für Energieeffizienz und Klimaneutralität auf, unter »Google Ventures« die Unterstützung vielversprechender Start-ups und unter »Google.org« diejenigen seiner Tools, die humanitären Zwecken dienen (etwa der Dokumentation der Ausbreitung von Grippeerregern oder weltweiter Rodungsaktivitäten).[133] Im Zentrum solcher Projekte stehen auch bei anderen Unternehmen Energieeffizienz, Nutzung alternativer Energien und Klimaneutralität.

Umfassendes CSR-Management

»Bei sich angleichenden Preisen und Produkten wird die ›soziale Kompetenz‹ von Unternehmen zum Kaufargument«, so Stephan A. Jansen, der einen Lehrstuhl für Strategische Organisation und Finanzierung an der Zeppelin Universität Friedrichshafen innehat.[134] Immer mehr Unternehmen belassen es im Bereich der Corporate Social Responsibility daher nicht bei Einzelaktionen, sondern bündeln ihre Aktivitäten und legen darüber regelmäßig Berichte vor.

Laut Carl-Philipp Mauve von der »Practise Group Ogilvy Earth« haben 58 Prozent aller Unternehmen weltweit ein Umweltmanagement implementiert und 4.700 Organisationen erstellen regelmäßig einen CSR-Bericht.[135] Die Relevanz des Themas lässt sich auch daran ablesen, dass das *Manager Magazin* in Zusammenarbeit mit der Kommunikationsberatung Kirchhoff Consult alle zwei Jahre ein »Good Company Ranking« vorlegt, das die 90 größten STOXX-Unternehmen Europas einem Vergleich in den vier Kategorien Gesellschaft, Mitarbeiter, Umwelt und Performance unterwirft. Bewertet werden dabei unter anderem

➤ vorbildliche Business-Cases, Teilnahme an der öffentlichen Diskussion, Glaubwürdigkeit (für den Bereich »Gesellschaft«);

➤ eine ausgewogene Human-Resources-Strategie, Leitbild, Verhaltenskodex und die Berücksichtigung sozialer Standards in der Wertschöpfungskette, wie etwa die Ächtung von Kinderarbeit (für den Bereich »Mitarbeiter«);

➤ die »Integration von Umweltaspekten in Geschäftsprozesse«, ökologische Innovationen und umweltbezogene Kooperationen sowie

➤ finanzielle Stärke und Performance, verbunden mit Transparenz in der Berichterstattung.[136]

Letztlich geht es bei allen Kategorien um die Formulierung klarer Ziele, um eine stringente Umsetzung und saubere Dokumentation. Das setzt voraus, dass Corporate Social Responsibility vom Topmanagement des Unternehmens mitgetragen und entsprechend ernsthaft umgesetzt wird. Entscheidend für die Glaubwürdigkeit des Wertekanons ist dabei, dass umfassende CSR-Programme von einer Unternehmenskultur flankiert werden, die Rücksicht auf die Belange der Mitarbeiter nimmt.

Werte im Unternehmen leben

Kunden sind heute kritischer und besser informiert als jemals zuvor. Verbraucherorganisationen von Food Watch bis zur Stiftung Warentest, NGOs von Amnesty International bis Greenpeace, Presse, Gewerkschaften und Kirchen beobachten Unternehmen argwöhnisch. Und dank Twitter und Facebook verbreitet sich ein tatsächliches oder vermeintliches Fehlverhalten in Windeseile. Folge ist ein »permanenter Vergleich zwischen Markenversprechen und organisationalen Leistungen«, wie Nikodemus Herger von der Universität Zürich das nennt.[137] Dabei geht es häufig um geschäftliche Transaktionen: Sperrt Google in China auf Druck der Kommunistischen Partei Seiten? Kündigt Amazon Wikileaks-Gründer Assange den Speicherplatz im hauseigenen Rechenzentrum auf? Es geht aber auch um die Kultur im Unternehmen. Wenn der *Spiegel* den Siemens-Konzern in einem ausführlichen Titelbeitrag als abgeschottete Welt mit eigenen Gesetzen porträtiert, durch die Korruption erst möglich wurde, dient das weder dem Unternehmen noch der Marke.[138]

Die Unternehmenskultur als ökonomischer Faktor

Lange Zeit wurde eine positive Unternehmenskultur als Kuschelfaktor eingestuft: nice to have, für den Geschäftserfolg jedoch sekundär. In vielen Unternehmen gilt das offenbar bis heute. So attestiert das gewiss nicht unternehmensfeindliche Good Company Ranking von *Manager Magazin* und Kirchhoff Consult etlichen Großunternehmen »sozialdarwinistische Vorstellungen« im Umgang mit Mitarbeitern.[139] Eine von Respekt und Offenheit geprägte Kommunikation, Fairness im Umgang miteinander, eine Leistungskultur ohne permanente Überforderung, all das ist nach wie vor nicht selbstverständlich. Dabei hat das renommierte Beratungsunternehmen Gallup schon vor Jahren darauf hingewiesen, dass Manager gut daran tun, mieses Betriebsklima nicht einfach achselzuckend hinzunehmen. Im Zusammenhang mit dem bekannten »Gallup Engagement Index« interessierte man sich auch dafür, wie produktiv Unternehmen in Abhängigkeit von der Motivation ihrer Mitarbeiter sind. Die Erhebung in einer großen Einzelhandelskette mit 300 Filialen und 37.000 Mitarbeitern ergab: Dort, wo die »emotionale Bindung« der Arbeitnehmer an ihren Arbeitgeber besonders hoch ist, wurden Gewinnziele deutlich (um 14 Prozent) übertroffen; dort wo sie besonders schwach war, wurden sie um bis zu 30 Prozent verfehlt. Die Bindung der Arbeitnehmer wurde dabei am Zustimmungsgrad zu folgenden Fragen gemessen:

1. Weiß ich, was bei der Arbeit von mir erwartet wird?

2. Habe ich die Materialien und Arbeitsmittel, um meine Arbeit richtig zu machen?

3. Habe ich bei der Arbeit jeden Tag die Gelegenheit, das zu tun, was ich am besten kann?

4. Habe ich in den letzten sieben Tagen für gute Arbeit Anerkennung und Lob bekommen?

5. Interessiert sich mein/e Vorgesetzte/r oder eine andere Person bei der Arbeit für mich als Mensch?

6. Gibt es bei der Arbeit jemanden, der mich in meiner Entwicklung unterstützt und fördert?[140]

Mitarbeiter, die diese Fragen überdurchschnittlich häufig bejahen, engagieren sich offenbar stärker. Und obwohl die Filialen sich in Sortiment und Warenpräsentation nicht unterschieden, wirkte sich das unmittelbar auf den Umsatz aus. Eigentlich nicht überraschend, denn es sind die Mitarbeiter, die eine Servicemarke ausmachen. Und neben solidem Management spielen »weiche« Faktoren für das Klima in einem Unternehmen eine Schlüsselrolle.

Die Vorbildfunktion des Managements

Natürlich ist es begrüßenswert, wenn die Werte, die im Unternehmen gelebt werden sollen, in einem Leitbild oder einem Verhaltenscodex schriftlich niedergelegt sind. Und natürlich sollten diese Werte mit dem angestrebten öffentlichen Image des Unternehmens und den Kernwerten der Marke harmonieren. Es wäre schon merkwürdig, wenn ein Hersteller beispielsweise mit dem Faktor Nachhaltigkeit werben und sein Geschäft zu Dumpinglöhnen in einer schwer heizbaren Fertigungsstätte aus den Sechzigerjahren betreiben würde.

Schwerer als schöne Worte wiegen jedoch Taten: Werte müssen vorgelebt werden, und »die Verantwortung hierfür liegt beim Topmanagement«, sagt Franz Fehrenbach, Vorsitzender der Bosch-Gruppe.[141] Dass das nicht immer gelingt und dass beim Aufstieg an die Spitze neben moralischer Integrität auch ganz andere Persönlichkeitseigenschaften eine Rolle spielen, wird bei Wirtschaftsskandalen offensichtlich. Das glaubwürdige Vorleben von Werten erfordert überdies Kontinuität. Wenn Top-Positionen alle drei, vier Jahre neu besetzt werden, wird das schwierig. Zwei Professoren der Harvard Business School, Rakesh Khurana und Nitin Nohria, sind daher sogar so weit gegangen, einen »hippokratischen Eid für Manager« zu fordern, mit Formulierungen wie den folgenden:

> »Ich gelobe, dass Belange, die von Vorteil für meine Person sind, niemals Vorrang vor den Interessen des Unternehmens haben werden, mit dessen Management ich betraut bin. [...] In meinem persönlichen Verhalten werde ich ein Beispiel für Integrität sein und nach den Werten handeln, die ich öffentlich vertrete.«[142]

Wenn Entscheidungsträger im Unternehmen persönlich hinter den öffentlich vertretenen Werten stehen, sollten diese Werte an ihrem Verhalten ablesbar sein. Ein werteorientiertes Management muss sich dabei der Symbolkraft seiner Handlungen bewusst sein: Wer

Nachhaltigkeit betont, setzt für Kurzstrecken eher auf die Bahn als auf den Businessflug und fährt einen Hybrid-Dienstwagen. Wer »Diversity« und Familienfreundlichkeit ins Leitbild geschrieben hat, kann in seinem engsten Mitarbeiterumfeld dafür erkennbare Zeichen setzen. Werte beweisen sich überdies nicht nur in dem, was getan, sondern auch in dem, was geächtet wird. Wie wird mit Mitarbeitern umgegangen, die erkennbar und anhaltend gegen den Wertekanon des Unternehmens verstoßen? Unternehmenskultur ist ganz wesentlich Führungskultur, und diese lebt davon, was die Spitze vormacht und wie die Topebene mit Managern verfährt, die möglicherweise (noch) gute Zahlen liefern, Mitarbeiterinteressen jedoch mit Füßen treten. Und stimmt das Klima, stimmt die Kultur, ist die Chance am größten, Mitarbeiter zu begeisterten Markenbotschaftern zu machen: Mitarbeiter-Commitment führt dann zu Kunden-Commitment. Eine WIR-MARKE entsteht.

Fazit: Werte

Die Zeiten, in denen sich die unternehmerische Verantwortung mit Milton Friedman darauf beschränkte, Gewinne zu machen, sind eindeutig vorbei. Die von einem Unternehmen verkörperten Werte tragen zum Erfolg einer Marke bei. Dabei zählen eindeutig Faktoren, die über die Beachtung juristischer Vorschriften und ökonomischer Zweckrationalität hinausgehen.

➤ Gemeinsame Werte sind Sympathieträger und Bindeglied zwischen Kunden und Unternehmen. Sie tragen stark dazu bei, aus Marken WIR-MARKEN zu machen.

➤ Nachhaltigkeit ist der Schlüsselbegriff für moderne Kundensprüche an Unternehmen. Er bündelt den schonenden Umgang mit Ressourcen, Energieeffizienz und Umweltfreundlichkeit sowie sozial verantwortliches Verhalten vor Ort und entlang der gesamten Wertschöpfungskette.

➤ Die Corporate Social Responsibility sollte sich in einer Unternehmenskultur widerspiegeln, die zu den postulierten Werten passt. Wer vor Ort seine Hausaufgaben nicht macht, verliert seine Glaubwürdigkeit.

➤ Wer sich deutlich zu Werten bekennt, muss sich daran messen lassen. Authentische Werte sind Leitlinien für die Unternehmenspraxis – nicht PR-Parolen für die Imagebroschüre.

➤ Lippenbekenntnisse sind gefährlich: Noch nie war es dank engagierter NGOs und Verbraucherorganisationen, kritischer Presse und Medienvielfalt von Facebook bis Twitter für Kunden einfacher, sich über Unternehmen zu informieren. Greenwashing wird von aufgeklärten Verbrauchern abgestraft.

➤ Topmanager stehen stärker denn je im Fokus der Öffentlichkeit. Von ihnen erwarten kritische Verbraucher persönliche Integrität. Zu ihren Aufgaben zählt es ferner, die Werte, für die das Unternehmen steht, deutlich zu formulieren und nach innen wie außen authentisch vorzuleben.

Interview mit Klaus Josef Lutz (BayWa AG) zum Thema Werte

Klaus Josef Lutz ist Vorstandsvorsitzender der BayWa AG. Der gebürtige Münchner studierte Rechtswissenschaften an der Ludwig-Maximilians-Universität München. Seine berufliche Laufbahn begann er als Rechtsanwalt, wechselte dann aber bald in führende Positionen von Wirtschaftsunternehmen. Unter anderem war Klaus Josef Lutz Geschäftsführer der Digital Holding GmbH und Digital Kienzle GmbH, Vorstandsvorsitzender und Mitinitiator der DITEC Informationstechnologie AG, Geschäftsführer der Burda Druck GmbH und Vorstandsvorsitzender der i-center Beteiligungen AG. Zuletzt war er Geschäftsführer der Süddeutschen Verlag GmbH. Durch seine Managerqualitäten erlangte er weit über die Verlagsbranche hinausreichende Reputation. Seit Juli 2008 steht Klaus Josef Lutz als Vorstandsvorsitzender der BayWa AG vor. Er verantwortet damit die Weiterentwicklung eines der führenden europäischen Handels- und Dienstleistungskonzerne in den Geschäftsbereichen Agrar, Bau und Energie.

Herr Lutz, Sie tragen seit Jahrzehnten Verantwortung an der Spitze von Unternehmen. Sie haben Unternehmen mitgegründet und andere aus schweren Krisen herausgeführt. Aktuell stehen Sie einem Konzern mit über 16.000 Mitarbeitern vor, der in 16 Ländern präsent ist. Welche Rolle spielen Ihrer Erfahrung nach (moralische/ethische) Werte für eine erfolgreiche Unternehmensführung?

Klaus Josef Lutz: Insbesondere in krisengeschüttelten Unternehmen sind gelebte Werte eine direkte Voraussetzung dafür, einen erfolgreichen Turnaround zu schaffen. Dazu gehört vor allem das integre Verhalten gegenüber den Mitarbeitern. Manager müssen glaubwürdig, authentisch und jederzeit zitierfähig sein; politische Spielchen, Opportunismus oder gar Unehrlichkeit zahlen sich nicht aus. Auch und gerade Mitarbeitern, die ihren Arbeitsplatz verlieren und sich dadurch in einer schwierigen Ausnahmesituation befinden, sollte man menschlich und auf Augenhöhe begegnen.

Markenexperten betonen heute die Relevanz von Werten für die Attraktivität einer Marke aus Kundensicht. Teilen Sie diese Auffassung?

Klaus Josef Lutz: Werte sind für die Markenakzeptanz heute zweifellos wichtig. Die BayWa hat kürzlich in einer Befragung ermittelt, dass wir uns in den Augen unserer Kunden durch Solidität, Verlässlichkeit, Vertrauen und Kontinuität auszeichnen. Hinter diesen Prinzipien stehen natürlich entsprechende Werte. Allerdings sind Werte nicht selbsterklärend; eine Marke muss auch durch entsprechende Marketingaktivitäten gesteuert werden. Das heißt: Eine Werteorientierung aus sich heraus gelingt nicht. Man muss sie auch kommunikativ umsetzen.

Nachhaltigkeit steht heute ganz oben auf der Werteliste vieler Unternehmen. Wie lässt sich dieser Begriff glaubhaft mit Leben füllen?

Klaus Josef Lutz: Ich bin persönlich der Auffassung, dass der Trend zu umfangreichen Nachhaltigkeitsreports, die inzwischen viele Unternehmen publizieren, überbewertet wird. Es stellt sich die Frage, wer diese Berichte überhaupt liest. Viel wichtiger ist schlicht und ergreifend, sich in der Praxis am Prinzip der Nachhaltigkeit zu orientieren. Das bedeutet beispielsweise den sinnvollen Einsatz von Ressourcen und eine langfristig ausgerichtete Geschäftspolitik. Börsennotierte Unternehmen befinden sich damit allerdings in einem Spannungsfeld, das nicht völlig auflösbar ist, weil sie im Quartalsrhythmus an ihrer Rendite gemessen werden. Auf der anderen Seite wirkt ein rein »verbales« Interesse an Nachhaltigkeit kontraproduktiv und kann eine Vertrauenskrise auslösen.

Wie können Manager Werte glaubwürdig vermitteln, vorleben?

Klaus Josef Lutz: Kurz gesagt: Man ist dann glaubwürdig, wenn man sich selbst treu bleibt, authentisch ist und niemandem ein X für ein U vormachen will. Die Menschen erwarten die Wahrheit – egal, ob es gerade gut oder schlecht läuft. Sie wollen wissen, woran sie sind und verstehen, warum bestimmte Dinge so und nicht anders gemacht werden. Wir schulden den Menschen daher Transparenz und eine nachvollziehbare Vorgehensweise. Dann sind wir auch glaubwürdig.

Welche Rolle spielt aus Ihrer Sicht die Unternehmenskultur für den Unternehmenserfolg?

Klaus Josef Lutz: Mit einer Kultur von starren Hierarchien, Intransparenz, Angst und Druck kann man heute keine Erfolge mehr erzielen. Ohne Offenheit, ohne eine konstruktive Streit- und Diskussionskultur gibt es keine Innovation. In einem Angst-Umfeld hat Kreativität keine Chance. Eine gute Unternehmenskultur ist folglich für kurzfristige Erfolge, für die langfristige Strategie und für die Umsetzung einmal beschlossener Maßnahmen gleichermaßen wichtig.

Abschließend Ihr Rat an alle, die Verantwortung für eine erfolgreiche Marke tragen.

Klaus Josef Lutz: Man muss mit dem Markenkern – mit den eindeutigen, funktionierenden Assoziationen, die eine Marke auslösen kann – sehr, sehr behutsam umgehen. Mit unbedachten Äußerungen und unbedachten Maßnahmen kann man in kurzer Zeit ruinieren, was man in Jahrzehnten aufgebaut hat.

Und Ihr Rat an alle, die eine Marke erfolgreich machen wollen.

Klaus Josef Lutz: Bevor man über die Marke nachdenken sollte, braucht man erst einmal hervorragende Produkte und eine überzeugende Servicequalität. Was »hervorragend« und »überzeugend« ist, hängt unmittelbar vom Kunden ab. Früher hätte man gesagt, man muss »dem Volk aufs Maul schauen«. Entsprechend rate ich dazu, den Kunden einfach zu fragen und daraus abzuleiten, wie man seine Marke am besten positioniert.

5 Emotionen: Gefühle wecken

»Der wesentliche Unterschied zwischen Emotionen und Vernunft besteht darin, dass Emotionen zum Handeln bewegen, während Vernunft zu Schlussfolgerungen führt.«

Donald Calne, Neurowissenschaftler

Emotionen haben ein fragwürdiges Image. »Lassen Sie uns doch vernünftig miteinander reden«, »Bitte bleiben Sie sachlich«, »Nüchtern betrachtet, gibt es nur eine Alternative …« – Sätze wie diese fallen jeden Tag in Tausenden Büros und Meetings. Vernünftig, sachlich, nüchtern, so möchten wir sein, ganz Urururenkel von Aufklärung und Rationalismus. Emotionen gelten seit dem 18. Jahrhundert als »irrational«, »dunkel«, schwer kontrollierbar, als niedere Motive sozusagen. Doch inzwischen ist unbestritten, dass sie die Hauptmotive für das Kundenverhalten sind.

Der Kunde ist kein ökonomisch denkender Rationalist, kein Homo oeconomicus, der eine rein zweckrationale Kaufentscheidung trifft. Damit wäre er angesichts der Übersättigung der Märkte auch hoffnungslos überfordert. Kunden kaufen das, was ihnen, aus welchen Gründen auch immer, ein »gutes Gefühl« gibt. Legendär und vielfach geschildert ist in diesem Zusammenhang der Pepsi-Test: Obwohl Pepsi in Blindtests besser schmeckt als Coke, entscheiden sich Limonadetrinker für Coke, sobald sie die Marke kennen, und finden nun, diese schmecke besser. Wenn ich Coca-Cola kaufe, kaufe ich eben nicht eine braune, stark gezuckerte Limonade, sondern den »American Way of Life«, Jugend und Coolness. Kein Wunder, dass die Coca-Cola Company in den Achtzigerjahren einen ungeahnten Proteststurm auslöste, als sie die Marke, die das Unternehmen groß gemacht hatte, durch »New Coke« ersetzen wollte. Die

Verbraucher liefen Sturm, am Ende wurde New Coke beerdigt und wieder durch Classic Coke ersetzt. Emotionen spielen eine zentrale Rolle beim Kaufverhalten. Wer sie vernachlässigt, kann auf Dauer kaum erfolgreich sein. Wer sie glaubwürdig und authentisch in seine Markenführung integriert, gewinnt echte Fans.

Markenführung und Emotionen

Beim Bummel durch die neueste Frankfurter Shopping-Mall »My-Zeil« trifft man in vielen Marken-Stores auf eine überschaubare Zahl von Mitkunden und gepflegte Langeweile. Doch mittendrin gibt ein dunkler Laden Rätsel auf. Die Schaufenster sind durch saloonartige Holztüren verdeckt, es dröhnt Musik, zwei salopp gekleidete Beaus bewachen den Eingang und eine lange Teenie-Schlange wartet geduldig auf Einlass. Kein Schild, keine Warenpräsentation. Eine Disco? Wer über 20 ist, muss Eingeweihte fragen, was da los ist. Hier residiert das US-Modelabel Hollister. »Sieht so die Hölle aus?«, fragte die *Frankfurter Allgemeine Zeitung* und wunderte sich über den »süßlichen Geruch« der Waren, der noch stundenlang in Haaren und Kleidern sitze, die Dunkelheit im Innern, Plastikpalmen und Surf-Videos.[143] Wer bei Hollister arbeiten will, muss Modelqualitäten haben; Waschbrettbauch und schmale Taille sind wichtiger als Ausbildungszeugnis und gute Noten. Die junge Zielgruppe belagert den Laden, steht vor den Umkleidekabinen noch einmal stundenlang an und zahlt, ohne mit der Wimper zu zucken, 40 Euro und mehr für ein simples T-Shirt. Man könnte das Ganze als verrückte Teenagermarotte abtun, als erfolgreichen Versuch, schüchternen 13-Jährigen durch entsprechendes Ambiente zu saftigen Preis den Traum von klasse Aussehen und Hippsein zu verkaufen. Doch sind Erwachsene beim Einkauf wirklich klüger?

Wie wir (Kauf-)Entscheidungen fällen

António Damásio zählt zu den angesehensten Neurologen der Welt. Seine Bücher tragen Titel wie *Ich fühle, also bin ich* (2000) oder *De-*

scartes' Irrtum (1994). Der gebürtige Portugiese leitet das Brain and Creativity Institute an der University of Southern California. In seinen Arbeiten enttarnt Damásio die Trennung von Ratio und Gefühl als Mythos. Grundlegend für diese These ist seine Arbeit mit Menschen, die aufgrund von Hirnschädigungen durch Tumore oder Unfälle Einbußen im emotionalen Bereich erlitten haben. Ein Mangel an Gefühlen blockiert demnach unsere Entscheidungsfähigkeit, auch wenn kognitive Fähigkeiten in keiner Weise beeinträchtigt sind.

Vielleicht halten Sie einen Moment inne und überlegen, wie Sie im Alltag eine Kaufentscheidung treffen. Nehmen wir an, Sie stehen im Supermarkt vor einem Regal und sollen auf Wunsch Ihres Partners/Ihrer Partnerin Balsamessig kaufen. Wenn Sie nicht gerade Hobbykoch sind und über einschlägige »Essig-Erfahrung« verfügen, könnten Sie eine halbe Stunde und länger damit verbringen, Füllmengen, Preise, Alter, Zusammensetzungen, Gütesiegel und Werbeversprechen zu vergleichen, um dann eine rationale Entscheidung zu treffen. Das werden Sie kaum tun, sondern nach kurzem Zögern zu einer Flasche greifen, die Ihnen »sympathisch« ist. Möglicherweise wüssten Sie auf Befragen kaum, warum es gerade diese getroffen hat. Vielleicht sah das Etikett einfach ansprechend aus oder der abgebildete Starkoch hat Sie beeinflusst? Am schnellsten fällt die Entscheidung vielleicht, wenn Sie auf eine Marke stoßen, mit der Sie schon in anderen Feinkostfragen gute Erfahrung gemacht haben. Das gibt Ihnen ein »richtiges Gefühl«, auch beim Balsamessig. Mit Rationalität hat das nur sehr begrenzt zu tun.

Das ist nicht nur bei einem Haushaltsprodukt zu einem überschaubaren Preis so. Warum kauft sich jemand einen Porsche? Anders gefragt: Wozu »braucht« man im Land der Geschwindigkeitsbegrenzungen und übervollen Autobahnen einen Sportwagen mit 345 PS und einer Spitzengeschwindigkeit von 300 Stundenkilometern? »Der Kauf eines Porsche ist für den Kunden vor allem von Emotionen geprägt«, gibt der PR-Chef von Porsche, Anton Hunger, zu: »Mit einem Porsche erwirbt der Käufer – neben allen technischen oder stilistischen Vorzügen – das einzigartige Identitätsbild eines Fahrzeugs, das weltweit als Sportwagen-Metapher gilt.«[144] Das ist

121

noch vergleichsweise elaboriert gedacht. Hermann Scherer differenziert in seinem Buch *Jenseits vom Mittelmaß* zwischen bewussten und unbewussten Markenerwartungen. Die unbewusste (»sublime«) Erwartung eines Porsche sei schlicht die »Erhöhung der Anteile der jungen Frauen im Leben«.[145]

Dass Entscheidungen – auch Kaufentscheidungen – stark emotional geprägt sind und nur sehr begrenzt bewusst getroffen werden, davon gehen auch die Vertreter des Neuromarketings aus. Hans-Georg Häusel von Nymphenburg Consult etwa beziffert den Anteil des Unbewussten bei einer Entscheidung auf der Basis verschiedener Studien auf 80 bis 95 Prozent. Von den 11 Millionen Sinneseindrücken, die unser Gehirn in jeder Sekunde verarbeiten kann, dringt nur ein verschwindend geringer Anteil, etwa 40, ins Bewusstsein vor. Emotionen fungieren dabei als Wahrnehmungsfilter. Menschen nehmen bevorzugt Dinge wahr, zu denen sie emotional eine Beziehung herstellen können.[146] Das ist beispielsweise der Grund dafür, warum wir es zielsicher mitbekommen, wenn in einem zuvor ignorierten Umgebungsgespräch plötzlich unser eigener Name fällt.

Wenn emotional Geprägtes Vorrang hat und Emotionen nicht nur Wahrnehmungen, sondern Entscheidungen steuern, liegt der Schluss nahe, dass erfolgreiche Marken die richtigen Emotionen auslösen. Franz-Rudolf Esch, Direktor des Instituts für Marken- und Kommunikationsforschung an der Universität Gießen, ist dieser Frage empirisch nachgegangen. In einer groß angelegten Studie verglich er mit seinem Team mittels Magnetresonanztomographie (MRT), welche Reaktionen starke, schwache und unbekannte Marken im Gehirn von Versuchspersonen auslösen.

Zunächst wurden dazu aus einem Pool von insgesamt 66 Marken mittels Fragebogen jeweils 8 ausgewählt, die knapp 1.000 Probanden als »emotional« bzw. als »neutral« einstuften. Zu den emotionalen Marken gehörten BMW, Coca-Cola, Ebay, Ferrari, Harley-Davidson, Lamborghini, Langnese und Porsche. Als neutral wurden KIA, Motorola, Oettinger, Opel, Privileg, Škoda, Württembergische Versicherung und Yahoo bewertet. Im zweiten Schritt wurde die

Markenstärke der 16 Marken mittels Markenbekanntheit, -einstellung, -bindung, -vertrauen und -begehrlichkeit gemessen. Das Ergebnis: Die emotionalen Marken sind erwartungsgemäß »starke« Marken, die neutralen dagegen »schwach«. In Schritt 3 schließlich folgte die Probe aufs Exempel, der Blick ins Gehirn. Mittels MRT-Test ließ sich feststellen, welche Hirnregionen tatsächlich aktiv sind, wenn Probanden an starke, an schwache oder an acht weitere, unbekannte Marken denken. Das Ergebnis war eindeutig: Die starken Marken aktivierten Hirnregionen, die für die Verarbeitung positiver Emotionen zuständig sind. Die Verarbeitungsmuster bei schwachen und unbekannten Marken hingegen unterscheiden sich nicht: Aktiv sind in beiden Fällen Hirnregionen zur Verarbeitung negativer Emotionen. Kurz gesagt: Starke Marken lösen gute Gefühle aus, schwache oder unbekannte nicht. Wer eine starke Marke kreieren will, sollte sein Angebot daher positiv emotional aufgeladen und möglichst alle »Kontaktpunkte« mit der Marke (Produkt, Kommunikation, Verhalten am Point of Sale) entsprechend gestalten.[147] Hollister hat das offenbar begriffen und virtuos umgesetzt.

In den Köpfen vieler Hersteller und Verkäufer herrscht dagegen noch das »Schneller-höher-weiter«-Prinzip vor. Geworben wird mit tatsächlichen oder vermeintlichen Produktvorteilen und -fortschritten. Dabei wird übersehen, dass dieses »Jetzt noch besser!« in vielen Kontexten längst seine Glaubwürdigkeit verloren hat, Konsumenten emotional kalt lässt und von ihnen daher schlicht ausgeblendet wird. Martin Lindstrom, neuer Star am Marketinghimmel, setzte ebenfalls auf die Magnetresonanztomographie, um herauszufinden, »Warum wir kaufen, was wir kaufen« (so der Untertitel seines Buches *Buyology*). Seine Botschaft an die Branche: »Guten Marketern sollte es nur um die Emotionen gehen.«[148]

Wenn die Anhänger des Neuromarketings Recht haben und Emotionen der Schlüssel zur Kaufentscheidung sind, heißt das gleichzeitig: Alle starken Marken sind gleichzeitig Wir-Marken, denn Emotionen binden das Subjekt an den Auslöser seiner Gefühle. Jede erfolgreiche Markenwelt ist deshalb eine Gefühlswelt. Wer eine Harley kauft, kauft das Gefühl von Freiheit und bekommt ein Motorrad dazu. Wer in der Parfümerie 100 Euro für eine Gesichtscreme zahlt, kauft das Gefühl von Exklusivität und Schönheit, nicht nur ein Pflegemittel. Und kein klinischer Test dieser Welt wird ihn (oder eher: sie) überzeugen, dass das günstige Produkt aus dem Drogeriemarkt denselben Zweck erfüllt.

Nespresso: Willkommen im Club

Apropos Rationalität und Kaufentscheidungen: Wären Sie bereit, für ein Kilogramm Kaffee 60 bis 70 Euro auf den Tisch zu legen? Die meisten Menschen würden auf diese Frage wohl energisch den Kopf schütteln. Und doch tun acht Millionen Kunden weltweit genau das regelmäßig: Sie sind Mitglied im Nespresso Club und brühen ihren Kaffee mittels bunter Aluminiumkapseln in eigens dafür hergestellten Maschinen. In einer Kapsel befinden sich 5 bis 6 Gramm Kaffee, sie kostet über 30 Cent. Beziehen können Kunden die Kapseln nur direkt bei Nespresso, einem Tochterunternehmen des Schweizer Lebensmittelkonzerns Nestlé – online, per Telefon oder in luxuriös ausgestatteten »Boutiquen«. Und wer sich einmal auf das System festgelegt hat, ist (zumindest bis zum Auslaufen des Patents 2012) Gefangener seiner Entscheidung: In seine Kaffeemaschine passen nur die Aludöschen von Nespresso. »Lock-in« nennt man dieses System; Sie kennen das vom heimischen PC-Drucker, der bei der Anschaffung erstaunlich günstig wirkte, bis Sie merkten, wie viel Geld die Druckerpatronen auf Dauer verschlingen.

Was beim Drucker viele Menschen ärgert, stört Nespresso-Fans nicht, können Sie sich doch als Mitglied einer exklusiven Gemeinschaft fühlen, eines Clubs Gleichgesinnter, die exzellenten Kaffeegenuss zu schätzen wissen und darin der Schauspieler-Ikone George Clooney folgen. Der argumentiert gar nicht erst groß mit Geschmack oder Bequemlichkeit, sondern fragt schlicht: »Nespresso. What else?« Die Kaffees heißen »Grand Crus«, das Zubehör »Accessoires«. Dieses perfekte Emotionen-Marketing geht auf: Allein zwischen 2006 und 2008 habe sich der Umsatz auf über zwei

Milliarden Schweizer Franken verdoppelt, meldete der *Spiegel* im Februar 2010 und spottete:

> »Zelebriert wird geradezu religiöse Anbetung. Die Shops ähneln Juweliergeschäften oder Kleinst-Kathedralen. Wer einmal als Besitzer einer adäquaten Kaffeemaschine in den Kreis aufgenommen ist, wird via eigenen Kaffee-Clubs ebenso betütert wie ausgehorcht. So entstand innerhalb weniger Jahre eine Art Glaubenskongregation, die allenfalls noch mit den Inszenierungen des Computerbauers Apple vergleichbar ist.«[149]

Einziger Wermutstropfen: Die Kapseln produzieren Jahr für Jahr etliche Tausend Tonnen Alu-Müll. Und da es nicht mehr genügt, ein attraktives Produkt anzubieten, sondern anspruchsvolle Kunden heute auch ein gutes Gewissen haben möchten, engagiert sich das Unternehmen für die Umwelt und die Lebensbedingungen der Kaffeebauern. Unter dem Link »Ecolaboration« erfährt man auf der Nespresso-Website alles über nachhaltigen Anbau, Recycling der Kapseln und »umweltfreundlichere Kaffeemaschinen«. Natürlich ist es für einen echten Umweltfreund ähnlich absurd, statt einer 500-Gramm-Packung Kaffee 100 eigens produzierte Aludöschen zu kaufen und diese anschließend zu einer Sammelstelle zu tragen, wie mit dem Flugzeug um die halbe Welt zu fliegen, um dann vor Ort Wert auf Recycling-Toilettenpapier zu legen. Doch die menschliche Natur ist schwach: Untersuchungen belegen, dass die meisten Menschen den Schutz der Umwelt im Allgemeinen zwar wichtig finden, aber nur ungern Einschränkungen im persönlichen Umfeld hinnehmen. Und so funktioniert die Markenwelt von Nespresso, die auf Exklusivität und erlesenen Geschmack setzt, perfekt.

Nespresso vereint so vieles, was eine WIR-MARKE ausmacht: mit dem »Club« eine Community, die das Wir-Gefühl stärkt; ein emotional besetztes Angebot, das für einen bestimmten Lebensstil steht; die Integration von Werten wie Nachhaltigkeit und Umweltfreundlichkeit in ein Angebot, das primär auf Exklusivität abhebt. Hinzu kommt eine Gründungsstory, die von großen Widerständen und unverhofftem späten Erfolg erzählt (zur Wirkung von Geschichten siehe Kapitel 6).

Die Erfolgsgeschichte von Nespresso verlief alles andere als linear. Es gab Rückschläge und Verzögerungen. Man scheiterte zunächst im Restaurantmarkt (1974), versuchte vergeblich, im Bürosektor Fuß zu fassen (1982). Erst in den Neunzigerjahren wurde das Geschäft mit Privatkunden profitabel. Möglich wurde Nespresso nur, weil der Nestlé-Konzern Geduld aufbrachte und Außenseitern wie dem Tüftler Eric Favre und später Jean-Paul Gaillard, einem dickköpfigen Marketingfachmann von Marlboro, im eigens gegründeten Tochterunternehmen viele Freiheiten ließ. Und mit Kundenemotionen kennen sich Marlboro-Marketer schließlich bestens aus.

Die »richtigen« Emotionen wecken

Welche Emotionen sollte eine Marke wecken, um sich ins Gedächtnis potenzieller Kunden einzugraben und Begehrlichkeiten zu wecken? Ich möchte Ihnen drei aktuelle Ansätze vorstellen, die geeignet sind, den Blick für die emotionalen Komponenten des Marketings zu schärfen. Keines der Konzepte erschöpft dieses komplexe Gebiet ganz, jedes nähert sich dem Thema Emotionen aus einem anderen Blickwinkel. Ein Ansatz stammt aus dem Neuromarketing, von Hans-Georg Häusel, ein zweiter vom »Vordenker der Erlebniswirtschaft«, Christian Mikunda, und der dritte von Marketingstar Martin Lindstrom.

»Emotionssysteme«

Hans-Georg Häusel setzt auf Erkenntnisse aus der Neurologie und Neuropsychologie, um zu erklären, »warum Kunden kaufen«.[150] Dabei geht er von drei »Motiv- und Emotionssystemen« im Gehirn aus, die er »Big 3« nennt:

1. *Das Balance-System: Wunsch nach Sicherheit.* Hier verankert sind das Streben des Menschen nach Stabilität und Harmonie sowie das Bestreben, Gefahren zu vermeiden. Subsysteme sind das Bindungs-Modul, das uns sozialen Anschluss suchen lässt, und das Fürsorge-Modul, das uns für andere sorgen und altruistisch handeln lässt.

2. *Das Stimulanz-System: Wunsch nach Erlebnis, nach Neuem und nach Individualität.* Hier ist die Neugier auf Innovationen und spannende Erfahrungen angesiedelt. Ein Subsystem ist das Spiel-Modul, das lustvolle Erlebnisse verschafft und nicht nur Kinder dazu animiert, Dinge auszuprobieren.

3. *Das Dominanz-System: Wunsch nach Macht, Status, Überlegenheit, Autonomie.* Hier wurzelt das Streben, sich durchzusetzen, anderen überlegen zu sein, an der Spitze zu stehen, Konkurrenten zu verdrängen. Subsysteme sind das Jagd- und Beute-Modul (das etwa Schnäppchenjäger motiviert) und das »Rauf-Modul«, das zum spielerischen Kräftemessen motiviert.

Die Motivsysteme arbeiten unabhängig voneinander und können gleichzeitig aktiv sein. So kommt es zu den Mischformen:

➤ Abenteuer/Thrill (als Mischung von Dominanz und Stimulanz),

➤ Fantasie/Genuss (als Mischung von Balance und Stimulanz),

➤ Disziplin/Kontrolle (als Mischung von Balance und Dominanz).

Gesteuert werden die evolutionsbiologisch verwurzelten Emotionen-Komplexe vom limbischen System als entwicklungsgeschichtlich älterem Hirnteil. Nur ein Bruchteil der Botschaften und Kaufsignale dringt dabei überhaupt ins Bewusstsein vor, das Gros wird unter der Bewusstseinsschwelle verarbeitet. Bestimmte Produktkategorien korrespondieren stark mit bestimmten emotionalen Systemen.

Sie werden nicht lange überlegen müssen, um zu erkennen, dass Versicherungen das Balance-System adressieren, Fernreisen primär das Stimulanz-System und Statussymbole wie teure Uhren oder sportliche Autos das Dominanz-System. Marken sind für Häusel und seine Kollegen »neuronale Netzwerke, in denen Produkteigenschaften und Emotionswelten« verknüpft sind.[151] Weniger wissenschaftlich ausgedrückt: Marken sind emotional geprägte Bilder im Kopf des Kunden. Starken Marken ist es gelungen, Produkte erfolgreich mit positiven Emotionen aufzuladen. Dazu verknüpfen sie das Produkt beispielsweise mit einem Sicherheitsgefühl (Balance), einem Genussversprechen (Stimulanz), mit etwas Neuem, Aufregendem (Abenteuer) oder einem Statusversprechen (Dominanz). Eine hohe Markenkontinuität sorgt dafür, dass bereits kleine Stimuli ausreichen, um die ganze Marke (das gesamte »neuronale Netz«) zu aktivieren. Sie sehen eine lila Farbfläche und denken an – Milka und Schokoladengenuss.

Ein schönes Beispiel für die Ansprache unterschiedlicher Emotionssysteme liefern die Biermarken Beck's und Radeberger: Beck's zielt mit einer jungen sportlichen Crew, die bei steifer Brise auf einem Hochseesegler mit sattgrünen Segeln unterwegs ist, auf Abenteuer. Radeberger setzt dagegen mit der nächtlich beleuchteten Semperoper auf Tradition und Kultur und spricht das Balance-System an. Entsprechend finden sich unter den Beck's-Trinkern überproportional viele »Performer« und »Abenteurer«, »Hedonisten« und »Genießer«, unter den Radeberger-Trinkern dagegen mehr »Traditionalisten«, »Harmoniser« und »Disziplinierte«. Damit sind gleichzeitig die Zielgruppen benannt, die Häusel nach den jeweils dominierenden Emotionen differenziert.[152] Starke Marken sprechen also gekonnt und kontinuierlich bestimmte menschliche Grundemotionen an, die Kunden(gruppen) als angenehm und lohnend empfinden.

»Hochgefühle«

Starke Marken belohnen uns mit »schönen« Emotionen. Dies ist auch die Grundidee von Christian Mikunda. Anders als Hans-Georg Häusel ist er diesen Emotionen nicht mit Hirnscans auf der Spur, sondern aus der Perspektive eines früheren Film- und Fernsehdramaturgen. Folgerichtig steht bei Mikunda die gekonnte Inszenierung großer Gefühle im Mittelpunkt. Bevor Sie die Augenbrauen heben, denken Sie daran, wie in Apple Stores, die Glaskathedralen ähneln, Design zelebriert wird, wie der Beck's-Spot das große Abenteuer in stürmischer See auf 30 Sekunden komprimiert oder wie in der Nespresso-Boutique bunte Kaffeekapseln als exklusives Lifestyle-Produkt dargeboten werden.

»Die Inszenierungen in Wirtschaft, Kultur und Lifestyle ermöglichen heute starke emotionale Erschütterungen von kathartischer Kraft und reinigender Stärke, wie sie früher nur echte Abenteuer ermöglichten«, so Mikunda.[153] Die Anklänge an religiöse Grunderfahrungen kommen hier nicht von ungefähr: Mikunda systematisiert die »Hochgefühle«, die Kunden faszinieren können, in Anlehnung an die sieben Totsünden. Mit deren positiver Umdeutung werden aus Hochmut, Völlerei, Zorn, Neid, Gier, Wollust und Trägheit so »Glory«, »Joy«, »Power«, »Bravour«, »Desire«, »Intensity« und »Chill«. Im Einzelnen:

➤ *Glory* ... steht für »das Erhabene«, ein »Tempelgefühl«: Imposante Fassaden, hohe Hallen, große Treppen laden die präsentierten Produkte positiv auf. Nicht von ungefähr kennt der Volksmund also den »Konsumtempel«.

➤ *Joy oder »Freude«* ... steht für (geordnete) »Überfülle«, Farbenrausch und Vielfalt. Denken Sie an verschwenderisch wirkende Warenpräsentationen, etwa die geschickte Anordnung von Textilien als bunten Regenbogen.

➤ *Power* ... versteht Mikunda als »Kraftstärke«, als »Zorn ohne Aggressivität«, wie er sich beispielsweise in Demonstrationen von Muskelkraft oder PS-Stärke Bahn bricht oder rasante Fahrten und laute Musik so faszinierend macht.

➤ *Bravour oder »Raffinesse«* ... steht für faszinierende, verblüffende Lösungen, für Virtuosität, für die Umsetzung des schier Unmöglichen, etwa bei spektakulären Produktlösungen.

> *Desire oder »Begierde«* ...wird durch Überhöhung geweckt, durch eine Warenpräsentation, die das Produkt als Kostbarkeit in den Mittelpunkt rückt. Denken Sie beispielsweise an Luxusboutiquen, die einzelne Waren wie kostbare Ausstellungsstücke darbieten.

> *Intensität oder »Verzückung«* ... entsteht durch eine Verdichtung von Erfahrung, durch lustvoll erlebte Verzögerungen, durch einen ungewöhnlichen Rahmen, der das Erleben intensiviert. Beispiel: eine Autokarosserie, die im Reddot Design Museum wie ein Beutetier an der Decke aufgehängt ist.

> *Chill oder genussvolle »Entspannung«* ... lebt von einer bewussten Reizreduktion, die Regeneration und Entlassung verspricht. Entspannungsoasen in Shopping-Malls oder Lounges in Hotels oder Bars setzen auf dieses Gefühl.

Mikunda lenkt unsere Aufmerksamkeit auf die Produktinszenierung, auf das »Drumherum«, das ebenso wichtig ist wie die Ware selbst. Erfolgsmarken faszinieren ihre Kunden, indem sie ihnen intensive Erlebnisse bieten. Es macht einen Unterschied, ob ein Ring dem Käufer auf einem dunklen Samttuch präsentiert oder auf eine Kunststoffunterlage gelegt wird, ob ein Automobil in einer nüchternen Halle steht oder einem vertäfelten Showroom ausgestellt wird, ob das iPad im Elektronikmarkt oder im edel gestylten Apple-Store zu kaufen ist. Kunden, die in der komfortablen Situation sind, wählen zu können, wählen Produkte mit emotionalem Mehrwert.

»Sensorisches Branding«

»Das Ohr isst mit«, weiß man beim Kekshersteller Bahlsen schon seit vielen Jahren und beschäftigt ein Entwicklungsteam, das sich mit »Sounddesign« beschäftigt: Wie klingt der Keks beim Zerbeißen? Jüngere Kunden lieben es kurz und knackig (»crunchy«), ältere »schwach knusprig«.[154] Keksrezepte werden entsprechend zielgruppenoptimiert. Es ist also nichts Neues, wenn Martin Lindstrom in seinem neuen Buch *Brand Sense* auf »sensorisches Marketing« setzt, auf das Ansprechen aller Sinne des Kunden. Seine Erklärung ist einleuchtend: Wer nicht nur den in der Werbung bislang dominierenden Sehsinn bedient, sondern weitere Sinneskanäle anspricht, hat im Wettbewerb um die Aufmerksamkeit des Kunden möglicherweise die Nase vorn: »Gefühle verschaffen sich über unsere Sinne Aufmerksamkeit – und beeinflussen wiederum unsere Entscheidungsprozesse.«[155]

Erinnern Sie sich an den süßlichen Duft, der Teenager im Eingangsbeispiel in den düsteren Hollister-Store lockt? Zu den Aufgaben der »Store Models«, wie Verkäufer hier genannt werden, gehört auch das regelmäßige Einsprühen der Waren. Hollister bietet jungen Kunden mit Musik, Duft, Videos und Surfdekoration ein Feuerwerk für die Sinne, das für Halbwüchsige offenbar Suchtpotenzial hat, auch wenn (oder gerade weil) ihre Eltern davor die Flucht ergreifen. Gerade Düfte können ein starkes Gefühl der Vertrautheit auslösen. Wenn Sie nach Jahrzehnten das erste Mal wieder eine Schule betreten, wird Sie der typische »Schulgeruch« vermutlich in Sekundenbruchteilen wieder in Ihre eigene Schulzeit »zurückbeamen«. Wir wissen, wie eine Schule riecht, und wir wissen auch, wie ein neues Auto riechen sollte. Deswegen nutzen auch Gebrauchtwagenhändler längst den Neuwagengeruch aus der Sprühdose. Weitere Beispiele für sensorisches Branding[156]:

> ❯ Websites mit Klangeffekten werden öfter aufgerufen,

> ❯ Rice Crispies müssen auf bestimmte Weise knuspern,

> ❯ Popcorn-Duft lockt Menschen ins Kino,

> ❯ Singapore Airlines setzt auf Stewardessen, die exakt so aussehen wie das »Singapore Girl« aus der Werbung (Make-up und Kostüm, aber auch Alter, Auftreten, Gesten und sogar das Gewicht sind vorgegeben),

> ❯ Kinowerbung von Nivea mit Sonnenölduft wird fünfmal häufiger erinnert (»So riecht der Sommer«),

➤ eine Toblerone wäre ohne die typische Dreiecksform nichts Besonderes, und auch das Geschmackserlebnis wird durch die großen Toblerone-Brocken geprägt, die gar nicht so einfach zu essen sind,

➤ bei Autoherstellern arbeiten Entwickler am Autotürenklang (ein Mercedes klingt eben »satter« als ein Kleinwagen asiatischer Produktion),

➤ zur Harley Davidson gehört auch der typische Harley-Sound, den Fans blind erkennen.

Im Alltag sind alle fünf Sinne ständig auf Empfang. Einen neuen Gesprächspartner beispielsweise sehen Sie nicht nur; Sie nehmen unweigerlich wahr, wie er riecht; Sie ziehen blitzschnell Schlüsse aus seinem Händedruck, registrieren, wie dick (und wertig) seine Visitenkarte ist und hören nebenbei, was er zu sagen hat. Was liegt da näher, als alle Sinneskanäle auch für die Markenbildung zu nutzen? »Wenn Marken künftig Bindungen aufbauen und erhalten wollen, müssen sie eine Strategie entwickeln, die all unsere Sinne einbezieht«, meint Lindstrom und beklagt: »Branding ist eine immer rationalere Disziplin geworden. Vielleicht ist es ja an der Zeit, hier einen Schritt zurückzutun? Kein Zweifel: Auf der ganzen Welt sind die Menschen auf der Suche nach emotionaler Erfüllung.«[157]

Sich auf Kunden einlassen

Man kann sich den Argumenten der Verfechter des emotionalen Marketings nur schwer entziehen. Wer Kunden emotional bewegt, weckt Aufmerksamkeit und knüpft ein Band zu ihnen. WIR-MARKEN, die keine Emotionen auslösen, sind kaum vorstellbar. Die Frage ist jedoch weniger das Ob, sondern eher das Wie. Wie drückt man die richtigen Knöpfe im Kundenkopf, um die gewünschten Emotionen auszulösen? Menschen sind (glücklicherweise) nicht vollständig durchschaubar und manipulierbar. Und auch Hirnscans können Markenerfolge nicht prognostizieren, sondern nur nachträglich belegen. Im Folgenden einige Anregungen für alle, die Kunden wirklich »berühren« wollen.

Alles, nur nicht langweilen!

Wer Kunden emotional erreichen will, muss ihre Aufmerksamkeit gewinnen. Dazu darf die Marke alles sein – außer langweilig. Langweilig ist, was vorhersehbar, schon tausend Mal so oder so ähnlich gesehen und gehört worden ist. Eine Chance, uns emotional zu erreichen, hat dagegen alles, was anders, was ungewöhnlich ist. Benetton hat dieses Prinzip vor Jahren auf die Spitze getrieben, als es den Claim »United Colors of Benetton« mit Fotos von blutgetränkten Uniformen, ölverschmierten Seevögeln, Neugeborenen und Aidskranken bebilderte und damit eine erregte Debatte provozierte. Man kann über Benetton trefflich streiten, aber eins ist sicher: Wer es allen recht machen will, läuft Gefahr, niemanden wirklich zu erreichen. Auch der heute hoch gelobte Apple-Spot »1984« sorgte intern für Auseinandersetzungen und wurde erst auf energische Intervention von Steve Jobs wirklich gesendet. Emotionale Reaktionen von Menschen sind nicht völlig berechenbar – wären sie es, gäbe es keine Werbeflops, keine Bücherflops, keine Flops in der Kinogeschichte. Wer berühren will, muss Risiken eingehen. Selbst der berühmte Langnese-Spot der Achtzigerjahre, »Like Ice in the Sunshine«, war damals mit seinen frechen Strandepisoden mutiger als die klassische Eiswerbung mit zartem Schmelz in Großaufnahme. Noch heute können viele den Song mitsummen und haben die Bilder dazu im Kopf. Und es ist sicher kein Zufall, dass dieser Spot mit einem Feuerwerk an Farben, Mini-Episoden und dem unterlegten Ohrwurm ungeheuer »sinnlich« ist und ganz und gar auf klassische Werbeslogans verzichten kann.

Erst zuhören, dann handeln!

»Wer Menschen zur Reaktion bewegen will, muss sich auf ihre Persönlichkeiten, Träume und Wünsche einlassen und verstehen, was sie anziehend finden«, schreibt Kevin Roberts, CEO von Saatchi & Saatchi in *Der Lovemarks-Effekt*.[158] Damit beschreibt er nichts weniger als ein neues Kundenverständnis, das Kunden nicht länger als anonyme Masse wahrnimmt, sondern ihnen auf Augenhöhe begegnet. Kaufkraft und Vorlieben lassen sich statistisch ermitteln, bei »Träumen« und »Wünschen« wird das schwierig. WIR-MARKEN setzen auf Nähe zum Kunden. Und diese Nähe lässt sich schwer am grünen Tisch entwickeln. Die Ureinwohner Amerikas sagen: »Um einen Mann zu kennen, musst du zehn Meilen in seinen Mokassins gehen.« Auch das Marketing muss neue Wege gehen, wenn es neue Erfolge erzielen will. Wie das in der Praxis aussehen kann, erläutert Jim Stengel, Global Marketing Officer bei Procter & Gamble am Beispiel einer Kampagne für Always.

Der Damenhygieneartikel hatte in Südafrika nur einen geringen Marktanteil. Das änderte sich entscheidend, nachdem Procter & Gamble dort den »Always Keep Movin' Dance Contest« ausgerichtet hatte. Tausende von Teilnehmerinnen traten vor lokalen Jurys von DJs und Musikern gegeneinander an und die Siegerinnen konkurrierten in einer abschließenden Fernsehshow gegeneinander. Vorausgegangen waren zwei Erkenntnisse: Tanz ist in Südafrika ein wichtiger Teil der Alltagskultur. Und »Keep movin'« ist eine authentische Lebensmaxime Jugendlicher, die ihre Lebenschancen in einer Gesellschaft, die die Apartheid überwunden hat, wahrnehmen und vorwärtskommen wollen.[159] Das heißt: Ein internationales Unternehmen taucht in die Lebenswelt seiner Kunden ein und interessiert sich für sie. Und die anschließende Marketingmaßnahme hat nicht nur die Interessen des Unternehmens, sondern auch die Träume der Zielgruppe im Blick.

»Customer-driven« ist ein Schlagwort unserer Zeit, und fast jedes Unternehmen nimmt für sich in Anspruch, kundengetrieben zu handeln. Doch was heißt das ganz praktisch? Wo begegnen Sie Ihren Kunden? Wo hören Sie ihnen wirklich zu? Wo lernen Sie etwas über sie? Wissen Sie, was Ihre Kunden wirklich bewegt? Wer echte Antworten auf diese Fragen sucht, muss in die Lebenswelt seiner Kunden eintauchen. Fantasie ist gefragt, auch bei den Methoden. Noch einmal Jim Stengel: »Wer lieber einem Regelwerk folgt, hat es heute schwer. Marketingspezialisten hingegen, die gern nachdenken, mit anderen zusammenarbeiten und mit Kunden auf Augenhöhe kommunizieren, erleben goldene Zeiten.«[160] Betreiben Sie Feldforschung, engagieren Sie Scouts, gehen Sie zu den Kunden und treffen Sie sie in ihrem wirklichen Leben, statt sie in die Labore der Marktforscher einzuladen. Schaffen Sie Möglichkeiten der echten Interaktion. Hören Sie zu, beobachten Sie.

Mehr geben als ein Produkt(versprechen)!

Emotional involviert sind Menschen dort, wo sie mehr bekommen als ein Produkt (unter Markenaspekten) oder ein Produktversprechen (unter Marketinggesichtspunkten). WIR-MARKEN liefern einen ideellen Mehrwert, der die Menschen fasziniert, unterhält, amüsiert oder fesselt. Dieser ideelle Zusatznutzen kann den Akt des Kaufens und/oder den eigentlichen Konsum betreffen. Überraschungen, Interaktionsmöglichkeiten, besondere sinnliche Erfahrungen, Rituale, Geschichten, all das kann Kunden anziehen und zu Anhängern einer Marke machen.

Hollister wäre ohne die Surf- und Disco-Inszenierung nur ein unspektakuläres Label für Teenagermode; also macht man den Kauf zu einem Event, das 13-Jährigen Spaß macht und von dem man seinen Freunden erzählen kann. Was können Ihre Kunden über Sie erzählen? Corona wäre eine Biermarke unter vielen, doch man trinkt dieses Bier weltweit mit einer Limettenscheibe. Menschen mögen Rituale, alle Weltreligionen beweisen das. Welche Rituale lassen sich mit Ihrem Produkt verbinden? Moleskine ist kein simples Notizbuch, sondern das berühmte Buch großer Schriftsteller, das beinahe für immer aus den Regalen der Papeterien verschwunden wäre (näheres in Kapitel 6). Welche Geschichten liefern Sie? Bevor Camel sich mit humorigen Plüschkamelen verzettelte, war es die Zigarettenmarke des Camel-Manns, der für Freiheit und Abenteuer stand. Die »Camel Trophy« als anspruchsvolle Jeep-Rallye in exotischen Regionen passte perfekt dazu. Heute hat Red Bull spektakuläre Events als Markenbotschafter perfektioniert. Und auch der Spielzeughersteller Lego bietet seinen kleinen Kunden rund um die Welt Teilnahmemöglichkeiten, indem er aufruft, Fotos eigener Modelle auf der Firmenwebsite zu präsentieren. Welche Interaktionsmöglichkeiten, die zeigen, dass Sie Ihre Kunden schätzen und verstehen, bieten Sie?

Natürlich muss Ihr Produkt solide produziert sein und gute Qualität bieten. Das bieten Ihre Mitbewerber aber vermutlich auch. Die »Unique Selling Proposition« (USP), das Alleinstellungsmerkmal, ist heute in der Regel ein emotionaler Mehrwert; sie wird zur »Emotional Selling Proposition« (ESP). Denn dass Marken stark emotional rezipiert werden, ist nicht neu. Neu ist aber, dass immer mehr Konsumenten es sich leisten können, ihren Emotionen nachzugeben und ihr Geld dort auszugeben, wo sie sich emotional angesprochen fühlen. Und neu ist auch, dass sie vieles, das diesem Anspruch nicht mehr genügt, in einer »Attraction Economy« schlicht und einfach übersehen.

Fazit: Emotionen

»Objekte, die keine Emotionen auslösen, sind für das Gehirn de facto wertlos«, schreibt Hans-Georg Häusel.[161] Was erfolgreiche Marketer schon lange wissen, bestätigt inzwischen auch die Hirnforschung: Wer die Aufmerksamkeit und das Wohlwollen von Kunden gewinnen will, muss sie emotional berühren. Für WIR-MARKEN ist die Auslösung positiver Emotionen geradezu elementar, denn ein festes Band zwischen Kunde und Marke ist immer ein Band der Gefühle.

➤ Kaufentscheidungen fallen überwiegend unbewusst und emotional. Hirnscans bestätigen: Starke Marken zeichnen sich dadurch aus, dass sie dem Kunden ein »gutes Gefühl« geben.

➤ Emotionales Marketing bedeutet, die Marke mit positiven Emotionen aufzuladen. Dies betrifft nicht nur das Produkt selbst, sondern alle Kontaktpunkte zum Kunden.

➤ Emotionales Marketing sollte dabei drei Aspekte im Auge behalten:

1. evolutionär verwurzelte Emotionssysteme, deren konsequente Ansprache Erfolg verspricht (Balance, Stimulanz und Dominanz);

2. »Hochgefühle« von Erhabenheit über Freude, Power/Stärke, Raffinesse, Begierde bis hin zu Verzückung und Chill/Entspannung, die eine gekonnte Inszenierung von Produkten hervorruft;

3. die menschlichen Sinne insgesamt – Riechen, Tasten, Schmecken, Fühlen, und nicht nur den bislang häufig dominierenden Sehsinn.

➤ Kundenherzen gewinnt man nicht durch tatsächliche oder vermeintliche Produktverbesserungen, sondern dadurch, dass man die Wünsche, Träume und Sehnsüchte der Kunden erfolgreich adressiert.

➤ Wer eine WIR-MARKE kreieren will, muss sich daher auf potenzielle Kunden einlassen, in ihre Lebenswelt eintauchen und daraus Schlüsse für die Markenführung ziehen. Erst dann sind Marken wirklich »customer-driven«.

➤ Für emotionales Marketing gibt es keine Regeln. Gefragt sind Mut und die Bereitschaft, neue Wege zu gehen. Wer es allen recht machen will, erreicht am Ende niemanden.

➤ Kunden kaufen Marken, die sie ernst nehmen und die ihnen einen emotionalen Mehrwert bieten. Die USP wird zur ESP, zur »Emotional Selling Proposition«. WIR-MARKEN haben eine überzeugende ESP.

Interview mit Rolf Kreiner (McDonald's) zum Thema Emotionen

Rolf Kreiner arbeitete fast 25 Jahre für McDonald's Deutschland. Er verantwortete das McDonald's-Marketing zunächst als Account Director bei der Münchener Agentur Heye, bevor er 1978 bei McDonald's Marketing Director für Deutschland, Österreich, Luxemburg und Italien wurde. Weitere Stationen: Vorstand, Chief Marketing Officer und Vice President (1986), Senior Vice President, President des European und Mitglied des Worldwide Marketing Board (1988). Ende 2001 verließ er das Unternehmen mit dem Wunsch, Herr über die eigene Zeit zu sein. Seitdem ist er als Berater international gefragt. McDonald's blieb er auch in dieser Funktion weiter verbunden. Außerdem engagierte er sich als Vice President und President der World Federation of Advertisers WFA (1998 bis 2004).

Herr Kreiner, Sie beschäftigen sich seit Jahrzehnten mit Marketing und haben die Erfolgsstory von McDonald's in Deutschland maßgeblich mitgeschrieben. Vor diesem Hintergrund: Welche Rolle spielen Emotionen für den Erfolg einer Marke?

Rolf Kreiner: Emotionen sind sehr wichtig. Jede Marke möchte der beste Freund des Kunden werden, und das geht nicht über Fakten, sondern nur über Emotionen. Keine Marke will für ihre Kunden nur ein beliebiges Produkt sein: Eine erfolgreiche Marke erreicht »head and heart«. Freundschaften entstehen übrigens am ehesten, wenn man etwas zusammen macht, wenn man Freuden teilt und auch mal schlimme Zeiten.

Hat sich der Umgang mit Emotionen im Marketing im Laufe der letzten Jahrzehnte verändert? Ist Marketing emotionaler geworden?

Rolf Kreiner: Ich glaube nicht, dass sich der Umgang mit Emotionen im Marketing grundsätzlich verändert hat – ebenso wenig, wie sich die Art und Weise, wie Menschen Beziehungen eingehen, gewandelt hat. Was anders geworden ist: Menschen gehen häufig nicht mehr ein so langes Commitment ein. Für das Marketing bedeutet das: Die Präsentation einer Marke kann – wie früher auch – anziehend (»cool«) oder wenig anziehend (»dull«) sein. Neu ist nicht, *was* erfolgreiche Marken machen, sondern *wie* und *wo* sie sich präsentieren. Es kommt heute darauf an, den Konsumenten mit einzubeziehen. Ein Beispiel: McDonald's hatte eine Aktion im Netz gestartet unter dem Motto »Gestalte deinen Burger!« Binnen kurzer Zeit hatten man darauf Hunderttausende von Klicks. Am Ende wurden sechs der Burger, die unsere Kunden entwickelt haben, umgesetzt. Das bedeutet: Während man früher auf Werbespots setzte, um Aufmerksamkeit zu erregen und Emotionen zu wecken, muss man heute dafür andere Wege gehen.

Welche Marke bewundern Sie für ihre emotionale Markenführung aktuell am meisten – und warum?

Rolf Kreiner: Eine Marke, die es immer wieder schafft, tolle emotionale Punkte zu setzen, ist VW. Denken Sie beispielsweise an den Fernsehspot, in dem der kleine Junge im Darth-Vader-Kostüm versucht, alle möglichen Gegenstände zum Leben zu erwecken und es schließlich zu seiner großen Überraschung beim Auto klappt, weil sein Vater heimlich die Fernbedienung zückt. VW kommt dadurch unheimlich sympathisch rüber. Man versteht es bei Volkswagen hervorragend, das Auto immer wieder in neuen Kontexten zu inszenieren und dadurch Sympathien für die Marke zu wecken. Und auf diese positive Grundstimmung kommt es an; darauf, dass etwas im Kopf des Kunden hängen bleibt, das ihn veranlasst, über einen VW nachzudenken, wenn er irgendwann später mal ein Auto kaufen will.

Wie schafft man es im Marketing, passgenau gewünschte Emotionen zu wecken? Schließlich sind Gefühle schwer rational berechenbar, oder?

Rolf Kreiner: Wenn es einem gelingt, sich in seine Kunden hineinzuversetzen, in deren ganz normales Leben, ist es eigentlich nicht so schwer, die richtigen Emotionen zu wecken. Die »trigger points«, die bestimmte Emotionen hervorrufen, haben sich ja nicht geändert. Was Glücksmomente auslöst, weiß man seit Jahrzehnten in der Filmindustrie, in der Musik, im Marketing.

Was sagen Sie Kritikern, die emotionaler Werbung den Vorwurf der Manipulation machen?

Rolf Kreiner: Ja, Werbung ist Manipulation. Die Frage ist allerdings, ob wir nicht alle manipulieren, durch unser Auftreten, unsere Kleidung, durch das, was wir sagen. Auch ein Journalist zählt ja nicht nur

Fakten auf, sondern versucht, mit seiner Darstellung seine Leser zu beeinflussen. Auch er arbeitet letztlich aus der Emotion heraus.

Abschließend Ihr Rat an alle, die Verantwortung für eine erfolgreiche Marke tragen.

Rolf Kreiner: Entscheidend ist, zu wissen, was die eigene Marke erfolgreich macht, was ihre Essenz ausmacht. Das ist durch Kundenbefragungen und Research permanent abzusichern. Wenn man auf diese Weise das Markenbild erfasst hat, kommt es auf kontinuierliche Innovationen an, damit dieses Bild nicht veraltet. Das bedeutet: Eine Marke muss sich permanent anpassen an die Zeit, aber sie darf sich im Markenkern nicht ändern.

Und Ihr Rat an alle, die eine Marke erfolgreich machen wollen.

Rolf Kreiner: Mein Rat lautet erstens: Finde ein Alleinstellungsmerkmal, eine faktische oder emotionale Differenz. Eine faktische Differenz ist beispielsweise eine echte technische Innovation, die Begehrlichkeit weckt. Zweitens: »Don't make it everybody's darling«. Man kann keine Marke kreieren, die allen gefällt. Und drittens: Lass dir Zeit und gib genügend Geld aus. Es dauert und es kostet.

6 Geschichte(n): Sich unvergesslich machen

>»Die Kunst, fesselnde Geschichten zu erzählen, wird im Marketing des 21. Jahrhunderts über Erfolg oder Misserfolg entscheiden.«

Kevin Roberts, Saatchi & Saatchi

Menschen lieben Geschichten. Wer Kinder hat, weiß das: Eine gute Geschichte lässt selbst die Quirligsten zur Ruhe kommen und gebannt lauschen. Uns Erwachsenen geht es kaum anders. Wer in einer der vielen Power-Point-Präsentationen gerade noch seine Gedanken schweifen ließ, merkt unweigerlich auf, sobald der Vortragende ankündigt: »Dazu möchte ich Ihnen eine Geschichte erzählen.« Geschichten fesseln unsere Aufmerksamkeit und schleichen sich in unser Gedächtnis. An viele Reden und Vorträge, die man im Laufe seines Berufslebens hört, erinnert man sich bereits auf dem Heimweg nur noch vage. An die Märchen aus unserer Kindheit aber erinnern wir uns aber selbst nach 20 oder 30 Jahren noch.

Geschichten verbinden: In allen Familien werden Geschichten erzählt, dramatische und verblüffende, traurige und lustige, gerne auch mehrfach und immer wieder, wenn man sich trifft. Gibt es in einer Familie gar nichts zu erzählen, ist das kein gutes Zeichen für ihren Zusammenhalt. Geschichten überzeugen: Alle Weltreligionen erzählen Geschichten. Die Bibel ist auch ein Buch voller verblüffender Erzählungen. Wäre das Buch der Bücher im nüchternen Duktus heutiger Unternehmensverlautbarungen verfasst, wäre es um den Glauben vermutlich schlecht bestellt. Geschichten wurden in allen Kulturen und zu allen Zeiten erzählt, an den Lagerfeuern unserer urzeitlichen Vorfahren ebenso wie in den Cineplex-Kinopalästen des

21. Jahrhunderts. Offensichtlich ist das Faible für Geschichten eine menschliche Grundkonstante. Es wird Zeit, dass Markenverantwortliche das in seiner ganzen Tragweite zur Kenntnis nehmen.

Markenführung und Geschichte(n)

Für Kevin Roberts, CEO Worldwide von Saatchi & Saatchi, bilden Geschichten »das entscheidende Bindeglied zwischen Menschen«.[162] Der Gedanke, dass gute Geschichten Menschen auch an eine Marke binden können, liegt nahe. Mit einer interessanten Story grenzt sich eine Marke wirksam von Mitbewerbern ab, sie gewinnt die Aufmerksamkeit der Kunden, liefert Stoff für Mundpropaganda und bietet einen emotionalen Mehrwert.

Ein Beispiel ist der »Linie Aquavit« aus Norwegen, der allen Konkurrenzprodukten eine originelle Entstehungsgeschichte voraushat. Auf der Website des Unternehmens wird sie so erzählt:

>»Man schrieb das Jahr 1805, als der Schoner ›Trondhjems Prove‹ die Aufgabe bekam, eine Schiffsladung Aquavit von Norwegen nach Australien zu befördern. Aber wie das früher nun einmal so war, Schiffstransporte dauerten ihre Zeit, und so war es nicht verwunderlich, dass der Empfänger zwischenzeitlich verstorben war. Was also tun? Dem ratlosen Kapitän fiel nichts anderes ein, als die Schiffsladung wieder mit nach Norwegen zu nehmen. Welch großen Nutzen er damit der Nachwelt stiftete, war dem Seemann damals freilich nicht bewusst. Eine wundersame Wandlung war eingetreten: Der zweimal über den Äquator – die Linie, wie die Norweger sagen – beförderte Aquavit schmeckte plötzlich so fein und sanft wie kein anderer – die Geburtsstunde des Linie Aquavit. Noch heute reift der Aquavit auf Schiffen der Wilhelm Wilhemsen Reederei in ausgesuchten spanischen Eichenholz-Fässern, in denen jahrelang kräftiger Oloroso-Sherry lagerte. Sanft gewiegt von der Dünung der Weltmeere vereint sich in diesem Aquavit der edle

Geschmack der Würzkräuter mit dem feinen Aroma der Sherry-Fässer und vollendet ihn zu einem einzigartigen Genuss.«[163]

Würden Sie nach dieser Erzählung Ihren Gästen nicht auch lieber einen »Linie« einschenken als einen x-beliebigen anderen Kümmelschnaps – und sei es nur, um diese Geschichte dabei weiterzuerzählen? Die Story verleiht dem Produkt Einzigartigkeit, und die Marketingverantwortlichen in der Norwegischen Arcus AS Destillerie sind so klug, bis heute den Namen des Schiffes und die Reisedaten auf dem rückseitigen Flaschenetikett zu vermerken. Ob die Ursprungsgeschichte stimmt? Wikipedia listet penibel unterschiedliche Story-Varianten auf der deutschen, der internationalen und der Herstellerwebsite auf.[164] Für den Erfolg ist es jedoch unerheblich.

Wie Geschichten wirken

Was unterscheidet eine Geschichte von einer sachlichen Argumentation? Warum ist es nicht egal, ob man die Linie-Story so ausmalt wie im obigen Beispiel oder ob man einfach sagt: »Wir haben festgestellt, dass Seeluft und Temperaturschwankungen den Geschmack unseres Aquavits erheblich verbessern. Deswegen wird Linie-Aquavit in Sherryfässern gelagert, die noch dazu eine lange Seereise machen.« Der Kognitionspsychologe Jerome Bruner unterschied in seinem Buch *Actual Minds, Possible Words* schon 1986 zwei Formen der Weltaneignung: »argumentatives« (logisch-rationales) und »narratives« Denken. Wir verstehen die Welt um uns herum nicht nur durch Analyse und logische Zergliederung, sondern auch exemplarisch, in Geschichten und Bildern. Die erste Form des Denkens strebt nach Wahrheit (»truth«), die zweite nach Wahrscheinlichkeit (»verisimilitude«). Die eine überzeugt durch logische Konsistenz, die andere durch Plausibilität und Lebensechtheit.[165]

Will ein Unternehmen wie Ikea der Öffentlichkeit mitteilen, dass es zugunsten niedriger Preise für seine Kunden überall im Unternehmen auf Sparsamkeit achtet, könnte es entsprechende Leitsätze publizieren. Ikea pflegt stattdessen die Anekdoten und Geschichten, die sich um die Knauserigkeit von Ikea-Gründer Ingvar Kamprad ranken – etwa, dass er seine Angestellten dazu anhält, Papier beidseitig zu beschreiben, dass er mit dem Billigflieger reist oder gleich Bus und Bahn nimmt, wobei er selbstverständlich den Pensionärsrabatt nutzt.[166] Der Vorteil der Ikea-Methode: Leitsätze werden schnell als Lippenbekenntnisse verbucht. Die schrulligen Geschichten dagegen lassen uns instinktiv glauben, dass im Reich des Möbel-Milliardärs Verschwendung keine Chance hat.

Geschichten haben eine enorme Überzeugungskraft, die Georgios Simoudis, Experte für narrative Markenkommunikation, zurückführt auf eine »sinkende kritische Wahrnehmung, die mit dem Eintauchen des Betrachters in die Erzählung einhergeht«.[167] Das gilt sogar für Geschichten, die als fiktiv gekennzeichnet sind. Deswegen kann Weltliteratur uns eherne Wahrheiten vermitteln und deswegen wirken gute Fabeln und passende, aus dem Leben gegriffene Beispiele in jedem Vortrag nachhaltiger als Tortendiagramme oder Excel-Tabellen. Hinzu kommt: Wir haben ein ausgezeichnetes Gedächtnis für Geschichten. Zahlen, Daten, Fakten, all das müssen wir mühsam memorieren, um es im Kopf zu behalten. Eine gute Geschichte brauchen wir nur einmal zu hören. Unser »episodisches Gedächtnis« speichert sie zuverlässig – auch das ist eine Traumkondition fürs Marketing. Im episodischen Gedächtnis wird Konkretes, Bildhaftes, emotional Besetztes abgelegt. Was Ihnen ein Freund vor drei Tagen beim Treffen über die wirtschaftlichen Rahmenbedingungen seines internationalen Projektes erzählt hat, erinnern Sie eventuell noch vage. Seine Anekdote über kuriose Missverständnisse mit dem chinesischen Partnerunternehmen, die ihn in endlose Schwierigkeiten verstrickten, können Sie problemlos auch in drei Wochen noch am Frühstückstisch wiedergeben. Bei Geschichten schwingen Emotionen mit, sie lösen Emotionen aus und sie laden zur Identifikation ein. Das macht sie unvergesslich.

Und schließlich: Treffende Geschichten »ordnen« die Welt. Dem nie endenden Strom von Eindrücken, Einzelheiten, verwirrenden Details und unklaren Botschaften setzen sie einen wohlgeordneten

Mikrokosmos entgegen: mit Anfang, Mittelteil und Schluss, mit einem klar konturierten »Helden« als Hauptperson, mit Geschehnissen, die eine Botschaft transportieren. Geschichten stiften Sinn. Und das ist in einer Welt, die uns nicht selten als schwer durchschaubar und noch schwerer beherrschbar entgegentritt, einfach unwiderstehlich.

Moleskine: Das Notizbuch der Dichter

Ein Musterbeispiel dafür, wie man mit einer Geschichte eine Marke kreieren kann, sind die Moleskine-Notizbücher des Mailänder Unternehmens Modo & Modo (heute: Moleskine Srl). Mit dem Claim »Legendary Notebooks« vermarktet man schmucklose kleine Büchlein zu stolzen Preisen von 11 Euro aufwärts. Eine Innentasche in den Büchern verrät »die Geschichte von Moleskine«:

»Moleskine ist das Erbe des legendären Notizbuches von Künstlern und Intellektuellen der vergangenen zwei Jahrhunderte, von Vincent Van Gogh bis Pablo Picasso, von Ernest Hemingway bis Bruce Chatwin. Ein treuer Reisegefährte in der Tasche für Skizzen, Notizen, Geschichten und Impressionen, bevor sie zu berühmten Bildern oder zu Seiten von geliebten Büchern werden sollten. […] Länger als 100 Jahre von einer kleinen, französischen Manufaktur produziert, die die von Avantgardekünstlern und internationalen Literaten frequentierten Pariser Schreibwarengeschäfte belieferte. ›Moleskine‹ nannte Bruce Chatwin sein Lieblingsnotizbuch. Mitte der 80er-Jahre wurde es unauffindbar.

In seinem Buch *Traumpfade* erzählt Chatwin die Geschichte des kleinen, schwarzen Notizbuchs: 1986 stellt der Hersteller, ein Familienunternehmen aus Tours, den Betrieb ein. ›Le vrai moleskine n'est plus‹ soll die Besitzerin der Schreibwarenhandlung in der Rue de l'Ancienne Comédie ihm theatralisch mitgeteilt haben. Dort hatte er sich für gewöhnlich eingedeckt. Chatwin kaufte alle ›Moleskines‹, die er auftreiben konnte, bevor er nach Australien abreiste, aber es waren nicht genug.

1998 lässt ein kleiner Mailänder Verleger das legendäre Notizbuch mit dem poetischen Namen wieder aufleben. Die außergewöhnliche Tradition wird fortgeführt, auf Chatwins Spuren geht Moleskine als Must-have erneut auf Reisen.«[168]

Diese Story fesselt Millionen von Kunden in aller Welt und hat Modo & Modo ungeahnte Absatzerfolge beschert. Die Geschichte folgt der beliebten Hollywood-Dramaturgie: bekannte Hauptdarsteller, ungeahnte Probleme, ein unerschrockener Held, der als Retter in letzter Minute auftritt, hier der »kleine Mailänder Verleger«. Doch das »legendäre« Notizbuch ist tatsächlich reine Legende. Eine Mitarbeiterin des Unternehmens, das ursprünglich Geschenkartikel vertrieb (so viel zum »Verleger«), war bei der Chatwin-Lektüre auf die Moleskine-Passage gestoßen. Sie reiste Mitte der Neunzigerjahre nach Paris und fand – nichts. Keine Papeterie, keinen Hersteller, keine Einträge ins Handelsregister, kurz: nicht einen einzigen konkreten Hinweis, dass es ein Notizbuch namens Moleskine jemals gegeben hatte. Die Story funktioniert trotzdem, zumal Intellektuelle wie Picasso oder Sartre tatsächlich schwarze Notizbücher führten und sich Kreative und Prominente heute gern mit einem Moleskine ablichten lassen. Und so ist die Erfindung des »legendären« Büchleins schon wieder eine Geschichte für sich.[169]

Modo & Modo ist es gelungen, ein simples Notizbuch durch eine faszinierende Geschichte zu einem exklusiven Lifestyle-Produkt aufzuladen, das für Intellektualität und Kreativität steht. Inzwischen gibt es eine ganze Produktfamilie mit Heften, Zeichenbüchern, Kalendern und Internetangeboten. Wer ein Moleskine benutzt, reiht sich ein in eine weltweite Gemeinschaft kreativer Denker. Ein Blog unter dem Titel »Moleskinerie. Legends and stories« auf www.moleskinerie.com verknüpft geschickt Firmeninformationen mit Statements, Interviews, Videos und anderen kreativen Zeugnissen begeisterter »Moleskineristen«. Die Marke schafft eine Gemeinschaft, vereint Gleichgesinnte in aller Welt – eine echte WIR-MARKE. Moleskine geht Kooperationen mit Museen und Ausstellungen ein und entwickelt mit ihnen gemeinsam limitierte Sonderausgaben; man lädt Künstler, Illustratoren und Schriftsteller ein, ihr eigenes Moleskine zu entwerfen; man stellt die Ergebnisse in aller Welt aus, man ruft Moleskine-Nutzer weltweit zu kreativen Beiträgen auf. Für das Wirtschaftsmagazin *Brand eins* ist der Effekt eindeutig: »Das Unternehmen und seine Kunden, so wird signalisiert, wollen das Gleiche.«[170] Und natürlich gibt es das Moleskine nicht auf dem Grabbeltisch im Kaufhaus, sondern ausschließlich in Museumsshops, Buchhandlungen oder Geschenkboutiquen. Markenführung aus einem Guss eben, und moderne Markenführung, die sich den Käufern und Nutzern öffnet und sie an der Weiterentwicklung des Produktes teilhaben lässt.

Gute Geschichten finden

Eine Gründungslegende wie die von Moleskine mag ein absoluter Glücksfall für die Markenführung sein. Doch in jedem Unternehmen kursiert eine Vielzahl von Geschichten. Welche davon eignen sich dafür, das Unternehmen und seine Werte oder auch eine Produktmarke greifbar zu machen? Und wie stöbert man sie auf?

Elemente einer guten Story

Vier Elemente sind es, die jede Geschichte für Klaus Fog und seine Kollegen aufweisen muss. In ihrem Buch *Storytelling. Branding in Practice* fordern sie:

➤   eine klare Botschaft (»message«),

➤   einen Konflikt, den es zu überwinden gilt,

> ➤ handelnde Charaktere (Einzelpersonen oder auch »das Unternehmen«),

> ➤ einen Plot, das heißt eine saubere Struktur von Einleitung, Mittelteil und Schluss.

Das mag simpel erscheinen, und doch erklärt es, warum manche Geschichten funktionieren und andere langweilen. Ermüdend sind sowohl totale Harmonie als auch verwirrendes Chaos; das Heil liegt in der Mitte, in einem beunruhigenden, letztendlich aber lösbaren Konflikt. Fesselnde Geschichten haben zudem eine überschaubare Zahl von handelnden Personen und eine eindeutige Aussage oder Botschaft, und sie folgen einer simplen Dramaturgie von Eröffnung, Zuspitzung und Auflösung. Eine Geschichte, die sich in vielen Handlungssträngen verliert und mit bedeutungsschwangeren Botschaften überladen wird, ermüdet uns ebenso rasch wie eine Story, in der »nichts los« ist.[171] Ob Sie die Linie-Aquavit-Geschichte oder die über Moleskine nehmen: Beide sind simpel. Ein Kapitän soll Aquavit-Fässer in Übersee ausliefern, das misslingt, und so nimmt er die Fässer mit zurück. Zu Hause erweist sich das vermeintliche Ärgernis als Glücksfall, denn der Schnaps hat durch die Reise an Geschmack gewonnen. Oder: Ein Dichter berichtet, dass sein geliebtes Notizbuch nicht mehr hergestellt wird. Davon erfährt ein kleines Unternehmen und rettet das Büchlein für die Nachwelt. Durch ausgemalte Details, Namen und Orte, gewinnen diese einfachen Plots ihre verführerische Anziehungskraft. Sie entführen uns aus dem Alltag in eine andere Welt.

Die Märchen aller Völker sind Erfolgsmodelle für die perfekte Geschichte. Sie sind so angelegt, dass sie sich ins Gedächtnis eingraben und über Jahrhunderte hinweg mündlich überliefert werden konnten. Im Märchen gibt es zumeist einen Helden, der vor schwierige Aufgaben gestellt wird, eine Probe bestehen oder ein Rätsel lösen muss. Es gibt einen Antagonisten, der das zu verhindern sucht, gelegentlich auch Unterstützer (»die gute Fee«) und eine märchenhafte Belohnung, wenn der Held alle Widerstände überwindet. Von Dornröschen bis Aschenputtel, vom hässlichen Entlein bis zum tapferen Schneiderlein arbeiten Volksmärchen mit diesem Grundmuster. Die Geschichte von Apple folgt exakt dieser Struktur, wenn das »kleine« Unternehmen sich in den letzten Jahrzehnten immer wieder gegen den großen Gegenspieler Microsoft behauptete und seine kühnen Produktunternehmungen ihm ungeahnte Erfolge bescherten, auch wenn zwischendurch der Untergang zu drohen schien.

»Held« der Geschichte kann eine Einzelperson im Unternehmen sein (der Inhaber, der Gründer, ein Mitarbeiter), ein Team oder das Unternehmens insgesamt. Typische Heldenrollen, die sich bis in zeitgenössische Filme verfolgen lassen sind der mutige Held, der Liebhaber, der Abenteurer, der Schöpfer, der Spaßmacher, der Unschuldige, der Zauberer, der Rebell, der Herrscher, der Held von nebenan, der Beschützer und der Weise.[172] Viele Gründungsgeschichten präsentieren die Unternehmensgründer in einer dieser Rollen, etwa wenn Bionade-Erfinder Dieter Leipold, ein unterfränkischer Braumeister, über Jahre an seiner neuartigen Limonade tüftelt (angeblich in einem Mini-Labor im heimischen Schlafzimmer). Der Erfinder (»Schöpfer« und »Held von nebenan«) hat schließlich Erfolg, bewahrt dadurch nicht nur sein Familienunternehmen vor dem Konkurs, sondern kreiert eine Weltmarke. Anita Roddick dagegen, Gründerin des Body Shop, qualifiziert sich mit ihrem wegweisenden Engagement für Umwelt und Biokosmetik sowie gegen Tierversuche schon in den Siebzigerjahren als »weise« Heldin und »Beschützerin«, ähnlich wie der »kleine Mailänder Verleger«, der das Moleskine rettete.

Damit sind wir bereits bei den Unternehmenssituationen, die Stoff für Geschichten liefern. Einige Anregungen:

➤ Gründungsgeschichten,

➤ wegweisende Erfindungen,

➤ Krisen, und wie man sie überwunden hat,

➤ ungewöhnliche Erfolge,

➤ Ungewöhnliches oder Überraschendes zum Produkt (wie es entstand, woher der Name kommt, was zu seinem Erfolg beitrug),

> ➤ Mitarbeiter, auf die man stolz sein kann,

> ➤ einfache Angestellte, die über sich hinauswachsen,

> ➤ Topmanager, die die Werte des Unternehmens in heiklen Situationen hochhalten,

> ➤ liebenswerte Schwächen oder Fehler bekannter Entscheidungsträger,

> ➤ Kunden, denen das Produkt oder das Unternehmen in kritischen Situationen beisteht,

> ➤ ungewöhnliche oder besonders prominente Kunden.

Wertvoll für die Marke sind dabei jene Geschichten, deren Botschaft den Kern der Produkt- oder Unternehmensmarke illustriert. Denken Sie beispielsweise an die Geschichte vom Porsche-Mitarbeiter in Kapitel 3, der auf die Bitte, einen wackelnden Tisch per Bierdeckel zu stabilisieren, mit einem Schraubenzieher zurückkehrte und mit einer improvisierten Wasserwaage (einem Glas Wasser mit Eichstrich) den Tisch millimetergenau justierte, um abschließend zu verkünden: »Wir bei Porsche arbeiten nicht mit Bierdeckeln!« Besser lässt sich ein technischer Perfektionsanspruch kaum in Worte fassen.

Und wenn das US-Unternehmen 3M seine Erfolgsmarke Post-it vorstellt, hält man sich unter »Über uns« gar nicht erst mit Leitbild oder Unternehmensprofil auf, sondern erzählt einfach die Geschichte der Erfindung der heute allgegenwärtigen Klebezettel: Wie der Chemiker Art Fry sich darüber ärgerte, dass ihm immer die Lesezeichen aus dem Gesangbuch fielen. Wie er sich an die Erfindung eines 3M-Kollegen erinnerte, der einen schwach klebenden Klebstoff entwickelt hatte, mit dem niemand etwas anzufangen wusste, und wie er damit den allerersten Post-it-Zettel entwickelte. Wie 3M zunächst die Büroindustrie mit kostenlosen Mustern ausstattete, um Kunden von dem neuartigen Produkt zu überzeugen. Und wie sich daraus schließlich eine Weltmarke entwickelte, die die *Frankfurter Allgemeine* zu den »wichtigsten Erfindungen des erfindungsreichen zwanzigsten Jahrhunderts« zählt.[173] Damit ist klar, wofür 3M steht: Für den unermüdlichen Einsatz für Produkte, die uns den Alltag leichter machen.

Und der Slogan der US-Kaufhauskette Nordstrom – »Nordstrom cares« – gewinnt durch die Geschichte einer einbeinigen Frau an Glaubwürdigkeit, die einen Verkäufer spaßeshalber fragte, ob sie auch nur einen Schuh zum halben Preis bekommen könne und damit Erfolg hatte. Für Georgios Simoudis illustriert die Verbreitung dieses Ereignisses in diversen Publikationen die Macht von Geschichten, und sie ist gleichzeitig ein Beispiel dafür, wie Geschichten Unternehmenswerte mit Leben füllen können.[174] Doch wie findet man die »richtigen« Geschichten – solche, die den Kern der Marke wirksam transportieren?

Geschichten ausgraben

Manchmal hat man Glück und eine Geschichte, die der Marke dient, verbreitet sich wie von selbst. So hat die Gründungsgeschichte von Bionade genügend Journalisten fasziniert, um immer wieder erzählt zu werden und dem »grünen« Außenseiter auf dem Getränkemarkt weitere Sympathiepunkte zu sichern, auch wenn dieser sich längst zu einem globalen Geschäft entwickelt hat. Beliebter Erzählstoff im Unternehmen wie außerhalb sind auch Anekdoten über Gründer und Vorstände, die auf verblüffenden oder witzigen Begebenheiten beruhen. Anekdoten sind Mini-Geschichten, kurze Szenen aus dem Unternehmensalltag. So wird über Robert Bosch berichtet, dass er beim Gang durch das Unternehmen eines Tages eine Büroklammer aufhob und sie einem Arbeiter in der Nähe zeigte: »Was ist das?« Auf die Antwort des Arbeiters – »Eine Büroklammer.« – entgegnete Bosch zornig: »Nein. Das ist mein Geld!« Sparsamkeit, Bodenständigkeit, sorgsamer Umgang mit Arbeitsmaterial, all das schwingt in dieser kurzen Begebenheit mit.

Solche »organisch gewachsenen« Geschichten lassen sich in die Marken- und Unternehmensgeschichte integrieren. Auch die Historie lebt schließlich von erzählten Geschichten und ist geeignet, ein Unternehmen bzw. eine Marke unverwechselbar zu machen und Kernwerte zu illustrieren. Das Unternehmen Haribo etwa beruft sich auf seine lange Tradition und lässt im Internet Kunden ausführlich an der Entstehungsgeschichte teilhaben. So erfährt man unter www.haribo.com, dass die Erstausrüstung des Unternehmens 1920 »aus einer Marmorplatte, einem Hocker, einem gemauerten Herd, einem Kupferkessel und einer Walze« bestand. Und: »Das Startkapital ist ein Sack Zucker.« Bis zum Kauf eines ersten Pkws lieferte Ehefrau Gertrud Riegel die Tagesproduktion der jungen Firma mit dem Fahrrad aus. Die Haribo-Story unterstreicht noch einmal, dass Geschichte von konkreten Einzelheiten leben. »Hans Riegel startete mit wenigen Gerätschaften und ohne echtes Startkapital«, diese Information rauscht vorbei. Erst die detailfreudige Erzählung evoziert Vorstellungsbilder und bleibt im Gedächtnis. Neben anderen Mitteln wie etwa Unternehmensmuseen, Ausstellungen oder Firmenchroniken sind Geschichten ein ideales Mittel, um Traditionen und Werte eines Unternehmens zu kommunizieren.

Wo es an gewachsenen Geschichten mangelt – oder zutreffender: wo das Management die Geschichten im Unternehmen nicht kennt – gilt es, verborgene Schätze zu heben. Gefragt ist eine Story-Strategie. Internet und Intranet erleichtern dabei den Zugang zu Geschichten, die sich Mitarbeiter oder auch Kunden erzählen. Vorab gilt es, sich klar darüber zu werden, was für Geschichten zu welchem Zweck man sucht. Geht es um Erfahrungen mit der Marke (Kundenerlebnisse, Einsatzmöglichkeiten des Produkts), um Erfahrungen mit dem Unternehmen? Um Geschichten, die zeigen, was das Unternehmen ausmacht? Um »Helden des Alltags«? Um Geschichten über kreative Lösungen? Wie wir im nächsten Abschnitt – »Geschichten richtig einsetzen« – noch sehen werden, können Storys sowohl im Unternehmen als auch in der Kundenbeziehung starke Wirkung entfalten. Einige Möglichkeiten, Unternehmensstorys zu sammeln, sind:

➤ Langjährige Mitarbeiter befragen (für Gründergeschichten beispielsweise Mitarbeiter »der ersten Stunde«),

> ➤ persönliche Vertrauenspersonen des Inhabers, Leiters, CEO interviewen,

> ➤ Storytelling-Workshops im Unternehmen veranstalten, die Unternehmenserlebnisse als Beispiel nehmen,

> ➤ in der Unternehmenskommunikation eine besonders kontaktfreudige und gut vernetzte Person mit dem Sammeln von Geschichten beauftragen,

> ➤ anlässlich von Firmenjubiläen oder anderen Feierlichkeiten im Intranet zum Geschichtenerzählen aufrufen,

> ➤ in der Mitarbeiterzeitung eine Rubrik für Geschichten aus dem Unternehmensalltag einrichten,

> ➤ in der Mitarbeiterzeitung eine Rubrik einrichten, die Servicegeschichten sammelt (»Mein Kollege des Monats« oder Ähnliches),

> ➤ ein Geschichten-Blog im Intranet ins Leben rufen (und selbst mit einer guten Geschichte in Vorleistung gehen),

> ➤ Blogs und Foren verfolgen, in denen Verbraucher sich über Produkterfahrungen austauschen,

> ➤ Kunden im Internet um Einsendung ihrer persönlichen Geschichte mit der Marke bitten (Beispiel: das Unternehmen Starbucks, das die schönste »Kennenlerngeschichte« in einem Starbucks Café prämierte).

Sie sehen: Geschichten können ganz nebenbei auch Interaktionsmöglichkeiten mit Mitarbeitern und Kunden eröffnen und so etwas für den Gemeinschaftsgeist tun, der eine WIR-MARKE auszeichnet. Eine letzte Möglichkeit soll nicht unerwähnt bleiben: Sie können Geschichten selbst inszenieren und so ein Weitererzählen in Gang setzen. Ein Beispiel ist der »T-Mobile Dance« in der Liverpool Street Station, einem Londoner Bahnhof, in dem die Lautsprecherdurchsagen plötzlich durch Rock- und Pop-Songs ersetzt wurden und eine ganze Bahnhofshalle zur Bühne für eine mitreißende Choreographie einer großen Gruppe von Tänzern wurde. Die überraschten Passanten reagierten begeistert; viele zückten sofort die Mobiltelefone, um zu filmen und zu fotografieren. Das Video »Making of T-Mobile Dance«[175] wurde im Internet über 2,3 Millionen Mal abgerufen, der Werbeslogan »Life's for sharing« kongenial umgesetzt, die Sympathiewerte für T-Mobile stiegen nachweislich zweistellig. Ein Beispiel dafür, dass »Markenerlebnisse« wertvoller sein können als Produktvorzüge.

Eine ähnliche Strategie setzte Burger King ein, als man 2007 ein Restaurant zur »Whopper free zone« erklärte, das Lieblingsgericht vieler Kunden kurzerhand von der Karte strich und deren entgeisterte Reaktionen zu einem Film verarbeitete. Klaus Fog berichtet, über 4 Millionen Menschen hätten sich den Film im Internet angesehen, am Ende sei der Whopper-Absatz um 29 Prozent gestiegen.[176] Solche Erfolge »viralen« Marketings leben davon, dass Menschen heute eher durch das Außergewöhnliche, durch Regelbrüche und Witz zu faszinieren sind als durch sattsam bekannte Werbestrategien. Wer Produktvorzüge preist, stößt nicht selten auf Gleichgültigkeit. Wer etwas zu erzählen hat, gewinnt Herzen.

Geschichten richtig einsetzen

Grundsätzlich gibt es zwei lohnende Hauptfelder für den Einsatz von Storys: Geschichten können Unternehmenswerte und -traditionen bewusst machen und nach innen, im Unternehmen, sinnstiftend wirken. Und sie können in der Kundenkommunikation für Aufmerksamkeit sorgen und Kunden an das Unternehmen binden. In beiden Fällen wirkt die Geschichte gemeinschaftsbildend – sie verbindet Menschen, die sie teilen. Schon deshalb sollten WIR-MARKEN nicht auf Geschichten verzichten. Im Idealfall erreicht eine gute Geschichte beide Zielgruppen, die interne und die externe, gleichermaßen.

Geschichten im Unternehmen

Geschichten können den Weg ebnen, Abteilungsegoismen und Krisen im Unternehmen zu überwinden. So initiierte das Management des erfolgsverwöhnten Spielzeugherstellers Lego im Krisenjahr 2000 ein Projekt unter dem Titel »The Lego Spirit«. Hintergrund war ein Jahresverlust von über 130 Millionen Euro – nach Jahrzehnten stetiger Umsatzzuwächse ein Schock für das Unternehmen. Um Unterstützung für unvermeidbare Veränderungen zu gewinnen und die alten Lego-Werte zu beleben, begann man, Geschichten fantasievoller Problemlösungen und ungewöhnlichen Engagements zu sammeln. Ergebnis war, so berichtet Klaus Fog, eine »Schatzkiste« von Videos und Bildern, wie Probleme im »Lego-Geist« gelöst wurden. Via CD-ROM und Intranet wurde dieses Material im Unternehmen verbreitet.[177] Wertschätzung für die Leistung von Mitarbeitern, Mut machen für kommende Herausforderungen und Belebung eines Gemeinschaftsgefühls (»Wir bei Lego«) gingen hier eine ideale Verbindung ein.

Nicht nur Unternehmen in Krisen, sondern auch global aufgestellte Unternehmen stehen vor der Herausforderung, den Zusammenhalt der Organisation zu wahren. Felix Gress, Senior Vice President und Leiter der Kommunikation bei BASF, berichtet in diesem Zusammenhang von einem Projekt, das das Unternehmen 2005 anlässlich des 140. Firmenjubiläums startete. Unter »My BASF-Story« waren alle Mitarbeiter und Pensionäre weltweit aufgerufen, ihre persönliche BASF-Geschichte zu erzählen. Ziel: »Aus dem Gesamtergebnis sollte die ›DNA‹ der BASF erkennbar werden – was das Unternehmen zusammenhält und zu dem gemacht hat, was es heute ist.« Dabei sollten auch die Markenwerte »Professional, Pioneering, Passionate« erlebbar werden. Annähernd 300 Geschichten von 72 Standorten wurden in 10 Sprachen im Intranet veröffentlicht, »lustige und traurige, spannende und nachdenkliche«. In den ersten sieben Monaten habe die Seite mehr als eine Million Aufrufe registriert (BASF hat weltweit über 90.000 Mitarbeiter); bis heute werde sie regelmäßig genutzt. Geschichten sind für Gress ein ideales Mittel, »Markenwerten Glaubwürdigkeit und Authentizität zu verleihen«, wobei die persönlichen Geschichten der Mitarbeiter bei internen wie externen Zielgruppen gleichermaßen einen »nachhaltigen Eindruck« hinterlassen hätten.[178] Erlebbare Werte, Wertschätzung durch persönliches Interesse, Teilen von Erfahrungen und Gemeinsamkeiten über Abteilungs- und Ländergrenzen hinweg sind also wichtige Funktionen von Storys in der internen Kommunikation.

Geschichten für (und mit) Kunden

Seit es Werbung gibt, haben Unternehmen ihren Kunden Geschichten erzählt. Viele Werbespots sind nicht anderes als 30-Sekunden-Storys, und manchen gelingt es sogar, die strengen strukturellen Kriterien einer guten Story zu erfüllen. Ein aktuelles Beispiel sind die Nespresso-Spots mit George Clooney und John Malkovich (als Gottvater), in denen Clooney sich mit seinen Nespresso-Kapseln vor der Himmelstür oder im Taxi in allerletzter Sekunde von der verfrühten Aufnahme in den Himmel freikaufen kann. Einleitung, Verwicklung, Auflösung in nur 30 Sekunden, mit dem Produkt in einer intelligenten Nebenrolle statt der üblichen produktzentrierten »Wie-unser-Angebot-ihr-Problem-löst«-Storys. Bei Youtube verzeichnen die Spots bis zu einer halben Million Zugriffe. Storytelling für Kunden geht über solche fiktiven, inszenierten Geschichten hinaus und sucht auch nach authentischen Geschichten mit Symbolcharakter, mit einer Message, die Markenwerte verkörpert. Grundgedanke ist, dass gute Storys von Kunden weitergetragen werden. Das macht dieses Instrument weniger kontrollierbar als etwa Werbekampagnen, bei denen das Unternehmen die Fäden fest in der Hand hält.

Beim Einsatz von Storys in der Markenkommunikation profitieren Unternehmen von zwei Aspekten: davon, dass Journalisten interessante Storys lieben, und davon, dass mit dem Internet Foren für das Erzählen und Weitertragen von Geschichten jenseits der klassischen Medien existieren. Wer seine Marke, sein Unternehmen durch Geschichten ins Bewusstsein von Konsumenten rücken will, sollte darauf achten,

- dass die lancierten Geschichten zu den Markenwerten passen,

- dass sie einer Überprüfung auf ihren wahren Kern hin standhalten (nicht jeder hat so viel Glück wie Moleskine, wo sich die Chatwin-Geschichte längst verselbstständigt hat),

- dass die Geschichten in kleinen Testläufen als interessant bewertet werden und

- dass die Geschichten zur Identifikation einladen und Sympathie wecken – was häufig bei Geschichten mit Pannen, Rückschlägen und persönlichen Schwächen eher der Fall ist als bei allzu glatten Erfolgsgeschichten.

Ikea hat mit seinen Anekdoten über Kamprads Knauserigkeit vorgemacht, wie man Markenwerte inszeniert; Moleskine, wie man das Unternehmen für begeisterte Kunden öffnen und sie an der Firmengeschichte mitschreiben lassen kann. Und wer heute die Homepage von Lego aufruft, stellt fest, dass sich dort seit den eigenen Kindertagen einiges geändert hat. Hier können Lego-Fans in aller Welt nicht nur ihre Kreationen mit anderen teilen (»Galerie«), sondern dem Lego »Hero Recon Team« beitreten und dort selbst einen galaktischen Helden bauen, der in einer Fantasy-Handlung eine Rolle übernimmt. Den »Digital Designer« dazu gibt es im Internet; wer will, kann die passenden Legosteine bestellen und seinen Helden auch in Natura nachbauen.

Was vor Jahren mit einem Zug »designed by Lego Fans« begann[179], ist inzwischen von einer Geschichte abgelöst worden, die das Unternehmen und Lego-Fans gemeinsam schreiben. Bereits 2008 zeichnete dieser geschichtenorientierte Kundendialog für 15 Prozent der Lego-Umsätze verantwortlich und war damit wichtiger als jeder andere Vertriebskanal.[180] Vielleicht liegt darin auch der wichtigste Grund, warum Lego seine Krise bravourös überwunden hat, während andere Traditionshersteller wie Märklin in die Insolvenz steuerten: Sich Kunden zu öffnen, statt sich abzuschotten ist die Strategie der WIR-MARKEN.

Fazit: Geschichte(n)

Menschen lieben Geschichten. Gute Geschichten sind einzigartig. Eine Marke, der es gelingt, zentrale Werte mit einer zündende Geschichte zu untermauern, gewinnt daher ein ideales Differenzierungsmittel, das sie von allen Wettbewerbern wirksam abhebt.

➤ Eine gute Geschichte schafft ein Wir-Gefühl zwischen Marken und Kunden. Geschichten sind daher für WIR-MARKEN ein unverzichtbares Instrument.

➤ Auch intern, im Unternehmen, können Geschichten den Zusammenhalt fördern und Unternehmenswerte mit Leben füllen.

➤ Die Wirksamkeit von Geschichten beruht darauf, dass wir uns die Welt nicht nur logisch-analytisch, sondern auch »narrativ« (exemplarisch) aneignen.

➤ Geschichten werden im episodischen Gedächtnis gespeichert und weit besser erinnert als abstrakte Zahlen und Daten.

➤ Geschichten bieten Erlebnisse und Identifikationsmöglichkeiten, einen Mehrwert, der eine Marke emotional auflädt und für Kunden interessant und anziehend macht.

➤ Für Marken sind jene Geschichten besonders wertvoll, die den Markenkern illustrieren und im Gedächtnis verankern.

➤ Damit Markengeschichten funktionieren, müssen sie an tradierte Erzählmuster andocken. Märchen illustrieren diese Erfolgsmuster mit einer klaren Struktur und einem Helden, der Widerstände überwinden und Proben bestehen muss.

➤ Eine gute Geschichte ist außerdem immer sehr konkret, sie liefert Orte, Namen, Details, keine allgemeinen Beschreibungen. Markengeschichten erfordern den Mut zu erzählen!

➤ Geschichten findet man im Unternehmen, bei Mitarbeitern und Entscheidungsträgern sowie im Kreis der Kunden und Partner. Neben Aufrufen im Intranet und Internet können

Interviews mit Schlüsselpersonen, Workshops und die Benennung eines Verantwortlichen in der Unternehmenskommunikation die Grundlage für ein systematisches Sammeln von Geschichten bilden.

➤ Gründungsgeschichten, Geschichten um außergewöhnliche Mitarbeiter oder Kunden, Überwindung von Krisen, überraschende Erfolge und ähnliche Situationen eignen sich als Markengeschichten.

➤ Geschichte bieten Möglichkeiten des Kundendialogs, beim Sammeln von Geschichten und beim gemeinsamen Weiterschreiben tatsächlicher oder fiktiver Geschichten (vgl. Moleskine oder Lego). Mit Geschichten kann man also eine Marke für Kunden öffnen und zu einem gemeinsamen Projekt machen.

Interview mit Franz Beckenbauer zum Thema Storys

Franz Beckenbauer gilt als einer der besten Fußballer aller Zeiten. In seiner aktiven Laufbahn wurde er Europameister, Weltmeister, mehrfach Europapokalsieger und DFB-Pokalsieger sowie insgesamt fünfmal Deutscher Meister (viermal mit dem FC Bayern München, einmal mit dem Hamburger SV). Anschließend engagierte er sich ähnlich erfolgreich als Trainer, Sportmanager und Funktionär. 1990 führte er als Teamchef die deutsche Nationalmannschaft zum Weltmeistertitel, 1994 den FC Bayern zur Deutschen Meisterschaft. Unter seiner Präsidentschaft (1994 bis 2009) wurde der Münchener Club zu einem national wie international führenden Fußballverein. Als Vorsitzender des Bewerbungskomitees und Leiter des Organisationskomitees der Fußballweltmeisterschaft machte er das Fußball-»Sommermärchen« von 2006 möglich. Franz Beckenbauer ist heute Ehrenpräsident von Bayern München und Mitglied des FIFA-Exekutivkomitees. Er hat zahlreiche Ehrungen und Preise erhalten, darunter den Millenniums-Bambi für sein Lebenswerk (2005). Seine Franz-Beckenbauer-Stiftung engagiert sich seit 1982 für behinderte und hilfsbedürftige Menschen, die unverschuldet in Not geraten sind.

Herr Beckenbauer, Sie gelten als Fußball-Legende und sind für viele Menschen schlicht »der Kaiser«. Erzählen Sie uns, wie es zu diesem Ehrentitel kam?

Franz Beckenbauer: Das muss Ende der Sechzigerjahre gewesen sein, bei einem Freundschaftsspiel in Wien. Dort trat eine Versicherungsgesellschaft als Sponsor auf und die Mannschaft war ins Versicherungsgebäude eingeladen. Im Foyer stand eine Büste des Kaisers Franz Josef, und der Journalist, der für Text und Bilder zuständig war, kam auf die Idee »Stell dich doch mal daneben«. So entstand ein Foto, das an Agenturen verkauft und immer wieder gedruckt wurde. Seit dem Tag war ich der »Kaiser Franz«.

Wir möchten gerne mit Ihnen über Marken und Geschichten sprechen. Sie selbst als Person sind schon ja lange eine »Marke«, beliebt und unverwechselbar. Haben Sie eine Erklärung dafür?

Franz Beckenbauer: Ehrlich gesagt, nein. Ich habe mich auch nie als Marke gesehen; Marken sind für mich Unternehmen. Vor ein paar Jahren, 2007, wurde ich dann zu meiner Überraschung als »Superbrand Germany« ausgezeichnet – als einzige Person neben vielen bekannten Unternehmen. Vielleicht schauen Sie mal nach, was die hochkarätige Jury sich dabei gedacht hat …

[Die Bewertungskriterien der Jury aus Führungspersönlichkeiten namhafter Medien und Beratungsgesellschaften sind unter anderem »Markendominanz, Kundenbindung, Goodwill sowie Langlebigkeit und gesamte Markenakzeptanz«. Franz Beckenbauer wurde als Persönlichkeit geehrt, »die weit über die Grenzen hinaus der Inbegriff einer Nation wurde«.[181]]

Viele Marken faszinieren auch durch ungewöhnliche Geschichten. Welche Geschichte könnte für die »Marke« Franz Beckenbauer stehen?

Franz Beckenbauer: Ich denke, typisch für mich ist, dass ich eine sehr bescheidene Jugend hatte. Ich bin ja 1945 gleich nach dem Krieg geboren. Zum Fußball bin ich gekommen, weil das außer Leichtathletik die einzige Möglichkeit war, Sport zu treiben. Wir haben damals barfuß auf der Straße mit Plastikbällen gespielt. Da eignet man sich dann schon Technik an, ein extremes Feingefühl für den Ball, denn sonst kann das schmerzhaft werden. Ich bin also ohne Neid aufgewachsen, ohne Eifersucht. Worauf hätte man neidisch sein sollen? Damals hatten wir alle nichts, es gab keine sozialen Unterschiede. Ich denke, das prägt mich und meine Person bis heute: Ich gönne jedem seinen Erfolg und kann auf jeden zugehen.

Welche Geschichte über Franz Beckenbauer hat Sie selbst am meisten verblüfft, als Sie sie gehört haben?

Franz Beckenbauer: Eine spezielle Geschichte fällt mir nicht ein. Ich bin immer ganz gut weggekommen, möglicherweise weil Journalisten wissen, dass ich Verständnis für ihre Aufgabe habe. Provozieren gehört da halt schon mal zum Job dazu. Oder bei Fotografen: Ich weiß, wie schwer es ist, als Fotograf unter vielen Fotografen zu überleben. Und wenn mich dann jemand bittet, mich zum Beispiel neben eine Büste von Kaiser Franz Josef zu stellen, dann erfülle ich ihm diesen Wunsch halt.

Ihrem Einsatz ist es wesentlich zu verdanken, dass wir in Deutschland 2006 ein Fußball-»Sommermärchen« schrieben. Wie ist es gelungen, für Deutschland als Austragungsort zu begeistern? Spielten dabei neben Zahlen, Daten und Fakten auch Geschichten über Deutschland eine Rolle?

Franz Beckenbauer: Ich denke, alle Glücksgötter zusammen haben uns geholfen. Wir sind ja als krasser Außenseiter angetreten und konnten dann immer mehr Pluspunkte sammeln. Zahlen, Daten, Fakten spielen natürlich eine Rolle. Wir hatten ein Bewerbungsbuch mit immerhin 1.212 Seiten, aber viele Fakten hatten die anderen natürlich auch. Wir haben eben in entscheidenden Punkten keinen Fehler gemacht. Vor allem aber hat uns sehr geholfen, nicht aufdringlich zu sein, sondern sehr sympathisch rüberzukommen. Das ist etwas, das uns von allen Seiten immer wieder bescheinigt wurde: dass wir sehr sympathisch waren.

Mit dem FC Bayern München haben Sie ja eine Erfolgsmarke mit aufgebaut. Abschließend daher Ihr Rat an alle, die Verantwortung für eine er-

folgreiche Marke tragen. Und Ihr Rat an alle, die eine Marke erfolgreich machen wollen.

Franz Beckenbauer: Ob im Sport oder in Unternehmen, für mich ist die Philosophie immer die gleiche: Erfolg ist nur in der Mannschaft möglich. Wenn es menschlich zugeht, wenn mehr gelobt als getadelt wird, wenn Freundlichkeit und Höflichkeit herrschen und alle an einem Strang ziehen, dann kann man Erfolg haben. Ich habe noch niemanden erlebt, der durch ständigen Tadel besser geworden ist. Deswegen denke ich, wenn ein Unternehmen auf Werte wie gegenseitigen Respekt und Menschlichkeit setzt, dann geht es voran.

7   Vertrauen: Der Anfang von allem

> »Es dauert zwanzig Jahre, einen guten Ruf aufzubauen
> und fünf Minuten, ihn zu ruinieren.
> Wenn Sie darüber nachdenken, werden Sie
> die Dinge anders angehen.«
>
> *Warren Buffett*

Bevor die Deutsche Bank mit »Leistung aus Leidenschaft« für sich warb, setzte sie in den Neunzigerjahren auf ein schlichtes Bekenntnis: »Vertrauen ist der Anfang von allem.« Das gilt nicht nur in der Finanzbranche, die im Zuge der Krise Ende des letzten Jahrzehnts enorm an Vertrauen verlor. Der bekannte Soziologe und Systemtheoretiker Niklas Luhmann hat einmal ungewöhnlich lebensnah formuliert, ohne jegliches Vertrauen könne man morgens sein Bett nicht verlassen.[182] In einer modernen, stark arbeitsteiligen Gesellschaft ist ein Leben ohne Vertrauen schlicht unmöglich, denn Vertrauen ist immer da unabdingbar, wo sich etwas unserer direkten Kontrolle entzieht. Wer dem Piloten oder Fahrer nicht vertraut, könnte kein Flugzeug oder Taxi besteigen. Wer Lehrern nicht vertraut, müsste seine Kinder zu Hause unterrichten. Und wer Herstellern nicht vertraut, dürfte weder eine Software installieren noch eine Tiefkühlpizza verzehren oder ein Shampoo benutzen. Für Luhmann war Vertrauen ein System zur »Reduktion sozialer Komplexität« – indem wir uns aufeinander verlassen, wird ein reibungsfreies Miteinander möglich.

Auch in der übervollen Warenwelt reduziert Vertrauen Komplexität. Vertraut ein Kunde einer Marke, erleichtert ihm das die Entscheidung für ein bestimmtes Produkt. Er wird nicht tagelang recherchieren, Testberichte studieren und Produktvergleiche anstellen, sondern auf die Qualität der vertrauten Marke setzen – ganz im Sinne des klassischen Persil-Slogans »Da weiß man, was man hat!«. Damit überzeugte in den Siebzigerjahren der »Persilmann« in einem unvergessenen Werbespot die Hausfrauen.[183] Vertrauen kann sich auf Produktmarken (wie Persil) beziehen oder auch auf Unternehmensmarken: Wer Mercedes vertraut, dehnt dieses Vertrauen normalerweise auf die einzelnen Mercedes-Typen aus. Unternehmen, die das Vertrauen vieler Kunden genießen, haben daher im harten globalen Wettbewerb unschätzbare Vorteile.

Markenführung und Vertrauen

Das Thema »Vertrauen und Marke« ist nicht neu. Einer der Klassiker der Marketingliteratur, 1929 erschienen und bis heute aufgelegt, ist das »Lehrbuch der Markentechnik« von Heinz Domizlaff mit dem Titel *Die Gewinnung des öffentlichen Vertrauens*. Traditionell genossen bekannte Markenartikel das Vertrauen der Verbraucher, standen sie doch für bekannte, oft langjährige verlässliche Qualität. Mit der Marke als Qualitätsgarantie spielt ja auch der Persil-Slogan. Doch die Gleichung »bekannt« = »zuverlässig und gut« wurde ab Ende der Siebzigerjahre mehr und mehr aufgeweicht. No-Name-Produkte boten eine günstige Alternative, zunächst in den USA, bald auch in Europa. Es sprach sich herum, dass »weiße Ware« oder »Handelsmarken« vergleichbare Qualität bieten konnten, in Einzelfällen sogar vom selben Hersteller stammten wie das teurere Markenprodukt. Bücher mit Titeln wie *Welche Marke steckt dahinter?* avancierten zu Bestsellern; Gattungs- und Handelsmarken konnten ihren Marktanteil von 28 Prozent (2001) auf 41,3 Prozent (2008) steigern.[184] Heute schreibt Wikipedia unter dem Stichwort »Markenartikel«:

> »Ursprünglich genoss der Begriff ›Markenartikel‹ einen guten Ruf bei den Verbrauchern, stand er doch für verlässliche Qualität (›Markenqualität‹) im Vergleich zu Waren unbekannter Herkunft. […] Heute gelten Markenartikel längst nicht mehr

per se als vertrauenswürdig. Es bedarf in jedem Einzelfall einer Prüfung durch die Verbraucher oder eine anerkannte Verbraucherschutzorganisation, ob und inwieweit das Preis-Leistungs-Verhältnis des betreffenden Markenartikels stimmig ist oder ob gegebenenfalls vom Kauf des Markenartikels abzuraten ist.«

Damit gibt das Online-Lexikon die Einschätzung nicht weniger Kunden wieder. So zitiert das Magazin *Focus* eine Verbraucherumfrage, der zufolge 2005 nur 47 Prozent der Deutschen der Meinung waren, dass »Markenprodukte qualitativ besser seien als No-Name-Waren«. Zwei Jahre später hatte sich dieser Wert zwar auf 67 Prozent verbessert. Doch Marken können sich heute nicht mehr darauf verlassen, dass ihnen automatisch ein Qualitätsvorsprung unterstellt wird.[185] Möglicherweise ist es kein Zufall, dass sich der Persil-Hersteller Henkel zu Beginn des neuen Jahrtausends für einen Unternehmens-Claim entschied, der ganz auf Emotionen und da wiederum auf eine vertrauensvolle Kundenbeziehung setzte. Jetzt hieß es: »Henkel. A Brand like a Friend.« Im CI-Katalog des Unternehmens heißt es dazu erläuternd:

> »Der Weg von Henkel zur Weltmarke ist eng verknüpft mit dem Bekenntnis zu klaren Werten und einer transparenten Unternehmenspolitik. Die emotionale Positionierung als Freund, dem man vertrauen kann, ist eine hohe Selbstverpflichtung, der sich das Unternehmen täglich stellt.«[186]

Man könnte auch sagen: Henkel hat sich vorgenommen, eine Wir-Marke zu werden. Dazu hat man den dozierenden Persilmann in den Ruhestand geschickt und präsentiert sich gefühlig und auf Augenhöhe mit dem Kunden. In den Spots für »Persil/Unser Bestes« heißt es, »Wenn man seinen Lieben etwas schenken will, dann gibt man sein Bestes«. Gezeigt werden Menschen, die liebevoll ein Präsent mit einer roten Schleife umbinden – eben wie Persil bei »Unser Bestes« (2008). In der Werbung für »Persil ActicPower« designt eine junge Kundin ihr Waschmittel am Touchscreen gleich selbst

(2009). Studien dazu, wovon das Vertrauen der Verbraucher heute abhängt, bestätigen solche Versuche: Bestqualität für sich zu reklamieren, reicht nicht mehr aus.

Vertrauen zu Unternehmen? Die Zahlen

Wie ist es um das Vertrauen in verschiedene gesellschaftliche Institutionen bestellt? Dieser Frage geht das Edelman Trust Barometer nach, für das jährlich über 5.000 Menschen breiter Altersgruppen (23 bis 64 Jahre) in 23 Ländern befragt werden. Dabei konzentriert sich das Beratungsunternehmen auf gut ausgebildete Probanden, die in ihrer jeweiligen Altersklasse zu den Topverdienern gehören (oberes Einkommensviertel). Nichtregierungsorganisationen (NGOs) genießen danach seit Jahren das höchste Vertrauen, vor Regierungen, Unternehmen oder Medien. Die Zahlen für Deutschland im Jahr 2011: 55 Prozent der Menschen vertrauen NGOs, 52 Prozent Unternehmen, 37 Prozent Medien und nur 33 Prozent der Regierung.[187] Auch wenn diese Werte eine hohe Skepsis gegenüber allen Institutionen enthüllen, ist immerhin erfreulich, dass Unternehmen ein vergleichsweise hohes Vertrauenspotenzial haben. Interessant ist die Frage, welche Faktoren für die Reputation eines Unternehmens besonders relevant sind:

1. Produkt- und Servicequalität (für 69 Prozent der Befragten)

2. Transparente und ehrliche Geschäftspraktiken (65 Prozent)

3. Unternehmen, dem ich vertraue (65 Prozent)

4. Unternehmen, das seine Angestellten gut behandelt (63 Prozent)

5. Umfassende Kommunikation (55 Prozent)

6. Faire Preise (55 Prozent)

7. Gesellschaftliches Engagement (»good corporate citizen«) (51 Prozent)

8. Innovativität (46 Prozent)

9. Bewunderte Führungsmannschaft (»widely admired leadership«) (39 Prozent)

10. Gewinn der Investoren (39 Prozent)[188]

Gute Produkte und guter Service sind demnach die Basis für Kundenvertrauen. Für fast zwei Drittel aller Kunden reicht das heute jedoch nicht mehr aus: Sie erwarten darüber hinaus Ehrlichkeit und Transparenz nach außen (Punkt 2) und Fairness nach innen (Punkt 4). Damit bestätigt die Erhebung die These des ersten Kapitels – eine Kundenbeziehung auf Augenhöhe und eine gute Unternehmenskultur sind heute erfolgsrelevant. Immer mehr Kunden reservieren ihr Vertrauen für Unternehmen, die ihnen auch jenseits der Produktqualität »sympathisch« sind. WIR-MARKEN wissen das.

Eine Studie der Beratungsgesellschaft Musiol/Munziger/Sasserath bestätigt diesen Trend und erweitert zugleich das Spektrum vertrauensbildender Aspekte. Nach einer repräsentativen Umfrage in Deutschland rangieren »Verlässlichkeit des Unternehmens« und »Qualität der Produkte und Dienstleistungen« für Kunden aller Einkommensschichten mit 91 Prozent Zustimmung beim Markenvertrauen ganz oben; dicht gefolgt von »Kompetenz der Mitarbeiter« (90 Prozent) sowie deren Freundlichkeit (83 Prozent), »Kulanz bei Problemfällen« (88 Prozent), aber auch »Umgang mit Mitarbeitern« (78 Prozent) und »Umweltbewusstsein« (69 Prozent).[189] Damit kommt ein weiteres wichtiges Vertrauensmoment ins Spiel: die ganz persönliche Komponente. Wie gehen Mitarbeiter mit dem Kunden um? Ein überfordertes Callcenter oder ein unfreundlicher Verkäufer können die Marke beschädigen und das Kundenvertrauen erschüttern. Nicht ohne Grund betonen Verkaufsexperten gern, der Verkaufserfolg entscheide sich »auf den letzten Metern«, am Point of Sale. Das wiederum schlägt die Brücke zwischen Vertrauen im Unternehmen und Vertrauen zwischen Kunden und Unternehmen. Mitarbeiter, die sich schlecht behandelt fühlen, werden sich kaum für Kunden ins Zeug legen. Wer selbst keine Wertschätzung erfährt, tut sich schwer, anderen wertschätzend zu begegnen. Und Kunden, die ihre Markenerwartungen von den menschlichen Repräsentanten der Marke, von Verkauf, Service und Kundendienst, nicht erfüllt sehen, werden ihr möglicherweise das Vertrauen entziehen.

Und eine letzte wichtige Erkenntnis: Ein guter Ruf weckt Vertrauen, das liegt nahe. Doch auch umgekehrt wird ein Schuh daraus: »Vertrauen schützt den Ruf« eines Unternehmens, so lautet eine der Schlussfolgerungen im Edelman Trust Barometer. Die meisten Menschen (61 Prozent) müssen eine Nachricht über ein Unternehmen drei- bis fünfmal hören, um sie zu glauben. Dabei gibt es jedoch gravierende Unterschiede entsprechend dem Vertrauensvorschuss eines Unternehmens:

➤ Bei Unternehmen, denen man ohnehin misstraut, glauben nur 15 Prozent eine Positivmeldung, die sie ein- bis zweimal gehört haben, aber 57 Prozent glauben einer genauso oft registrierten Negativmeldung.

➤ Bei Unternehmen, denen man vertraut, glauben 51 Prozent eine Positivmeldung sofort und nur 25 Prozent eine Negativmeldung.

»Wo das Vertrauen fehlt, spricht der Verdacht«, wusste Laotse schon im 6. Jahrhundert vor Christus. Aus alledem ergibt sich ein Paradigmenwechsel bei der Vertrauensstrategie von Unternehmen. Galt es früher, die Marke zu schützen und dazu Unternehmensinformationen streng zu kontrollieren, zählen heute Transparenz, gesellschaftliches Engagement und nachhaltiges Wirtschaften. Reine Profitorientierung kann dazu führen, dass die Profite bröckeln, und imagefördernde Abschottungsversuche sind in einer modernen Medienlandschaft ohnehin zum Scheitern verurteilt. »New Trust Architecture« nennt man das neue Paradigma der Vertrauensbildung bei Edelman, und die Umsatzrückgänge bei Schlecker sind ein prototypisches Beispiel für diesen Wandel.

Vertrauensbildende Maßnahmen zahlen sich also langfristig aus; sie bewirken einen Vertrauensvorschuss, der auch daher rührt, dass Menschen einmal gefasste Urteile nur ungern revidieren. Das gilt für Positiv- wie Negativeinschätzungen. Ist die Reputation erst einmal beschädigt, ist es schwer, Vertrauen zurückzugewinnen. Das illustriert auf drastische Weise das Unternehmen BP.

BP: Wie man Vertrauen verspielt

Der *Focus* attestierte dem Unternehmen BP im Herbst 2010 »den Ruf eines besonders rücksichtslosen Konzerns, der Profit über den Schutz von Umwelt und Mitarbeitern stellt«.[190] Dabei spielte das Magazin nicht nur auf die Ölkatastrophe im Golf von Mexiko an, die ein halbes Jahr zuvor durch eine Explosion auf der Ölplattform Deepwater Horizon ausgelöst worden war, sondern rief gleich auch frühere Vorfälle ins Gedächtnis, mit denen das Unternehmen Negativschlagzeilen machte: eine Explosion in einer Raffinerie 2005 in Texas, bei der 15 Menschen starben, und ein Ölleck in Alaska, bei dem 2006 Millionenstrafen für eine Ölverschmutzung der Prudhoe Bay fällig wurden. Der Untergang der Deepwater Horizon stellte all das jedoch weit in den Schatten. Drei Monate lang beherrschte das Thema die Weltpresse, von der Gasexplosion am 20. April 2010 bis Mitte Juli, als der Ölausfluss nach zahlreichen vergeblichen Versuchen endlich gestoppt werden konnte. In dieser Zeit wurden Fernsehzuschauer, Zeitungsleser und Internetnutzer in aller Welt mit einer kontinuierlichen Flut immer neuer Negativmeldungen versorgt: Informationen zur Menge des Ölausstoßes, die immer wieder nach oben korrigiert werden mussten; Computersimulationen der verschiedenen scheiternden Methoden, das Leck zu schließen; Bilder verendeter Seevögel und Schildkröten; NASA-Aufnahmen, die das ganze Ausmaß der Katastrophe zeigten; Interviews mit Fischern, die um ihre Lebensgrundlage bangten; Experten, die den touristischen Niedergang der Region prophezeiten; Hintergrundberichte über unzureichende Sicherheitsvorkehrungen bei BP – und noch mehr. BP ist ein Paradebeispiel dafür, was Massenmedien und moderne Kommunikationstechnik bei einem ernsten Störfall für ein Unternehmen bedeuten. Folge war nicht allein ein Imageschaden: Der Kurs der BP-Aktie sackte in diesem Zeitraum um etwa die Hälfte ab.[191] Eines der größten Unternehmen der Welt mit über 80.000 Mitarbeitern und einem Jahresumsatz von 239 Milliarden US-Dollar (2009) musste – auch aufgrund der zu erwartenden Entschädigungskosten – eine feindliche Übernahme oder den Zusammenbruch befürchten.

Was dieser Vorfall mit dem Vertrauen der Kunden in das Unternehmen anstellte, ist unschwer zu erraten: In einer repräsentativen Befragung zum »Markenvertrauen 2010« landet BP mit 10 Prozentpunkten auf dem letzten Platz. Selbst dem Boulevardblatt *Bild* oder der viel gescholtenen Deutschen Bahn vertrauen mit 12 bzw. 16 Prozent mehr Menschen in Deutschland.[192] Mittelfristig wird sich das kaum ändern – dafür sorgen neben den Jahre dauernden Prozessen auch Kampagnen wie »Seize BP«, die in den USA Proteste in über 50 Städten organisierte (www.seizebp.org); dafür sorgen Youtube-Videos kritischer Fernsehberichte (»BP's rules«), die hunderttausendfach angeklickt werden; dazu tragen Facebook-Gruppen wie »Boycott BP« mit über 810.000 Unterstützern sowie Boykottaufrufe prominenter Politiker oder Rocksänger bei.

Was hätte BP anders machen sollen? Die Frage, wie vermeidbar die Katastrophe, wie gut oder schlecht das Sicherheitsmanagement war, ist an dieser Stelle kaum zu klären. Ein Vertrauensverlust ist bei einem solchen Vorfall nicht zu vermeiden. Was das Ganze jedoch vollends zum Desaster machte, war neben der technischen Unzulänglichkeit der Rettungsversuche die Öffentlichkeitsarbeit von BP. Unter Berufung auf verschiedene glaubwürdige Quellen zeichnet das Online-Lexikon Wikipedia in einer fast 20 Seiten umfassenden Chronologie der Ereignisse folgendes Bild:[193]

> »Der Konzern BP liefert auf seiner Website Informationen über die Vorgänge zur Eindämmung der Ölpest. Auf der Website zur Ölpest sind jedoch nur unverfängliche Bilder zu sehen, die nach Beobachteransicht kaum etwas mit der Realität der

Umweltverschmutzung zu tun haben. *[Quelle: heute.de]* Zudem kaufte der Konzern mehrere Schlüsselwörter wie »Oil Spill« (»Ölpest«) bei verschiedenen Suchmaschinen, um Internetnutzer verstärkt auf die eigenen Darstellungen zu leiten. *[Quelle: Spiegel Online]* […]

Presseberichte dokumentieren, wie BP und Vertreter der Regierung Fotojournalisten dabei behindern, die Orte zu besichtigen, an denen die Auswirkungen der Ölpest am deutlichsten zu sehen seien. *[Quelle: CBS News]* Einem CBS-Kamerateam, welches einen mit Öl bedeckten Strandabschnitt filmen wollte, wurde sogar mit Verhaftung gedroht. Auch Überflüge seien teilweise untersagt worden. *[Quelle: Handelsblatt]* Ähnliche Beschwerden gab es von *Associated Press, Newsweek*, der *Washington Post* und der *New York Times*.

Um die Ölpest zu bekämpfen, hat der BP-Konzern versucht, örtliche Fischer unter Vertrag zu nehmen. Das zu unterzeichnende Master Charter Agreement enthielt jedoch eine Klausel, die den Fischern rechtliche Schritte gegen BP verwehrt hätte. *[Quelle: Time]* Verträge des Konzerns mit universitären Forschungseinrichtungen beinhalten Verschwiegenheitsvereinbarungen und Publikationsverbot für mindestens drei Jahre. *[Quelle: CBS News]*«

Offenbar setzt der Ölkonzern auf die traditionelle Strategie der Abschottung. Doch der Versuch, Negativmeldungen zu unterdrücken, ist in einer modernen Medienlandschaft von vornherein zum Scheitern verurteilt. Fehler passieren, auch schlimme Fehler. Doch schon als Kinder lernen wir, dass es besser ist, begangene Fehler einzuräumen und sie möglichst wieder gutzumachen, als sich in Verschleierung und Leugnung zu flüchten. Vor 50 Jahren mag der Versuch, die Marke durch restriktive Informationspolitik zu schützen, noch Aussicht auf Erfolg gehabt haben. Heute bewirkt er genau das Gegenteil: Ein solcher Versuch vergrößert den Imageschaden, weil er mit ziemlicher Sicherheit öffentlich gemacht wird. Denn: Wer einmal lügt, dem glaubt man nicht, auch wenn er dann die Wahrheit spricht, wie das Sprichwort sagt. BP hätte besser daran getan, auf Transparenz zu setzen, um Vertrauen wiederzugewinnen. Wie das aussehen kann, machte Johnson & Johnson schon vor 30 Jahren im Fall des Schmerzmittels Tylenol vor (vgl. Kapitel 4).

Viele Unternehmen unterschätzen bis heute, wie wichtig eine gute Krisen-PR ist. Und gegen die geforderte Offenheit wird gern ins Feld geführt, dies könne bei Entschädigungsklagen als Schuldeingeständnis gewertet werden. Allerdings stellt sich die Frage, ob der wirtschaftliche Schaden, den ein Image- und Vertrauensverlust nachweislich anrichtet, nicht ebenso groß ist. Damit sollen juristische Bedenken gegen eine transparente Informationspolitik nicht kleingeredet werden. Fest steht: Aus einer Image- und Vertrauenskrise gibt es keinen einfachen Ausweg. Existenzbedrohende Klagen müssen ebenso abgewendet werden wie dauerhafte Beschädigungen der Marke. Das spricht dafür, Krisenpläne zu entwickeln und Worst-Case-Szenarien durchzuspielen, um im Ernstfall vorbereitet zu sein und besonnen zu reagieren. Viele Unternehmen tauchen erst einmal ab, wie etwa Sony, als im Frühjahr 2011 persönliche Daten von fast 80 Millionen Playstation-Kunden einem Hackerangriff zum Opfer fielen und das Unternehmen etliche Tage schwieg, bevor es an die Öffentlichkeit ging.[194] Wenn Unternehmensverantwortliche so lange brauchen, um aus ihrer Schockstarre zu erwachen, haben sie das Vertrauen ihrer Kunden womöglich schon verspielt.

Das Vertrauen der Kunden gewinnen

Das populäre Magazin *Reader's Digest* fragt seit 2001 europaweit seine Leser nach den Marken, denen sie vertrauen. An der Befragung nahmen 2011 über 33.000 Kunden in 16 Ländern teil. Da das Magazin keine Marken zur Auswahl vorgab (ungestützte Fragetechnik) überrascht es nicht, dass die Befragten vor allem bekannte Traditionsmarken nennen, in Deutschland etwa VW und Miele oder Produktmarken wie Nivea, Persil und Aspirin. Darüber hinaus gibt die

Studie Aufschluss darüber, wie gering das Vertrauen in Werbung ist: 14 Prozent der Europäer vertrauen demnach Werbeaussagen, 81 Prozent haben kein Vertrauen. Die Deutschen sind sogar noch kritischer: Hier haben nur 6 Prozent Vertrauen, während 88 Prozent der Werbung misstrauen.[195] Spätestens seit den Siebzigerjahren wird Werbung von immer mehr Kunden als »nur« Werbung wahrgenommen. Natürlich sind diese Eigeneinschätzungen nicht völlig mit der tatsächlichen Wirkung von Werbebotschaften gleichzusetzen, denn auch misstrauische Kunden können unterschwellig für bestimmte Werbeaussagen empfänglich sein. Dennoch zeigt das Umfrageergebnis, dass Werbung allein kaum das probate Mittel ist, wenn es um Kundenvertrauen geht. Wovon hängt es also ab, ob Kunden einem Unternehmen ihr Vertrauen schenken?

Vertrauensbildende Maßnahmen

»So wie der Kern einer Freundschaft Vertrauen ist, ist Vertrauen auch der Kern einer Marke. Ihren Freund können Sie einschätzen, Sie wissen, was Sie von ihm erwarten dürfen und was nicht. Und so ist es im Idealfall auch mit einer Marke«, erklärte Henkel-Marketingleiter Thomas Tönnesmann in einem Interview.[196] Damit sind gleich zwei elementare Aspekte von Vertrauen angesprochen: Vertrautheit und Kontinuität. Je besser ich jemanden kenne, desto größer ist mein Vertrauen (vorausgesetzt natürlich, dass ich ihn positiv erlebe). Und je länger diese Beziehung dauert, desto mehr vertraue ich (sofern mein Vertrauen sich bislang als gerechtfertigt erwiesen hat). Aus diesem Grund haben sich Traditionsmarken über Jahrzehnte einen hohen Vertrauensvorschuss erarbeitet, wie die *Reader's-Digest*-Umfrage unterstreicht. Und aus demselben Grund ist es riskant, etablierte Marken zeitgeistigen Marketingexperimenten zu unterwerfen. Denken Sie an den Niedergang von Camel, der auf den Versuch folgte, die kernige Marke von Freiheit und Abenteuer als softes Lifestyle-Produkt neu zu positionieren. Oder denken Sie an Coca-Colas grandios gescheiterte Einführung von »New Coke«. Beiersdorf bringt seine Nivea-Creme ja auch nicht plötzlich in pastellfarbenen Döschen heraus, nur weil das kühle Blau aktuellen Modetrends oder farbpsychologischen Überlegungen widerspricht, und die Persil-Packung ist seit Jahrzehnten rot-weiß-grün.

Vertrautheit wird überdies durch Kontaktmöglichkeiten vertieft, und damit sind im Zeitalter der Social Media nicht länger nur Werbekontakte gemeint, sondern echte Möglichkeiten der Begegnung. Moleskine oder Lego werden wissen, warum sie aufwendige Kundenblogs betreiben, ebenso wie ambitionierte Mittelständler wissen, warum sie Familientage oder Bürgerfeste veranstalten, Ferienspiele für Schüler unterstützen oder zu Kinderführungen einladen. »Wer das Vertrauen der Konsumenten gewinnen will, muss mit ihnen auf Tuchfühlung gehen«, hat Diesel-Gründer Renzo Rosso einmal gesagt.[197]

Neben Kontinuität und Vertrautheit sind Ehrlichkeit und Glaubwürdigkeit unerlässlich für eine vertrauensvolle (Kunden-)Beziehung. »Puur & Eerlijk« heißt kurz und bündig die Eigenmarke der niederländischen Kette Albert Heijn für fair gehandelte Produkte. Ehrlichkeit steht immer dann auf dem Prüfstand, wenn Fehler passieren. Vertuschungsversuche und Halbwahrheiten untergraben das Vertrauen, wie das Beispiel BP illustriert. Und die Flucht nach vorn ist allemal besser als eine zögerliche Informationspolitik. Beim bereits angesprochenen Hackerangriff auf Sony-Kundendaten mit Millionen potenziell Geschädigter zögerte das Unternehmen etliche Tage, bevor es überhaupt darüber informierte. Und dann brauchte Sony-Chef Howard Stringer noch einmal über eine Woche, um sich bei seinen Kunden zu entschuldigen. Anfang Mai sagte er laut *Focus*: »Ich weiß, einige denken, dass wir unsere Kunden eher hätten informieren müssen. Das ist eine angemessene Frage.« Echte Zerknirschung hört sich anders an. Währenddessen spekulierten Analysten von Großbanken bereits öffentlich, das »Vertrauen in das Geschäft von Sony« könne sinken.[198] Die Wirkung einer echten Entschuldigung unterstreicht auch Leslie Gaines-Ross, Chefstrategin für Reputationsmanagement der Agentur Weber-Shandwick. Im Hinblick auf die Bankenkrise sagte sie im März 2009 dem Magazin *Focus*: »[...] das Vertrauen in Finanzinstitute ist verschwunden, es ist der

>Ground Zero< erreicht. [...] Viele Menschen warten immer noch auf eine Entschuldigung. Nur wenige Banker haben zugegeben, dass sie mit schuld sind an der Krise.«

Ehrlichkeit und Glaubwürdigkeit sind Zwillingsschwestern. Glaubwürdig ist, wer tut, was er sagt, und sagt, was er tut – und das ist leichter gesagt als getan. Zur Glaubwürdigkeit gehört ferner die authentische Umsetzung der Markenwerte und Markenversprechen entlang der gesamten Wertschöpfungskette. Wer sich Nachhaltigkeit auf die Fahnen schreibt, sollte nicht von Raubbau durch Zulieferer aus Schwellenländern profitieren, und wer »Bio« und »alternativ« verspricht, tut sich mit der Zusammenarbeit mit einem kritisch beäugten Discounter keinen Gefallen – siehe die Empörung der Basic-Kunden angesichts einer drohenden Übernahme durch Lidl.

»Trustmarks«, denen Kunden vertrauen

Negativbeispiele von Unternehmen, die Vertrauen verspielen, sind schnell bei der Hand. Doch natürlich gibt es auch Vorbilder, Unternehmensmarken, die weit überdurchschnittliches Kundenvertrauen genießen. Dazu zählt ohne Zweifel Miele. Nach Erkenntnissen der bereits zitierten *Readers'-Digest*-Umfrage belegt Miele nicht nur in Deutschland in den letzten fünf Jahren kontinuierlich den Spitzenplatz der »Trusted Brands« bei den Haushaltsgeräten, sondern gleichermaßen in Österreich, der Schweiz, Belgien, Holland und Portugal. Und selbst in den USA, dem Land der Schnellwaschmaschinen mit anachronistischem Wäschequirl, setzt auf Miele, wer es sich leisten kann. Miele steht nicht nur für Kontinuität (das Unternehmen wird heute von den Urenkeln der beiden Gründer geführt), sondern auch für stetige Innovation. Die erste Waschmaschine, die Miele vor über 100 Jahren auf den Markt brachte, war noch »aus bestem und teuersten Eichenholz« gefertigt. Getreu dem Firmenmotto »immer besser« wurden die Maschinen mit jeder Generation klüger und bieten heute vollautomatische, energiesparende Waschprogramme für Textilien aller Empfindlichkeitsstufen. Das Unternehmen präsentiert sich stolz als »einzige weltweit verbreitete Premiummarke für Hausgeräte« und pflegt diesen Ruf durch exzellenten Kundendienst. Statt bei Reparaturen an externe Serviceunternehmen zu verweisen, kommt zum Mielekäufer der »Werkskundendienst«, der 2009 zum 16. Mal in Folge vom »Kundenmonitor Deutschland« zum Service-Testsieger gekürt wurde. Offensichtlich weiß man bei Miele, dass das Kundenvertrauen zu wertvoll ist, um es durch Nachlässigkeit oder Unfreundlichkeit aufs Spiel zu setzen. Und auch beim Thema »Nachhaltigkeit« ist man wieder auf der Höhe der Zeit und legt ausführlich Rechenschaft ab.[199]

Vertrauen ist nicht auf Premiummarken beschränkt, wie das Beispiel Aldi belegt. In Deutschland zählt der Discounter ebenfalls zu den Vertrauensmarken.[200] Wie Miele überzeugt Aldi durch Kontinuität und Glaubwürdigkeit und steht für eine der größten Erfolgsgeschichten der Nachkriegszeit: vom Tante-Emma-Laden der Mutter der Albrecht-Brüder Karl und Theo (1913) über ein Netz von 13 Filialen (1950) zu einem weltweit führenden Discounter mit heute rund 7.000 Läden in Europa und etwa 1.200 in Australien und den USA. Und selbst wenn der Aldi-Umsatz in den letzten Jahren angesichts wachsender Konkurrenz leicht rückläufig ist, steht Aldi ungebrochen für gute Qualität zu kleinen Preisen. Testberichte, in denen Aldi-Produkte ebenso gut wie oder sogar besser als teure Premiummarken abschneiden, tragen ebenso dazu bei wie »kultige« Kochbücher (*Aldidente*) oder Aldi-Weinführer (*Aldidente Vino*). Aldi ist eine WIR-MARKE, zu der man sich längst bekennt und bei der nicht nur Kunden mit kleinem Einkommen einkaufen. Als Beleg genügt ein Blick auf einen beliebigen Aldi-Parkplatz. Hinzu kommt sicherlich, dass Aldi es geschafft hat, Negativpresse à la Lidl oder Schlecker weitgehend zu vermeiden. Die Arbeitsbedingungen sind zwar hart, aber die Bezahlung gilt als angemessen. Dieter Brandes, viele Jahre Topmanager bei Aldi, hat das »Aldi-Prinzip« in einem Bestseller als »konsequent einfach« zusammengefasst. Erfolgsrezept Nummer zwei lautet übrigens: »Erarbeiten Sie sich das Vertrauen Ihrer Kunden!«[201]

Wer für das Thema Kundenvertrauen sensibilisiert ist, stößt immer wieder auf überzeugende Maßnahmen von Unternehmen, sich dieses kostbare Gut zu erhalten. Qantas beispielsweise gilt als eine der sichersten Fluglinien der Welt und erreicht im Ranking der Unfall-untersuchungsbehörde *JACDEC*[202] regelmäßig Spitzenwerte. Als ein Airbus A380 im Herbst 2010 wegen eines Triebwerkbrandes notlan-den musste, ließ die australische Airline ihre A380-Flotte vorläufig am Boden. Beim ersten Wiedereinsatz des Riesenflugzeugs, verkün-dete Qantas-CEO Alan Joyce, er werde persönlich an Bord sein, um Vertrauen zu gewinnen.[203] Vertrauen ist Chefsache, das hat man bei Qantas verstanden.

Lands' End, ein US-Bekleidungsversender, bietet beispielsweise ei-ne ebenso umfassende wie einfache Rückgabegarantie: »Wenn Sie nicht zu 100 Prozent mit einem unserer Artikel zufrieden sind, sen-den Sie ihn einfach an uns zurück – jederzeit, ganz gleich aus wel-chem Grund. Ohne Kleingedrucktes, ohne Ausnahmen, ohne Schwierigkeiten. Das ist Guaranteed. Period.« Was könnte vertrau-enerweckender sein als diese »Garantie ohne Wenn und Aber«?[204] Das ist so ungewöhnlich, dass es bei Gründung der deutschen Nie-derlassung 1996 sogar die Zentrale zur Bekämpfung unlauteren Wettbewerbs auf den Plan rief.

Was der Versender und die Fluglinie gemeinsam haben? Beide ha-ben erkannt, dass man Vertrauen auch dadurch gewinnt, dass man die potenziellen Bedenken von Kunden antizipiert und glaubhaft zerstreut.

Eine Vertrauenskultur im Unternehmen schaffen

Das Deutsche Marketingbarometer hat einmal ermittelt, wodurch Unternehmen Kunden verlieren: 2 Prozent sind gestorben, 10 Pro-zent umgezogen, 18 Prozent haben ihre Gewohnheiten geändert. Doch stattliche 70 Prozent suchen wegen unfreundlicher oder »nicht unternehmensorientierter« Mitarbeiter das Weite.[205] Alle Servicesituationen, alle persönlichen Begegnungen mit einem Ver-treter des Unternehmens sind echte »Momente der Wahrheit« für das Kundenvertrauen. Ein Kunde differenziert nur bedingt zwischen (Unternehmens-)Marke und deren Repräsentanten in Fleisch und Blut: Fühlt er sich in den Autowerkstätten von XY mies behandelt, ist er verärgert über die Marke XY, nicht über unfreundliche Einzelne. Möglicherweise kennen Sie jemanden, der seine Automarke wegen arroganter Verkäufer oder unzuverlässiger Werkstätten gewechselt hat. Dabei setzt Vertrauen nicht Fehlerlosigkeit voraus, sondern ein fehlerloses Lösen eines Fehlers. Untersuchungen belegen, dass Kunden nach einer gut gelösten Reklamation sogar zufriedener mit einer Marke sind als vor ihrer Beschwerde.[206] Das Unternehmen hat dann sozusagen einen Vertrauenstest bestanden. Vertrauen *zum* Unternehmen setzt also engagierte Mitarbeiter voraus. Und dieses Engagement wiederum ist ohne Vertrauen *im* Unternehmen nicht möglich.

Mitarbeitervertrauen und Kundenvertrauen

Nur wenn Führungskräfte ihren Mitarbeitern vertrauen, werden sie so viele Kompetenzen und Befugnisse delegieren, dass die Mitarbeiter tatsächlich flexibel auf Kundenbedürfnisse reagieren können. Eine Misstrauenskultur setzt auf Kontrolle, sie ist starr und unflexibel. Und wer immer gesagt bekommt, was er tun soll, tut irgendwann nur noch das, was man ihm sagt. Das ist auch ein Grund dafür, warum traditionelle Großbürokratien (wie etwa Post oder Bahn) sich schwer damit tun, echte Serviceunternehmen zu werden, denn exzellenter Service lässt sich nicht bis ins Detail vorgeben. So lang kann eine Checkliste gar nicht sein, dass sie alle Alltagssituationen umfasst, in denen in der Praxis kundenorientiertes Handeln gefragt ist. Doch Kundenfreundlichkeit bedeutet mehr als ein funktionierendes CRM-System; Vertrauen wird durch positive Serviceerlebnisse erworben und vertieft.

Nur wenn Mitarbeiter ihren Führungskräften vertrauen, werden sie sich dauerhaft so stark engagieren wie für guten Service unerlässlich ist. Und nur dann kann ein Unternehmen so kreativ sein, wie es wandelbare Märkte erfordern. In einer Kultur, in der Widerspruch per se karriereschädigend ist, kann man auf Fehlsteuerungen erst reagieren, wenn sie sich in sinkenden Absatzzahlen niederschlagen. Wahrscheinlicher ist in einem solchen Klima, dass man sich auch dann erst einmal auf die Suche nach Schuldigen macht und den Schwarzen Peter einander so lange zuschiebt, bis die Situation vollends bedrohlich geworden ist. Bosch-Chef Franz Fehrenbach weiß also ganz genau, warum er sich an der Unternehmensspitze auch als »Vertrauensarbeiter« sieht und betont: »Solch eine ›Vertrauensarbeit‹ setzt zunächst – auch diese persönliche Seite ist mir wichtig – ein geradliniges und wahrhaftiges, also authentisches Auftreten voraus.«[207]

Wie Führungskräfte Vertrauen gewinnen

Echtes Vertrauen basiert auf Taten, nicht auf schönen Worten. Vertrauen lässt sich nicht einklagen, es muss erworben werden und wird vom Gegenüber nur freiwillig gewährt. Denken Sie daran, wie Sie selbst reagieren, wenn jemand Sie auffordert: »Vertrau mir!« Sie vermuten das Schlimmste, und nicht selten zu Recht. Für Führungskräfte bedeutet das: Vertrauen verlangt Authentizität, ein Handeln nach dem Prinzip »walk your talk«. Wohl formulierte Leitworte und flammende Reden auf Betriebsversammlungen reichen nicht aus.

Vertrauen wird gewonnen durch

➤ die Einheit von Reden und Handeln,

➤ das Einhalten einmal gegebener Versprechen,

➤ offene und ehrliche Kommunikation,

➤ Geradlinigkeit und Berechenbarkeit,

➤ Fairness und Respekt im menschlichen Umgang,

➤ das Zugeben eigener Fehler,

➤ Zutrauen in Mitarbeiterkompetenz,

➤ Anerkennung für Geleistetes,

➤ die Ahndung von Verstößen gegen Leitbild und Vertrauenskultur.

Vertrauen wird verspielt durch

➤ schöne Worte, denen keine Taten folgen,

➤ die Nichteinhaltung von Zusagen,

➤ Verschweigen, Taktieren oder Drohen,

➤ Sprunghaftigkeit und Richtungswechsel,

➤ das Messen mit zweierlei Maß (»Kronprinzen« und »Sünden-böcke«),

➤ das Verschleiern eigener Fehler oder das Abwälzen von Verant-wortung auf andere,

➤ Kontrollsucht und halbherzige Delegationsversuche,

➤ das Reklamieren von Mitarbeiterleistungen für sich selbst,

➤ stillschweigendes Tolerieren von Verstößen gegen Leitbild und Vertrauenskultur.

Kaum jemand würde einem so skizzierten Verhaltenskodex wider-sprechen. In der Praxis ist er jedoch eine permanente Herausforde-rung, das weiß jeder, der im hektischen Unternehmensalltag wech-selnden Ansprüchen von Mitarbeitern, Vorgesetzten und Kunden ausgesetzt ist, sich gegenüber Karrierekonkurrenten behaupten will und in Zeiten des Umbruchs schlechte Botschaften überbringen und gute Abteilungsergebnisse vorweisen soll. Vertrauensbrüche geschehen häufig zugunsten kurzfristiger Vorteile. Doch langfristig zahlt sich Vertrauen aus: Motivierte Mitarbeiter sind durch nichts zu ersetzen, WIR-MARKEN ohne sie schlicht nicht vorstellbar.

Die beste Investition in eine Vertrauenskultur besteht darin, bei der Besetzung von Führungspositionen nicht nur auf strategisches Denkvermögen, Kommunikationsfähigkeit und überzeugendes

Auftreten zu achten, sondern auch auf persönliche Reife. Eine reife Persönlichkeit kennt sich relativ gut, arbeitet permanent an sich selbst, besitzt Selbstvertrauen. Nur wer sich selbst vertraut, kann anderen trauen. Und nur wer sich selbst vertraut, stellt auch Menschen ein, die besser sind als er selbst. Daher rührt die Erfahrung, dass erstklassige Leute erstklassige Mitarbeiter anstellen, zweitklassige aber nur drittklassige Mitarbeiter um sich ertragen. WIR-MARKEN aber brauchen die Besten.

Fazit: Vertrauen

Produktqualität allein genügt als Differenzierungsmerkmal heute nicht mehr. WIR-MARKEN genießen darüber hinaus das Vertrauen ihrer Kunden und achten darauf, sich dieses Vertrauen zu erhalten.

➤ Vertrauen knüpft ein emotionales Band zwischen Kunden und einer Marke, das eine Entscheidung zugunsten dieser Marke stark begünstigt.

➤ Das Vertrauen in eine Unternehmensmarke kommt allen Produkten des Unternehmens zugute.

➤ Der gute Ruf eines Unternehmens weckt Vertrauen, doch umgekehrt gilt auch: Vertrauen stärkt einen guten Ruf und schwächt die Wirkung von Negativmeldungen ab.

➤ Vertrauensbildende Aspekte sind neben Produkt- und Servicequalität vor allem Kontinuität, Vertrautheit, Ehrlichkeit und Glaubwürdigkeit.

➤ Werbebotschaften sind nur bedingt geeignet, Vertrauen zu wecken. Umfragen belegen das wachsende Misstrauen der Verbraucher gegenüber Werbeaussagen.

➤ Im Medienzeitalter schützt man eine Marke nicht durch restriktive Kommunikationspolitik und den Versuch, Informationen zu kontrollieren. Gefragt sind Offenheit, Transparenz und Glaubwürdigkeit, auch und gerade in Krisensituationen.

➤ Nicht Fehlerlosigkeit ist entscheidend für Vertrauen, sondern die überzeugende Bewältigung von Fehlern. Diese beginnt mit einer echten Entschuldigung.

> ➤ Kunden differenzieren nicht zwischen der »Marke als solcher« und ihren Repräsentanten in Verkauf, Service oder Kundendienst. Hapert es in diesen Bereichen, wird das Vertrauen in die Marke erschüttert.

> ➤ Kundenvertrauen setzt Vertrauen im Unternehmen voraus: Ohne eine Vertrauenskultur mangelt es an Motivation und Commitment. Beides ist jedoch unerlässlich, damit Mitarbeiter durch exzellenten Service das Vertrauen der Kunden gewinnen.

> ➤ Führungskräfte, die das Vertrauen ihrer Mitarbeiter gewinnen wollen, setzen auf Tugenden wie Offenheit, Fairness, Berechenbarkeit, Respekt, Authentizität.

Interview mit Dr. h. c. Rudolf Gröger (O$_2$) zum Thema Vertrauen

Rudolf Gröger war von 2001 bis 2007 Vorstandsvorsitzender von O$_2$ Germany. Unter seiner Leitung wurde die ehemalige, bei seinem Amtsantritt von Schließung bedrohte Viag Interkom GmbH zum drittgrößten Mobilfunkunternehmen Deutschlands mit einem Bekanntheitsgrad von 97 Prozent. 2003 erhielt er den »National Leadership Award« des Economic Forum, 2005 den Horizont Award »Unternehmer des Jahres«. Nach der Übernahme von O$_2$ durch Telefónica gründete der frühere Siemens- und Telekom-Manager die Gröger Management GmbH. Seit 2009 ist Rudolf Gröger Präsident der Munich Business School, seit 2010 Partner der Roland Berger Strategy Consultants.

Herr Dr. Gröger, Sie haben es geschafft, aus dem kleinsten deutschen Mobilfunkunternehmen Viag Interkom den erfolgreichen Telekommunikationsanbieter O$_2$ zu machen. Wenige Wochen nach Ihrem Einstieg mussten Sie das Vertrauen der Mitarbeiter für eine komplette Neuaufstellung des Unternehmens gewinnen. Wie ist Ihnen als neuem CEO das so rasch gelungen?

Dr. Rudolf Gröger: Um diese Frage zu beantworten, muss ich zurückgehen ins Jahr 2001. Im Einstellungsgespräch bei der British Telecom (BT), dem Eigentümer der Viag Interkom, fragte mich deren CEO Peter Bonfield: »Do you think, you can turn around a company?« Ich entgegnete damals mutig: »You can turn around everything.« Als ich dann zum 1. Oktober die Position antrat, konnte man zwei Wochen später in einem Interview mit der *Financial Times* lesen, die unternehmerische Entscheidung, die Peter Bonfield am meisten bedaure, sei sein »Investment in Germany«. Daraus wurde in Windeseile die Nachricht »British Telekom schließt Viag Interkom«, die Bonfield auf meine Nachfrage bestätigte. Allerdings stellte sich heraus, dass BT die 500 Millionen Euro, die eine Schließung kosten würde, nicht investieren wollte. Bonfield und ich haben darauf einen »Deal« beschlossen: Ich verspreche, dass wir Quartal für Quartal ein besseres Ergebnis liefern und dass eines der nächsten vier Quartale in die Gewinnzone führt. Dann wird das Unternehmen nicht geschlossen.

Die große Herausforderung lautete: Wie vermittelst du das den Leuten? Ich habe die Führungskräfte zusammengerufen und erklärt: »So ist die Situation, das ist mein Ziel und das ist mein Plan. Ich werde euch immer sagen, wo wir stehen und was ich denke. Wenn jemand eine bessere Idee hat, soll er sie bitte äußern, ich habe keine bessere.« Das heißt: Ich habe mich für eine brutal offene und ehrliche Kommunikation entschieden, ein Versprechen abgegeben und mich daran messen lassen. Auf diese Weise konnte ich das Vertrauen der Führungsmannschaft gewinnen. Erfolg ist immer eine Teamleistung, und Vertrauen ist die Summe der eingehaltenen Versprechen.

Das gilt auch für die übrigen Mitarbeiter: Wir haben einen Fahrplan zukünftiger Maßnahmen veröffentlicht, der alle wichtigen strategischen Themen auf einer DIN-A4-Seite zusammenfasste und an alle 4.000 Mitarbeiter ging. Dort stand auch, dass wir gezwungen sind, Kosten zu sparen und daher 500 Mitarbeiter entlassen müssen. Und ich habe das Versprechen abgegeben, dass jeder bis zum 15. Februar weiß, ob er dazu gehört oder nicht. Wenn Sie Menschen dauerhaft in Unsicherheit halten, beschäftigen sie sich irgendwann mit sich selbst und nicht mit ihren Aufgaben. Wenn Sie dagegen offen und ehrlich sind und ihre Versprechen halten, können Sie eine Welle der Motivation auslösen. Es ist mir wohl gelungen, deutlich zu signalisieren, »da ist jemand anders«, und so das Commitment der Mitarbeiter zu gewinnen.

Generell: Für wie wichtig halten Sie Vertrauen als unternehmerische Kategorie, im Unternehmen wie in der Kundenbeziehung?

Dr. Rudolf Gröger: Vertrauen ist das wichtigste und einzige Differenzierungsmerkmal, das ein Unternehmen heute hat. Die Stiftung Warentest kommt heute bei über 60 Prozent aller Produkte und Dienstleistungen zum Urteil »gut« oder »sehr gut«. Wie wollen Sie sich da noch durch Qualität abgrenzen? Erfolgreiche Marken geben deshalb nicht nur Werbesprechen ab: Erfolgreiche Marken sind gelebte Versprechen. Wenn mir eine Automarke »Freude am Fahren« oder »Vorsprung durch Technik« verspricht, muss ich das als Kunde bei jeder Fahrt immer wieder erleben. Sehe ich dann einen Wagen dieser Marke mit einer Panne am Straßenrand, verbuche ich das als Pech und als Ausnahme. Bei einer Marke, die auch sonst ihre Versprechen nicht hält, nehme ich dieselbe Erfahrung als Beleg für schlechte Qualität.

Vertrauen ist also mehr ist als ein sekundärer Klimafaktor – mehr als »nice to have«?

Dr. Rudolf Gröger: Vertrauen ist ein fundamentaler Faktor. Unzufriedene Mitarbeiter, die kein Vertrauen zu ihrem Arbeitgeber haben, können dessen Produkte nicht so vermitteln, dass Kunden Vertrauen fassen. Sie brauchen als Unternehmen eine Durchgängigkeit von Vertrauen: motivierte Mitarbeiter, die an die Produkte glauben und die auf dieser Basis so überzeugend verkaufen, dass Kunden wiederum dem Unternehmen vertrauen.

Eine internationale Befragung von mehr als 5.000 Probanden, das Edelman Trust Barometer, ergab kürzlich, dass 70 Prozent der Befragten einen Wissenschaftler oder Experten als glaubwürdig (»credible«) ansehen, wenn dieser etwas über ein Unternehmen sagt. Äußert sich der CEO, vertrauen ihm nur 50 Prozent. Was könnte Ihrer Ansicht nach die Ursache dafür sein?

Dr. Rudolf Gröger: Experten werden eher als neutral wahrgenommen, während man Unternehmensführern gern unterstellt, sie würden *pro domo* sprechen, Wahrheiten verkünden, die eben doch nicht die absolute Wahrheit sind. Aus meiner Sicht hängt das mäßige Vertrauen in Unternehmensführer auch damit zusammen, dass wir in Deutschland zu wenig Topmanager haben, die in der Öffentlichkeit präsent sind und das Unternehmen glaubwürdig verkörpern. Bei uns zieht man sich immer noch gern darauf zurück, das Produkt sei der Star. Dass das so nicht mehr stimmt, machen Unternehmen wie Apple mit Steve Jobs oder Facebook mit Mark Zuckerberg vor: Erfolgreiche Unternehmen haben Gesichter. Angesichts der Komplexität und der Veränderungsgeschwindigkeit der Märkte stellen sich Kunden heute die Frage: Wie fähig ist ein Management, die (Marken-)Versprechen zu halten? Dazu braucht es Führungskräfte, die sich in die Öffentlichkeit wagen.

Was raten Sie Managern, die einen Vertrauensverlust wiedergutmachen wollen?

Dr. Rudolf Gröger: Krisenkommunikation funktioniert nur, wenn sie offen, ehrlich, zu 100 Prozent wahr ist und auch eigene Betroffenheit vermittelt. Dabei haben Sie im Medienzeitalter nur einen Schuss frei. Eine gefilterte Kommunikationspolitik oder Salamitaktik geht heute schief – denken Sie an BP und Deepwater Horizon 2010.

Erfolgreiche Marken stiften Vertrauen. Was hat aus Ihrer Sicht entscheidenden Anteil daran gehabt, dass viele Mobilfunkkunden O$_2$ vertrauten?

Dr. Rudolf Gröger: Ein wichtiges Markenprinzip lautet, »You can't sell everything to everybody«. Bei O$_2$ haben wir uns folgende Fragen gestellt: Was können wir? Was können wir nicht? Zu wem passt, was wir können? Zu wem passt das nicht? Auf diese Weise war klar, welche Kunden wir ansprechen wollen, und wir haben uns auf dieses Marktsegment fokussiert. O$_2$ ist die Marke für junge, technikaffine, urbane, extrovertierte Menschen; darauf wurden Produkte konsequent ausgerichtet, beispielsweise durch eine »Home Zone«, die das Telefonieren in der eigenen Stadt günstiger machte. Wir haben zunächst darauf verzichtet, Geschäftskunden zu werben, weil uns klar war, dass wir deren Bedürfnisse noch nicht optimal erfüllten. Wenn Sie die Versprechen gegenüber Ihrer relevanten Zielgruppe halten, setzt Mundpropaganda ein, es entsteht eine Marken-Community. Auch Communities basieren ja auf Vertrauen.

Abschließend Ihr Rat an alle, die Verantwortung für eine erfolgreiche Marke tragen. Und Ihr Rat an alle, die eine Marke erfolgreich machen wollen.

Dr. Rudolf Gröger: Ich rate dazu, offen und ehrlich und authentisch zu sein, und das in positiven wie in schwierigen Situationen. Das Vertrauen in eine Marke ist heute das entscheidende Differenzierungskriterium. Dazu gehört es, Markenversprechen zu halten. Und dazu gehört auch, in heiklen Situationen zu sagen: Was wir bieten wollen, klappt momentan gerade nicht, aber wir arbeiten mit Hochdruck daran.

8   Dynamik: Stillstand = Rückschritt

>»Wer nichts verändert, der lebt gefährlich,
>wer alles verändert auch.«

Christian Belz

Wer in einer schnelllebigen Zeit stehen bleibt, läuft Gefahr, den Anschluss zu verpassen. Das gilt auch für Marken. Doch wie viel Veränderung tut tatsächlich gut? Wie viel Dynamik schadet einer Marke? Menschen sehnen sich genauso nach Kontinuität und Stabilität, wie sie sich nach Abwechslung und neuen Erlebnissen sehnen. Es gibt verblüffende Beispiele für Marken, die sich stetig weiterentwickeln und durch immer wieder neue Produkte faszinieren – siehe Apple und seine iPod-, iPhone-, iPad-Trilogie. Und es gibt ebenso verblüffende Beispiele für Marken, die ein Produkt-Relaunch ins Abseits zu führen drohte – siehe Coca-Cola und »New Coke«. Alle Modelle und Strategien der Marketinglehrstühle haben nichts daran geändert, dass auf jedes Beispiel einer erfolgreichen Markendynamik mindestens ein erfolgloses kommt. Wieso funktioniert die »BMW Bank«, während McDonald's Hotels (»Golden Arch«) floppten? Wieso fand die Pflegeserie »Hipp Babysanft« Anklang, während niemand »Uhu Wäschesteife« kaufen wollte?

Folgt man Christian Belz, Leiter des Instituts für Marketing an der Universität St. Gallen (HSG), ist der Erfolg eine Frage des richtigen Maßes.[208] Doch woran bemisst sich dieses Maß? Eines ist sicher: WIR-MARKEN gelingt es, das Gefühl der Vertrautheit in den Köpfen und Herzen ihrer Kunden zu bewahren, auch wenn die Marken sich wandeln. Und sie wandeln sich andererseits rasch genug, um nie »altmodisch« zu wirken.

Markenführung und Dynamik

Wer sich die Warenwelt unter dem Gesichtspunkt »Dynamik« anschaut, bekommt nicht den Eindruck, dass wir unter zu wenig Veränderung leiden. Eher scheint das Gegenteil der Fall zu sein. Eine Ursache mag darin liegen, dass junge Marketingeinsteiger es oft weniger spannend finden, die Kundenbasis durch existierende Produkte auszuweiten, als neue Produkte einzuführen. »Neu« hat etwas Magisches, birgt das Versprechen des »Alles ist möglich«. Ebenso finden manche Marketing-High-Potentials es eher langweilig, an bewährten Marken weiterzuarbeiten. Dabei wird eines übersehen: Ein existierendes Geschäft kontinuierlich auszubauen ist zwar harte Arbeit, gleichzeitig aber Voraussetzung einer starken und verlässlichen Kundenbindung.

Markenexperimente, die missglücken

Große Marken überdauern Jahrzehnte, dafür gibt es zahllose Beispiele von Maggi (seit 1887) bis Mercedes-Benz (seit 1926), von Ado Gardinen (seit 1968 »mit der Goldkante«) bis Zeiss Optik (seit 1846). Eine bewährte Marke bleibt spannend und immer wieder neu, auch durch neue Produkte oder Produktvarianten. Viele Marken werden in diesem Bemühen jedoch bis zum Zerreißen gedehnt, in der Hoffnung, dass der Erfolg von Produkt A den Erfolg des »neuen« Produktes B vorprogrammieren möge. Dass das nicht immer der Fall ist, belegen zahlreiche Beispiele. Nivea-Zahnpasta scheiterte einst ebenso wie Natreen-Wurst, ein Produkt des bekannten Süßstoffherstellers. Ein Vollwaschmittel von Ajax, dem Hersteller von Putz- und Reinigungsmitteln, fand genauso wenig Anklang wie der Alessi-WC-Stein, den die Designermarke in Kooperation mit Henkel herausbrachte. »Alessi greift mit WC-Stein ins Klo« textete das Fachmagazin *Horizont* damals.[209]

Hinter missglückten Markenexperimenten steckt häufig eine Fehleinschätzung dessen, wofür die Marke in den Köpfen ihrer Kunden steht. Warum sollte Natreen-Wurst sich nicht verkaufen, wenn Natreen tatsächlich vor allem mit »Kalorien sparen« oder »Schlankheitsprodukt« assoziiert würde? Offensichtlich dachten Verbraucher jedoch eher an »Süß(ungsmittel)« und stießen sich an der Kombination von »süß« und Fleisch. Nivea stand in den Dreißigerjahren, als man das Zahnpasta-Experiment wagte, weniger für »gesunde Pflege« als für Pflege der Haut, sodass der Markentransfer auf Zahnpasta scheiterte. Auch mit den ersten Shampoos erlitt Nivea Schiffbruch, weil Kunden sich »keine Creme ins Haar schmieren« wollten.[210] Erst nachdem Nivea in den Siebzigerjahren kontinuierlich zur Dachmarke entwickelt worden war, von der Allzweckcreme über weitere Hautcremes (»Nivea Visage«) und Körperpflege (»Nivea Body«), Seifen und Deodorants, nahm man der Marke auch »Nivea Hair Care« ab.[211]

Das Beispiel Nivea belegt, dass die Faustregel »Nur starke Marken können erfolgreich gedehnt werden«[212] so pauschal nicht stimmt. Eine Marke kann auch so stark sein, dass der Markenkern andere Produktkategorien ausschließt. Bei Henkel wird man schon wissen, warum es bis heute weder »Persil Seife« noch »Persil Haushaltsreiniger« gibt.

Gerade wenn Kunden eine Marke sehr schätzen, reagieren sie möglicherweise ablehnend auf »Verwässerungen«. Ein erhellendes Beispiel ist der Versuch von Harley-Davidson, unter dem Label von Freiheit, Abenteuer, Männlichkeit in den Neunzigerjahren auch Parfum und Babykleidung (!) zu vermarkten. »Diese Markendehnung kam bei den Bikern gar nicht an. Manche drohten sogar mit Boykott«, schreibt das Wirtschaftsmagazin *Brand eins*.[213] Auch ausgesprochene WIR-MARKEN sind also nicht gegen Fehler gefeit. Und einer der schwerwiegendsten Fehler ist es wohl, gegen Werte und Lebenseinstellungen der Kunden-Community zu verstoßen. Oder können Sie sich einen Biker vorstellen, der sein Eau de Toilette zückt, bevor er seine Maschine besteigt? Selbst der Buchhalter, der »sich in einen schwarzen Lederdress zwängen, durch kleine Dörfer fahren und den Leuten dabei Angst machen« will (wie ein Harley-Vorstand die USP der Marke einmal scherzhaft umschrieb), lässt das Duftwasser an dem Morgen möglicherweise im Schrank. Eine Ausweitung der Marke muss strategisch zur Marke passen, für Konsumenten glaubwürdig, überzeugend und verständlich sein. Sie soll die Marke stärken. Neu ist also nicht gleich neu.

Die Hauptgefahr einer Ausweitung der Marke ist eine Beschädigung des Markenkerns, im schlimmsten Fall droht Beliebigkeit. Die französische Modemarke Pierre Cardin etwa stand in den Fünfziger- und Sechzigerjahren für elegante Haute Couture und hochwertige Konfektionskleidung (»Prêt-à-Porter«). Doch der geschäftstüchtige Cardin vergab Lizenzen für zahllose Artikel von der Armbanduhr bis zum Werkzeugkasten, für Mineralwasser, Handtücher, Porzellan, Möbelstoffe, Unterwäsche, Schuhe, und, und, und. Cardin, inzwischen 88 Jahre alt, wollte sein Unternehmen Anfang 2011 verkaufen – für eine Milliarde Euro. Diese Summe rechtfertigte er dem *Wall Street Journal* gegenüber damit, dass er »Lizenzen für 1.000 Produkte vergeben habe und für jede locker zehn Millionen Euro verlangen könne«. Branchenexperten dagegen verweisen darauf, dass die Marke eben dadurch stark gelitten habe. Sie sei vielleicht noch 200 Millionen wert.[214]

Neben Markendehnung oder Lizenzvergaben sind Innovationen ein weiterer Weg, einer Marke Dynamik zu verleihen. Hermann Simon, aufmerksamer Analytiker der Erfolgsrezepte im Mittelstand (»Hidden Champions«) hat zu Recht darauf hingewiesen, dass dabei »regelmäßige kleine Verbesserungen eine weit größere Rolle [spielen] als die seltenen Durchbruchsinnovationen«.[215] Häufig wird übersehen, dass nicht alles, was technikverliebte Entwickler als Revolution preisen, auch vom Kunden als Attraktion wahrgenommen wird. So hat sich beispielsweise der Segway-Elektro-Standroller keineswegs als die bahnbrechende Revolution im Individualverkehr erwiesen, als die seine Erfinder ihn seit zehn Jahren propagieren.[216] Ein Musterbeispiel für stetige kundenorientierte Verbesserungen, die der Marke seit Jahrzehnten einen Spitzenplatz sichern, ist dagegen »Persil« (siehe auch weiter unten). Kundenbedürfnisse immer besser zu erfüllen, ist hier die Strategie. Zu beachten ist auch, dass »Innovation« nicht zwangsläufig eine Erfindung oder Weiterentwicklung von Produkten bedeuten muss. Ebenso gut kann die Innovation im Service, im Vertrieb oder in der Ansprache bisheriger oder neuer Zielgruppen auf eine neue Art und Weise liegen – etwa, wenn Lego über Computerspiele oder Storys seine jungen Kunden zeitgemäß fasziniert oder wenn Nespresso sein Kapselsystem statt (weitgehend erfolglos) im Bürosektor anschließend anspruchsvollen Privatkunden über »Boutiquen« und Onlineshops anbietet.

Unbeweglichkeit, die sich rächt

Erfolgreiche Unternehmer seien auch Unterlasser, hat ein kluger Mensch einmal gesagt. »Unterlassen« ist immer da eine Erfolgsrezept, wo Veränderungen losgelöst von echten Kundenbedürfnissen persönlichen Profilierungsbedürfnissen geschuldet sind. So ist mir der Fall eines erfolgreichen Ratgeberverlages bekannt, der bis in die Neunzigerjahre mit alltagspraktischem »Rat für jedermann« zu den Marktführern in diesem Segment gehörte. Wachsende Konkurrenz brachte das Unternehmen in erste Bedrängnis. Den Todesstoß versetzte ihm ein junges, »dynamisches« Management, das statt der vermeintlich hausbackenen Bücher nunmehr teure »Coffeetable Books« mit exklusiven (und teuren) Autoren (Starkköche, adelige Benimmexperten) publizieren wollte und für diesen Imagewandel im Buchhandel Befremden erntete. Viel zu oft schielt man in Chefetagen auf die Konkurrenz, statt die eigene Marke zu pflegen: Man versucht, Erfolgsmodelle anderer zu kopieren und erleidet Schiffbruch, weil man eben eine Kopie bleibt. Statt in diese »Me-too«-Falle zu tappen, täte man besser daran, sich auf die eigene Kernkompetenz zu besinnen und alles daran zu setzen, seine Kunden (noch) besser zu verstehen und zufriedenzustellen.

Kontinuität darf allerdings nicht Erstarrung bedeuten. »Never change a winning horse«, heißt es dann häufig mit Blick auf eine (bislang) erfolgreiche Marke. Dabei wird schlicht übersehen, dass auch ein Erfolgspferd nur dann erfolgreich bleibt, wenn es regelmäßig trainiert wird. Ein Beispiel aus der Markenwelt wird weiter unten ausführlich vorgestellt: Haribo. Das Bonner Unternehmen macht seit acht Jahrzehnten »Kinder froh« und lebt gut davon. Haribo bietet heute jedoch weit mehr als Goldbären und Lakritzschnecken. Die Bonner sind immer am Puls der Zeit geblieben und faszinieren Kinder Jahr für Jahr durch neue witzige Weichgummiformen. Das ist bemerkenswert, denn während in Großunternehmen üppige Marketingbudgets gelegentlich zu Aktionismus verleiten, lauert im kostenbewussten Mittelstand nicht selten die gegenteilige Gefahr: das Klammern an einmal Bewährtes, im schlimmsten Fall nach dem Motto »Was uns vor Jahrzehnten groß gemacht hat, kann doch nicht plötzlich falsch sein«. Im allerschlimmsten Fall hadert eine in Ehren ergraute Unternehmensführung bis zur Insolvenz lieber mit den »undankbaren« Kunden, als die notwendigen Weichenstellungen vorzunehmen. Veränderungsresistenz wird jedoch immer da bestraft, wo Unternehmen Innovationen verschlafen, die von ihrer Zielgruppe begeistert aufgenommen werden.

Melitta: Beim Kaffee den Anschluss verpasst

Ein Beispiel für ein Unternehmen, das in seinem Kernmarkt vom Innovator zum Nachzügler wurde, ist die Firma Melitta. 1908 wurde das Unternehmen von Amalie Auguste Melitta Bentz gegründet, die den Kaffeefilter erfand; heute wird es von ihren Enkeln Thomas und Stephan Bentz geführt. Melitta ist ein erfolgreiches Unternehmen mit rund 3.800 Mitarbeitern und einem Jahresumsatz von 1,3 Milliarden Euro.[217] Nachdem 1987 mehr als 200 Produkte den Markennamen »Melitta« trugen, bewiesen die Enkel Weitsicht und stellten die Produktfamilie neu auf: Melitta stand von da an wieder ausschließlich für »Kaffeegenuss«, während Folien, Filterpapiere, Staubsaugerbeutel und Produkte rund um Tee unter den neuen Marken Toppits, Swirl und Cilia subsummiert wurden.[218]

Heute tragen diese Marken kräftig zum Umsatz bei, während Melitta den Wandel der Verbrauchergewohnheiten beim Kaffee (zu) lange ignoriert hat. Zuwächse in diesem Bereich hat Melitta mit seinem klassischen Papierfiltersystem laut *Handelsblatt* vorwiegend außerhalb Europas, während immer mehr Kaffeetrinker hierzulande längst auf Espresso, Cappuccino oder Latte Macchiato umgeschwenkt sind und Großmutters guten alten Filterkaffee nicht mehr mögen. »In Mitteleuropa scheint die Schlacht geschlagen, da schwindet die Partei der Filterer fast so schnell dahin wie die SPD«, stellte das Wirtschaftsmagazin *Brand eins* 2008 spöttisch fest.[219] Zwar brachte Melitta 2004 seinen Pad-Automaten »My Cup« auf den Markt, doch da gab es das Konkurrenzprodukt von Philips (»Senseo«) bereits zwei Jahre. Und Nespresso startete mit seiner Clooney-Kampagne in Sachen Kapselsystem noch eher richtig durch, schon im Jahr 2000.

Sich von einem überholten Erfolgsrezept zu verabschieden, ist schwer, das beweisen auch Beispiele wie Triumph Adler, wo man an der Ablösung der Schreibmaschine durch den PC Anfang der Achtzigerjahre fast gescheitert wäre, oder der traditionsreiche Hersteller von Rundfunkgeräten Loewe, der den Trend zum Flachbildschirm um ein Haar verpasst hätte und erst umsteuerte, als das Unternehmen 2003/2004 in die Verlustzone geriet.[220] Dass auch Traditionsmarken über Jahrzehnte kontinuierlich die Nase vorn haben können, belegt ein letztes Beispiel: Persil.

Persil: Immer gleich und stets neu

Die Waschmittelmarke Persil entstand fast auf den Tag genau ein Jahr bevor die Dresdner Hausfrau Melitta Bentz ihren Kaffeefilter entwickelte. Am 6. Juni 2007 feierte die Henkel AG den 100. Geburtstag ihres Erfolgsproduktes. Persil ist mit rund 30 Prozent Marktanteil in Deutschland bis heute Marktführer auf dem Waschmittelmarkt[221], auch wenn Procter & Gamble mit seinem Flaggschiff Ariel in den letzten Jahren bedrohlich aufgeschlossen hat.[222] Persil gibt es in rund 60 Ländern weltweit zu kaufen; jährlich werden etwa 1,3 Milliarden Waschladungen mit Persil gewaschen.[223] Doch wofür steht Persil? Auf der hauseigenen Website wird die Marke auf die Formel »Innovation und Tradition im Einklang« gebracht, und auch das Institut für Demoskopie in Allensbach charakterisiert die Marke durch einen ungewöhnlichen Spagat: »Persil verbindet Waschleistung, Spitzenqualität und Modernität. Gleichzeitig ist Persil voll Tradition und immer bodenständig geblieben. Diese Mischung ist kein Gegensatz, sondern definiert das einmalige Markenimage von Persil.«[224] In Deutschland und Österreich ist die Marke seit vielen Jahren der Spitzenreiter der »Trusted Brands« bei den Waschmitteln.[225]

In der Tat ist es Persil gelungen, sich durch stetige Innovationen als Premiummarke im Bewusstsein der Verbraucher zu verankern und auf diese Weise immer wieder neu und gleichzeitig bewährt zu sein:

➤ 1907 macht Persil durch eine neuartige Kombination von Natrium*per*borat und Natrium*sili*kat das Reiben und Walken der Wäsche überflüssig. »Per-sil« ist geboren, das »erste selbsttätige Waschmittel« Deutschlands.

➤ 1959 bringt Henkel das erste synthetische Vollwaschmittel Deutschlands auf den Markt.

➤ 1986 setzt die Marke mit »Persil phosphatfrei« Maßstäbe für den Umweltschutz.

➤ 1987 gibt es mit »Persil Flüssig« eine Alternative zum Waschpulver.

➤ 1994 ist die Geburtsstunde der konzentrierten »Megaperls« – handliche kleine Pakete ersetzen die größeren Waschmittelkartons.

➤ 1998 folgen die »Persil Tabs« als Convenience-Produkt, das das Hantieren mit dem Messbecher überflüssig macht.

➤ 1999 bietet Henkel mit »Persil Sensitiv« ein Waschmittel für Allergiker und Menschen mit empfindlicher Haut an.

➤ 2003 verspricht »Persil Color« auch bei 40 Grad ein perfektes, farbschonendes Waschergebnis.

➤ 2008 ermöglicht »Persil GOLD mit der Kaltkraft-Formel« energiesparendes Waschen bei Niedrigtemperaturen.

➤ 2009 kommt mit »Persil Actic Power« ein hochkonzentriertes und handliches Flüssigwaschmittel auf den Markt.

➤ Seit 2011 gibt es »Persil mit der neuen Leuchtkraft-Formel« für die Beseitigung »selbst kleinster Kalk- und Schmutzpartikel«.[226]

Die Persil-Produktfamilie ist in all den Jahren überschaubar geblieben. 2011 gibt es sechs verschiedene Waschmittel für unterschiedliche Waschzwecke, und jedes dieser Mittel in verschiedenen Produktformen (Pulver, flüssig et cetera). Auch beim Corporate Design setzt man auf behutsame Anpassungen. Die Packungen sind seit Jahrzehnten überwiegend grün-weiß-rot mit rotem Persil-Schriftzug auf weißem Grund. Der Erfolgsslogan von 1975 – »Da weiß man, was man hat« – wird auf der Website noch heute in Verbindung mit dem Produktnamen eingesetzt.

Ein kritischer Blick auf die Vita von Persil zeigt jedoch das Dilemma: Die Innovationen folgen immer schneller aufeinander und werden immer kleiner. Was folgt als Nächstes? Ein Waschmittel, das ohne Wasser auskommt? Will sich die Marke nicht einem Preiskampf ausliefern, muss es ihr gelingen, Kunden auch unabhängig von Neuerungen an sich zu binden. »Da weiß man, was man hat« wird längst durch gefühlige Werbespots ergänzt, etwa für »Unser Bestes«: »Wenn man seinen Lieben etwas schenken will, dann gibt man sein Bestes« (ausführlicher in Kapitel 7). Auch durch soziale Projekte wie das Projekt »Futurino« (»Persil fördert Kinder«) wirbt die Marke um Sympathien; im Sommer 2011 tourte man mit einem Persil-»Pop-up-Store« durch 22 größere Städte, ausdrücklich mit dem Ziel, »die Marke Persil erlebbar zu machen«.[227] Man muss etwas tun, um den Vorsprung zu sichern, das ist den Henkel-Verantwortlichen bewusst. Und ganz im Sinne einer WIR-MARKE setzt man dabei auch auf emotionale Bindung.

Erfolgsregeln für Veränderung?

Lassen sich aus der Vielzahl der Unternehmensbeispiele Erfolgsmuster für Veränderung ableiten? Je komplexer eine Fragestellung ist, desto weniger greifen allgemeine Rezepte. Das gilt auch für die Markendynamik. Verbrauchergewohnheiten und Kundenbedürfnisse, Marktumfeld und Wettbewerb, Kommunikationsmöglichkeiten und technologischer Entwicklungsstand, all das ist einem stetigen Wandel unterworfen und bildet ein kompliziertes Interaktionsfeld, in dem Markenverantwortliche Entscheidungen treffen müssen. Wer beobachtet, wie einst erfolgreiche Marken ihren Glanz verlieren oder durch Dehnungsexperimente verspielen, ahnt, welche Fähigkeit bei der Führung einer Marken auf keinen Fall verloren gehen sollte: die Gabe, den Wald vor lauter Bäumen weiterhin zu sehen.

Schlüsselfragen für die Praxis

Statt einem komplexem Problem ein theoretisches Modell überzustülpen, hier Kernfragen für die Unternehmenspraxis. Die erste und allerwichtigste Frage, auf die jeder Markenverantwortliche eine glasklare Antwort haben muss, lautet schlicht:

1. Wofür steht unsere Marke? Worin besteht der Markenkern?

In der Geschäftigkeit des Alltags gerät dieses scheinbar selbstverständliche Bewusstsein nicht selten in Vergessenheit. Dieser Aspekt ist so wichtig, weil er bestimmt, was man einer Marke »zumuten« kann. Harley-Davidson steht beispielsweise für Freiheit, Abenteuer und raue Männlichkeit. Auf die Idee, das Harley-Logo auf Strampelanzügen für Babys anzubringen, kann eigentlich nur kommen, wer das vergessen hat. Und wer mit eigenen Augen gesehen hat, wie (die meisten) Harley-Fahrer auftreten und ticken, hätte auch ahnen können, dass diese Zielgruppe für Selbstironie wenig empfänglich ist und einen Harley-Strampler daher kaum amüsant finden dürfte. Apple steht für elegantes Design, Exklusivität, simple und komfortable Bedienung sowie eine innovative Kommunikationstechnologie. Nur wenn all diese Momente zusammenkommen, hat ein Produkt das Apple-Logo »verdient«. Käme man bei Apple auf die Idee, wahllos Lizenzen an die Hersteller von, sagen wir, Kaffeeautomaten, Uhren, Brillen oder Schreibgeräten zu vergeben, wäre das ein Marken-Selbstmord auf Raten.

2. Welches Business beherrschen wir wirklich?

Vor allem bei der Vergabe von Lizenzen lässt sich manches Unternehmen auf ein Geschäftsfeld ein, von dem es kaum etwas versteht. Wer Motorräder baut, weiß im Allgemeinen nicht, wie der Parfum- und Kosmetikmarkt funktioniert. Wer Haute Couture entwirft, kennt sich mit Heimtextilien nur begrenzt aus. Bei der Auswahl seiner Lizenzpartner ist man in solchen Fällen zu blindem Vertrauen verdammt. Wirklich beurteilen kann man deren Know-how oder die Erfolgsträchtigkeit der vorgeschlagenen Konzepte kaum. Merkwürdigerweise sind aber viele Markenverantwortliche bereit, dieses Risiko einzugehen. Das ist ungefähr so, als würde man vor einer Schönheitsoperation auf den Rat eines Maschinenbauers vertrauen.

3. Wer sind unsere Kunden?

Wie sieht ein »typischer« Käufer der Marke aus? Worauf legt er Wert? Wie sieht sein persönliches Wertesystem aus? Womit verbringt er seine Freizeit? Was kauft er noch? Warum kauft er unsere Marke? Markenverantwortliche tun gut daran, Kunden nicht nur gefiltert durch Zahlen, Analysen und abstrakte Zielgruppenbeschreibungen wahrzunehmen, sondern regelmäßig in die Lebenswelt der Kunden einzutauchen. Wer nie Kunden aus Fleisch und Blut begegnet, läuft Gefahr, in der Memo- und Meetingflut die Bodenhaftung zu verlieren. Das heißt nicht, dass Zielgruppenanalysen und -befragungen sinnlos sind, wohl aber, dass sie nur einige Teile des Puzzles liefern. Gehen Sie regelmäßig dahin, wo man Ihre Produkte kauft. Missverstehen Sie Social Media nicht als bloßes Instrument zum Hineinsenden in die Zielgruppe oder gar als Spielplatz für den Unternehmensnachwuchs, sondern hören Sie Ihren Kunden genau zu.

Kürzlich berichtete mir ein Kollege von einem Automobilhersteller, dessen Führungscrew ihre Dienstwagen nicht über das Intranet ordern kann, sondern ein Autohaus in der Nähe des jeweiligen Wohnortes aufsuchen muss. Eine Exkursion in die Kundenwirklichkeit und ein Beispiel, das Schule machen sollte!

Es ist sicher kein Zufall, dass viele erfolgreiche Unternehmensgründer »Überzeugungstäter« sind und Angebote an Kunden machen, die ein bisschen so sind, wie sie selbst. Dazu zählt beispielsweise der unabhängige Reiseführerverlag Lonely Planet, der höchst erfolgreich Bücher für kritische Individualreisende publiziert. »Unseren ersten Reiseführer schrieben wir für Leute, die so unterwegs waren wie wir«, sagt Gründer Tony Wheeler.[228] Terra Canis, ein Unternehmen, das »Hausmannskost für den Hund« produziert und vertreibt, wurde von einer Hundeliebhaberin gegründet, die artgerechtes Futter für ihren eigenen Vierbeiner suchte und sich vor der Supermarktware ekelte. Ihre »Einnahmen verdoppeln sich in schöner Regelmäßigkeit«, schrieb die *Frankfurter Allgemeine Sonntagszeitung* in einem Porträt über Brigitta Ornau.[229] Whole-Foods-Gründer und Veganer John Mackey war laut *Absatzwirtschaft* »besessen von der Idee, seine Kunden gesund zu ernähren«, als er seine Supermarktkette ins Leben rief, die auf hochwertige Lebensmittel setzt, und damit »seit Jahren sensationelle Erfolge feiert«.[230]

Markenverantwortliche, die mit ihrer Zielgruppe fast verschmelzen, haben ein gutes Gespür für deren Bedürfnisse und wirken authentisch – eine gute Ausgangsbedingung für eine WIR-MARKE. Große Unternehmen könnten darüber nachdenken, wie ihre Manager dieses Gespür vertiefen bzw. erhalten können. Einige Tage im Kundencenter oder am Point of Sale, die Begleitung des Außendienstes, das Schlüpfen in die Kundenrolle sind erste Möglichkeiten.

4. Was ändert sich gerade?

Diese Frage spielt weder auf die elaborierten Analysen der Trendforscher oder auf kühne Zukunftsprognosen für ferne Jahrzehnte an, sondern auf eine sensible Eigenbeobachtung gesellschaftlicher Entwicklungen. Wer heute Armbanduhren herstellt, fragt sich hoffentlich schon länger, wie er eine nachwachsende Generation, die ihre Zeit überwiegend am Handy abliest, noch für einen klassischen Zeitmesser begeistern will – oder was er stattdessen anbieten könnte. Dasselbe gilt etwa für die Produzenten von Taschenkalendern. Kaum etwas ist schwerer, als sich einzugestehen, dass die eigene Produktform womöglich ihre beste Zeit hinter sich hat, weil eine mächtige Konkurrenz aufgetaucht ist oder die Gewohnheiten und Bedürfnisse der Kunden sich ändern. Das Neue erst einmal zu ignorieren, dann seine Bedeutung zu leugnen und es schließlich zu bekämpfen, ist eine sehr menschliche Reaktion, gegen die auch Manager nicht gefeit sind – man denke nur an die Reaktion der Musikindustrie auf die Download-Praxis im Internet. Es waren bezeichnenderweise nicht Branchenangehörige, die darauf mit einem tragfähigen Geschäftsmodell reagierten, sondern Apple durch die Koppelung von iPod über die Musikbibliothek iTunes mit dem iTunes Store.

5. Wie sind unsere Zahlen? Und welche Schlüsse ziehen wir daraus?

An Zahlenmaterial herrscht in den meisten Unternehmen kein Mangel; dafür beschäftigt man schließlich Controller. Allerdings regiert häufig das Prinzip »Viele Zahlen, wenig Analyse«. Zahlen sind jedoch nur dann nützlich, wenn man sich auch die Zeit nimmt, die richtigen Schlussfolgerungen aus ihnen zu ziehen. Das erfordert Geduld und Konzentration – Eigenschaften, die in unserer »Clicking Society« auf dem Rückzug sind. Gute Zahlen können zudem dazu verleiten, sich in Sicherheit zu wiegen und träge zu werden. Doch schnelllebige Märkte lassen wenig Zeit, sich auf einmal gewonnenen Lorbeeren auszuruhen. Ob Google oder Apple, Amazon oder Moleskine, Nespresso oder Starbucks – Erfolgsunternehmen tüfteln stets an neuen Produktformen oder Serviceangeboten. Schlechten Zahlen dagegen wird in Unternehmen oft mit Vogel-Strauß-Politik oder Marketingaktionismus begegnet. Dann werden so lange die Weltkonjunktur oder das schlechte Konsumklima verantwortlich gemacht, bis die Zahlen noch tiefer im Keller sind. Oder es werden Agenturen gewechselt, Budgets umgeschichtet, Werbeaktivitäten verstärkt, um das Ruder herumzureißen. Das mag funktionieren. Wenn Absatzprobleme Ausdruck einer Markenkrise sind, arbeitet man sich damit jedoch nur an Symptomen ab, ohne die Problemursachen anzugehen. Opel ist ein bekanntes Beispiel für diese Sackgassenstrategie, sicherlich auch durch den Einfluss von General Motors, wo man selbst keine glückliche Hand in der Markenführung bewies.

6. Sind wir tatsächlich ein »dynamisches« Unternehmen?

Gerade größere Unternehmen gleichen häufig trägen Tankern, die nur sehr langsam umzusteuern sind. In seinem Buch *Marketing gegen den Strom* zitiert Christian Belz eine nicht namentlich genannte Konzern-Führungskraft mit der nüchternen Einsicht: »Nur in Krisensituationen sind Bereitschaft, Wille und Einsatz für Neuerungen genügend stark. Leider dauern diese Schwierigkeiten oft nicht genügend lange, um die nötigen Anpassungen vornehmen zu können.«[231] Bei Licht besehen ist das ein Armutszeugnis, eine Absage an selbstbewusste, tatkräftige und visionäre Führung. Eine wichtige Herausforderung an Führungskräfte ist es, ein Unternehmen grundsätzlich »beweglich« genug zu halten, um Krisensituationen rasch und kreativ begegnen zu können. Das beginnt bei der richtigen Personalpolitik – Querdenker und originelle Köpfe werden zwar gern gepriesen, aber weit weniger gern eingestellt. Es kann sich fortsetzen bei Freiräumen für Mitarbeiter zum Nachdenken (siehe Google, wo 20 Prozent der Arbeitszeit für eigene Projekte zur Verfügung steht) oder regelmäßigen Klausuren, in denen man gemeinsam Bilanz zieht und mögliche Zukunftsaufgaben diskutiert. Und es könnte bei einer Alltagspraxis enden, die Managementvordenker Fredmund Malik einmal als »systematische Müllabfuhr« bezeichnet und in einer geschickten Frage zusammengefasst hat: »Was von all dem, was wir heute tun, würden wir nicht mehr neu beginnen, wenn wir es nicht schon täten?«[232] Ein Unternehmen, in dem Veränderung als umsichtige Prüfung des Status quo zum Alltag gehört und nicht als lästige Störung lieb gewonnener Routine wahrgenommen wird, tut sich leichter damit, auf der Höhe der Zeit zu bleiben. Dynamik ist auch eine Frage der Unternehmenskultur.

7. Wann haben wir unsere Kunden das letzte Mal positiv überrascht?

Vor Kurzem bekam ich eine E-Mail der Telekom. An sich nichts Ungewöhnliches, doch bezog sich die Nachricht dieses Mal weder auf die Monatsrechnung noch auf eine Marketingaktion, sondern die Betreffzeile verkündete, es sei »Zeit für ein Dankeschön«. Man bot mir ein Treuegeschenk an, das ich per Mausklick abrufen konnte. Das fand ich sympathisch. Dabei war es weniger der materielle Gegenwert, sondern vor allem die Geste, die zählte. Dass kleine Aufmerksamkeiten die Freundschaft erhalten, ist nichts Neues. Schon der Wirt Ihres Lieblingsitalieners, der Ihnen einen Grappa oder Espresso »aufs Haus« anbietet, hat das erkannt. Zur Markenbindung wird dieses Prinzip zum Beispiel von Amazon geschickt eingesetzt, indem man im Rahmen von Marketingkooperationen Sendungen interessante Gutscheine beilegt. Viele Unternehmen investieren sehr viel Zeit und Geld in die Gewinnung neuer Kunden und vernachlässigen darüber ihre bisherigen. Auch nach Jahren verstehe ich nicht, warum Banken neue Anleger mit Sonderkonditionen locken und so unweigerlich treue Kunden ganz offen mit schlechteren Konditionen strafen. Ob sich das so provozierte »Banken-Hopping« für die Anbieter auf die Dauer tatsächlich bezahlt macht?

Markenfreundschaften wollen gepflegt werden, und Geschenke sind eine Möglichkeit, Kunden positiv zu überraschen. Verbesserungen im Service, Produktoptimierungen, ungewöhnliche Aktionen oder soziale Engagements, die Sympathiepunkte bringen, erfüllen den gleichen Zweck. Wie können Sie das Band zu Ihren Kunden noch fester knüpfen? Ob ein Partyservice neuerdings auch ein Aufräumpaket für hinterher mit anbietet, ob der Textilversender Lands' End Hosen auf eine exakt bestellte Länge umsäumt, ob das Küchenhaus 3-D-Simulationen der fertigen Traumküche erstellt oder die Biosupermarktkette das Sportfest der jeweils nächstliegenden Grundschule sponsert – die Möglichkeiten sind vielfältig. Und klugerweise nutzt man sie nicht erst, wenn die Umsätze sinken.

Haribo: Macht seit über 90 Jahren Kinder froh

»Ich liebe Kinder, ich beobachte sie gern. Sie sind meine Kunden. Ich muss immer darüber informiert sein, was sie naschen wollen, was sie denken, welche Sprache sie sprechen«, sagt Hans Riegel, der das Familienunternehmen Haribo mit seinem Bruder seit 1946 führt.[233] Was 1920 mit einem Sack Zucker begann, ist heute ein international aufgestelltes Unternehmen mit einem geschätzten Jahresumsatz von knapp zwei Milliarden Euro. Und wer glaubt, Haribo sei eine »Gummibärchen-Fabrik«, hat noch nie am Zeitschriftenkiosk hinter einer Gruppe Grundschüler gewartet, die sich nicht entscheiden konnte, ob sie ihr Taschengeld lieber in »Raupen XXL«, in »Drachen« und »Turtels« oder doch in »Fiese Viecher« investieren soll. Auch wenn Hans Riegel auf die 90 zugeht, ist er bei der Produktentwicklung noch immer auf der Höhe der Zeit. Inspirieren lässt er sich eigener Aussage nach dabei von Kinderserien, Jugendmagazinen und Comics. Bei einem Interview der *Frankfurter Allgemeinen Zeitung* wundert er sich Anfang 2010 zwar, dass die Kinder heute so auf »saure Sachen« stehen (»vor allem in Belgien«), aber seine Kernzielgruppe bekommt, was sie mag. Und so landet auch der Beschwerdebrief eines kleinen Jungen, der bei Haribo essbare Trinkhalme vermisst, direkt auf dem Schreibtisch des Firmenchefs.[234]

Selbst wenn Haribo in jüngster Zeit durch familieninterne Zwistigkeiten um die Unternehmensnachfolge Schlagzeilen machte, steht man wirtschaftlich sehr gut da. 2009 habe Haribo entgegen dem Trend weltweit um 15 Prozent Umsatz zugelegt; auch in Deutschland habe das Plus noch bei vier bis fünf Prozent gelegen, so Hans Riegel.[235] Neben einer stetigen Expansion in Europa und Übersee liegt das vor allem daran, dass die Produkte immer wieder den Nerv der kleinen und großen Kunden treffen – nicht anders als der Goldbär (seit 1922) oder die Lakritzschnecke (seit 1925). Und so vielfältig die Produktpalette inzwischen auch ist, in einem ist sich das Unternehmen immer treu geblieben: Die Marke Haribo steht für Fruchtgummis und Lakritz. Da gibt es vom Colafläschchen bis zum Teufel, vom Krokodil bis zum Herzchen für jeden Geschmack etwas. Sicher ist nur eines: Harte Bonbons oder gar Schokolade und Kekse kommen bei Haribo gar nicht erst in die Tüte.

Auch beim Marketing setzt Haribo auf Kontinuität und kreative Dynamik gleichermaßen. Den Slogan »Haribo macht Kinder froh« gibt es seit Mitte der Dreißigerjahre, den Zusatz »und Erwachsene ebenso« seit Mitte der Sechzigerjahre. Thomas Gottschalk wirbt seit 1991 für das Unternehmen – eine Zusammenarbeit, die es als längste Werbekooperation bis ins *Guinness-Buch der Rekorde* schaffte. Gleichzeitig gibt es immer wieder Neues, auch im Marketing: eine Spieleplattform im Internet etwa (»Planet Haribo«, seit 1998 mit jährlich 6 Millionen Zugriffen); eine bunt lackierte »GoldbAIR«-Boeing, die für TUI-Fly startet (seit 2008), oder eine Goldbären-App, die so erfolgreich war, dass man gleich eine »Color-Rado«-App nachschob (2009). Und bei Facebook oder SchülerVZ ist man natürlich auch längst vertreten. So ist Haribo eine Traditionsmarke, die es in erstaunlicher Weise verstanden hat, immer auf der Höhe der Zeit zu bleiben, ohne sich in erfolglosen Markenexperimenten zu verzetteln.

Fazit: Dynamik

»Entweder man geht *mit der Zeit* – oder man *geht* mit der Zeit«, heißt es zu Recht. So plausibel diese Warnung ist, so herausfordernd ist es, in der Markenführung daraus die richtigen praktischen Konsequenzen zu ziehen. Der Blick auf erfolgreiche und weniger erfolgreiche Beispiele von Markenentwicklungen zeigt:

➤ Auch Erfolgsmarken wie Harley-Davidson oder Nivea scheitern mit Produkterweiterungen, wenn sie ignorieren, was ihre Kunden mit der Marke verbinden.

> Marken sind gut beraten, Werte, Lebenseinstellungen und Gewohnheiten ihrer Kunden aufmerksam zu beobachten. Idealerweise suchen Markenverantwortliche immer wieder den direkten Kontakt zur Zielgruppe und tauchen selbst in deren Lebenswelt ein.

> Markendynamik kann sich in Markendehnungen, Lizenzvergaben oder Innovationen ausdrücken.

> Inflationäre Lizenzvergabe oder eine Produktflut unter einer Dachmarke können eine Marke schädigen, wenn diese Praxis zu Beliebigkeit führt.

> Erfolgreiche Innovationen sind häufig stetige Optimierungen zur besseren Erfüllung von Kundenbedürfnissen und seltener revolutionäre Neuerungen. Innovationen beschränken sich zudem nicht auf Produktneuheiten – sie können auch im Service, im Vertrieb oder in der Kundenansprache liegen.

> Die Markenwelt krankt eher an zu viel hektischer Betriebsamkeit und zu vielen Marketingexperimenten als an zu wenig Experimentierfreude. Marken dürfen nicht den Profilierungsansprüchen Einzelner ausgeliefert werden.

> Um den Wald vor lauter Bäumen weiterhin zu sehen, sollten Markenverantwortliche stets im Auge behalten, worin der Kern der Marke besteht und in welchen Märkten sie sich auskennen. Sie sollten nie vergessen, wer ihre (wichtigsten) Kunden sind. Sie sollten aufmerksam verfolgen, was sich in der Lebenswelt ihrer Kunden ändert. Sie sollten für eine dynamische, veränderungsfreudige (aber nicht aktionistische!) Unternehmenskultur sorgen. Und Sie sollten sich immer wieder fragen, wann sie ihre Kunden das letzte Mal positiv überrascht haben.

Interview mit Thomas Ebeling (ProSiebenSat.1 Media) zum Thema Dynamik

Thomas Ebeling ist seit März 2009 Vorstandsvorsitzender der ProSiebenSat.1 Media AG, dem größtem Fernsehunternehmen Deutschlands und zweitgrößten Fernsehkonzern Europas. Der Psychologe begann seine Karriere 1987 bei Reemtsma, wechselte 1991 als Marketingmanager zu Pepsi-Cola Deutschland, wurde dort 1996 General Manager. 1997 setzte er seine Karriere bei Novartis fort, wo er von 2000 bis 2007 als CEO Verantwortung für das globale Pharmageschäft trug, das unter seiner Führung seinen Umsatz mehr als verdoppelte. Im Oktober 2007 wurde er CEO der Division Novartis Consumer Health.

Herr Ebeling, Fast Moving Consumer Goods, Pharma, Medien – Sie haben mit großem Erfolg in ganz unterschiedlichen Branchen gearbeitet. Wir möchten mit Ihnen über Dynamik in der Markenführung sprechen. Was sind aus Ihrer Sicht Musterbeispiele für Marken, die erfolgreich mit der Zeit gingen und gehen?

Thomas Ebeling: Um mit einem Beispiel jenseits klassischer Unternehmensmarken zu beginnen: Eine Marke, die es über zwanzig Jahre geschafft hat, sich immer wieder neu zu inszenieren und dabei den Markenkern zu erhalten, ist sicherlich die Pop-Ikone Madonna. Bei den Unternehmen zählt zweifellos Apple zu den Marken mit der größten Dynamik. Apple ist es immer wieder in bewundernswerter Weise gelungen, Innovationen zu entwickeln, Trends zu setzen und Standards neu zu definieren.

Auf welche Markenerfolge in Ihrer Laufbahn sind Sie persönlich besonders stolz – und warum?

Thomas Ebeling: Stolz bin ich noch heute auf den Erfolg der Marke West. Meinem Team und mir ist es Ende der Achtzigerjahre gelungen, das Markenimage komplett zu drehen. Als wir anfingen, stand West im Schatten von Marlboro und galt als billige Me-too-Marke. Durch die sehr erfolgreiche Kampagne »Test the West!« wurde die Marke als anders, als frech und modern wahrgenommen. Die Werbung war neu und ungewöhnlich; sie brach Tabus. Bis dahin zeigte man in der Zigarettenwerbung entweder besonders schöne Menschen, Cowboys oder Abenteurer. Auf unseren Plakaten war plötzlich eine Hausfrau im Kittel und mit pinkfarbenen Haaren zu sehen.

Dynamik scheint die Kunst der Gratwanderung zwischen Kontinuität und Veränderung zu sein. Gibt es Faustregeln, die Markenverantwortlichen helfen können, diese Gratwanderung zu bestehen?

Thomas Ebeling: Ich denke, wichtig ist es, den Markenkern zu erhalten, wenn man mit seiner Marke grundsätzlich zufrieden ist. Kunden erwarten von einer Marke einerseits ein klares Qualitätsversprechen, Sicherheit und Verlässlichkeit. Sie erwarten andererseits aber auch gelegentlich etwas Neues, damit die Marke spannend bleibt. Dieses Neue darf aber nie grob dem Markenkern widersprechen. Markenverantwortliche sollten darauf achten, dass sie rechtzeitig moderne Trends bedienen, Trends, die zurzeit vor allem in Richtung Einfachheit und Kundendialog weisen.

Die goldene Regel könnte also lauten: Bleibe im Kern gleich, aber überrasche den Verbraucher regelmäßig mit kleinen Dingen, die zum Kern der Marke passen. Auf diese Weise bleibt die Liebe zur Marke frisch.

Wenn Sie an die einzelnen Mitglieder Ihrer Senderfamilie denken: Wie »dynamisch« muss eine Marke heute sein, um erfolgreich zu bleiben? Sind die Zeiten schnelllebiger geworden?

Thomas Ebeling: Mein Eindruck ist in der Tat, dass Trends immer schneller gesetzt werden und dass man sich immer schneller anpassen muss. Gerade im Fernsehgeschäft können Sie es sich heute nicht erlauben, etwas zu verschlafen. Gleichzeitig müssen Sie aber auch Verlässlichkeit und Orientierung bieten. Wir sind beispielsweise sehr schnell, wenn es darum geht, Service-Features zu optimieren und aktuellen Entwicklungen anzupassen. Das betrifft zum Beispiel interaktive Elemente unserer Website, wo unsere Zuschauer heute 24 Stunden später eine Antwort erwarten können.

Erfolgreichen Marken gelingt es dauerhaft und immer wieder, Kundenwünsche zu befriedigen. Wie wichtig sind dabei »Instinkt« einerseits, Zahlen und Daten aus der Marktforschung andererseits?

Thomas Ebeling: Zahlen, Daten, Fakten sind die Basis, das Handwerkszeug. Gute Analysen sind Pflicht. In der nächsten Stufe kommt es jedoch darauf an, aus den Analysen die richtigen Schlüsse zu ziehen, und anschließend darauf, diesen Schlussfolgerungen wiederum die richtigen Taten folgen zu lassen. Dabei ist durchaus auch Instinkt gefragt, gerade bei Marken, die Emotionen ansprechen. Nur die Ratio reicht nicht, wenn Sie Ihre Kunden wirklich überraschen und mit etwas Neuem konfrontieren wollen.

Viele Menschen sind bekanntermaßen »Gewohnheitstiere«. Wie gewinnt man Mitarbeiter am besten für anstehende Veränderungen?

Thomas Ebeling: Ich denke, es kommt erstens darauf an, den Leuten klar zu sagen, dass Handlungsbedarf besteht. Zweitens muss man deutlich machen, wohin es gehen soll: Sie brauchen ein Ziel, eine faszinierende Vision, die klar und überzeugend ist. Und schließlich brauchen Sie Enthusiasten, die von der Veränderung überzeugt sind und die als »Change Apostle« das Team mitziehen.

Abschließend Ihr Rat an alle, die Verantwortung für eine erfolgreiche Marke tragen. Und Ihr Rat an alle, die eine Marke erfolgreich machen wollen.

Thomas Ebeling: Mein Rat lautet: Kommunizieren Sie ganz eng mit den Menschen, die Ihre Marke lieben. Ihnen muss klar sein, warum Kunden die Marke schätzen. Außerdem ist es gut, auch als Markenverantwortlicher ein enges Verhältnis zur Marke aufzubauen. Natürlich kann man mit Professionalität und Know-how eine Menge bewegen. Aber erst eine starke Identifikation mit der Marke setzt die Intuition frei, die es braucht, um seine Kunden immer wieder positiv zu überraschen.

9 Positionierung: Erfolgreich anders als alle anderen

>»Es gibt einfach zu viele Unternehmen, zu viele Produkte, zu viel Marketinggetöse.«

Jack Trout und Al Ries

Positionierung ist der Kompass, der die Ausrichtung eines Unternehmens bestimmt und der es möglich macht, all seine Aktivitäten sinnvoll aufeinander abzustimmen. Bei WIR-MARKEN bilden die Positionierung des Unternehmens (Auf welchen Märkten sind wir tätig?) und die Positionierung einzelner Marken (Was hebt uns von der Konkurrenz ab?) eine überzeugende Einheit: Was zu einem Unternehmen passt, welche Kultur es intern pflegt und wofür seine Marken nach außen stehen, ist aus einem Guss. Eine klare Positionierung weist daher nicht nur den Weg, was ein Unternehmen tun, sondern ebenso eindeutig, was es *nicht* tun sollte.

Eine erfolgreiche Positionierung grenzt ein Unternehmen von seinen Mitbewerbern ab, macht es einzigartig. Marketingguru Jack Trout, der als Urheber des Positionierungsgedankens gilt, hat das wesentliche Kriterium für Einzigartigkeit dabei ebenso knapp wie treffend zusammengefasst: »Positioning. How you differentiate in the mind«, lautet der Claim seines Beratungsunternehmens.[236] Entscheidend sind nicht faktische Unterschiede, entscheidend ist die Wahrnehmung durch den Kunden. Die Vielfalt konkurrierender Angebote, die nie endende Flut der unablässig verbreiteten Werbebotschaften und die schier unbegrenzten Möglichkeiten einer global vernetzten Wirtschaft machen den Wettbewerb zu einem Wettbewerb um die begrenzte Aufmerksamkeit des Kunden. Wer einen »Logenplatz im Kundenkopf« erobert hat, wie es heute gern heißt, hat die Nase vorn. Dazu muss sein Angebot nicht zwangsläufig das objektiv Beste sein. Sondern dasjenige, das dem Kunden attraktive Vorteile am eingängigsten kommuniziert. Welche Aspekte dabei eine Rolle spielen und was WIR-MARKEN dabei vor anderen Angeboten auszeichnet, ist Thema unseres letzten Kapitels.

Markenführung und Positionierung

Die Welt ist voller Unternehmen, die eine erfolgreiche Positionierung am Markt verspielt und große Marken damit zugrunde gerichtet haben. Opel ist ein gutes Beispiel dafür: Während der Wirtschaftswunderjahre *das* Familienauto für breite Bevölkerungsschichten, verlor die Marke seit den Siebzigerjahren durch Konzeptlosigkeit, eine Vielfalt zum Teil schwer verkäuflicher Modelle sowie Qualitätsmängel (»López-Effekt«) stetig an Boden. Während ein Opel jahrzehntelang »der Zuverlässige« war, wusste bald niemand mehr, wofür Opel steht – ein Manko, das sich bis heute fortsetzt und sich in stetig wechselnden Claims und konzeptlosen Werbestrategien widerspiegelt (vgl. Kapitel 2). Ein anderes Beispiel ist Camel: Die Erfolgsmarke mit dem Abenteurer-Touch und dem Camel-Mann, der jahrelang meilenweit für seine Zigarette ging, machte eine wahre Achterbahnfahrt durch, die die Marke zunächst über Humor (lustige Plüschkamele) und anschließend über großstädtischen Lifestyle (Erfolgsmenschen, die angeblich gern bei einer Camel entspannten) zu positionieren suchte (vgl. Kapitel 1). In beiden Fällen sank der Marktanteil der Marken drastisch, und beide Fälle verweisen indirekt auf Grundprinzipien einer erfolgreichen Positionierung: Eindeutigkeit und Kontinuität.

Worauf es bei der Positionierung ankommt

Lassen Sie sich auf ein kurzes Gedankenexperiment ein. Wofür steht Rolex? Wofür Mercedes, Langenscheidt, Steiff, Teekanne? Wahrscheinlich ist Ihnen jeweils eine kurze Formel durch den

Kopf geschossen – vielleicht: »exklusive Uhren«; »Sicherheit & Komfort«; »gelbe Wörterbücher«; »hochwertige Plüschtiere«; »praktische Teebeutel«. Gelungene Positionierung erzeugt Eindeutigkeit, Klarheit, Unterscheidbarkeit, Einzigartigkeit. Und daraus ergibt sich zwangsläufig: Eine gelungene Positionierung setzt auf eingängige, einfache Argumente. Und sie hütet sich davor, die darauf basierende Wirksamkeit durch Vielfalt zu schwächen. Das ist die Gefahr jeder Markendehnung. Steiff ist nie in den allgemeinen Spielzeugmarkt eingestiegen, Teekanne bietet Tee und sonst nichts, und Rolex hat der Versuchung widerstanden, großzügig Lizenzen für Schreibgeräte, Aftershave oder Textilien zu vergeben.

Positionierungsexperte Jack Trout schrieb schon 1996: »Wenn Sie in Erinnerung bleiben und die Schutzwälle des Gedächtnisses überwinden wollen, gibt es keine bessere Methode als die der Vereinfachung« und empfahl: »Konzentrieren Sie sich lediglich auf ein wichtiges Produktmerkmal, und bringen Sie es den Kunden nahe.«[237] Red Bull »verleiht Flügel«, Audi garantiert »Vorsprung durch Technik«, Valensina Orangensaft punktete einst mit »Frisch gepresst oder Valensina«, Coca-Cola schaffte die Kehrtwende nach dem New-Coke-Desaster mit schlichten Hinweisen wie »Classic Coke« und »The Real Thing«, Nike propagiert »Just do it!« Je simpler, desto einprägsamer. Diese Formeln funktionieren, weil in einer Welt stetiger Reizüberflutung am ehesten das eine Chance auf Aufmerksamkeit und Erinnerung hat, was unmittelbar einleuchtet und ohne große Erklärung verständlich ist. Was Trout vor 15 Jahren propagierte, ist heute wichtiger denn je, wo das Trommelfeuer von Reizen noch weiter zugenommen hat und noch mehr Medien um unsere Aufmerksamkeit buhlen. Trout ist sich daher sicher: »Im Gedächtnis der Kunden kann eine Marke nur für *eine* Idee stehen.«[238] Die Herausforderung an Markenverantwortliche lautet, diese Idee multidimensional erlebbar zu machen – etwas, das Nike oder Coca-Cola virtuos gelingt.

So weit, so gut. Doch die Crux bei der ganzen Angelegenheit ist natürlich: Welche Ideen funktionieren, und welche nicht? Welches Differenzierungsmerkmal ist geeignet, eine genügend große Anzahl potenzieller Käufer zu überzeugen? Wer dafür eine einfache Formel anbieten könnte, wäre ein gemachter Mann. Hinzu kommt: Kundenvorlieben und Einstellungen sind ebenso einem historischen Wandel unterworfen wie Technologien und das Wettbewerbsumfeld. Keine Positionierung ist dagegen gefeit, ihre Wirksamkeit zu verlieren. In den Wirtschaftswunderjahren der Nachkriegszeit traf Opels »Der Zuverlässige« den Nerv der Zeit. Als dieses Argument seine Zugkraft verlor, fehlte die zündende Alternative. Und wer hätte noch vor wenigen Jahren gedacht, dass der frühere Weltmarktführer für Mobiltelefone, Nokia, um seine Existenz würde bangen müssen (vgl. Kapitel 2).

Grundsätzlich gilt in Sachen Positionierung nur: No risk – no glory. Eindeutigkeit verlangt ein radikales Commitment zu einer bestimmten Ausrichtung, mit wachsweichem Lavieren kommt man nicht weiter. Das belegt ein erstes Markenbeispiel.

Hachez: Die hanseatische Premiumschokolade

Der Schokoladenmarkt in Deutschland wird von großen Anbietern dominiert, die die Regale der Supermärkte füllen, von Unternehmen wie Ferrero, Storck (Merci, Toffifee u. a.), Lindt & Sprüngli, Nestlé (Smarties, After Eight u. a.), Masterfoods (Mars, Milky Way, u. a.) oder Kraft Foods (Milka). Wer sich neben diesen Riesen behaupten will, muss gute Argumente haben. Der Hamburger Schokoladenhersteller Hachez hat diese Herausforderung angenommen. Er präsentiert sich edel als »Chocolatier« und verkündet auf der standesgemäß in warmen Braun-, Rot- und Goldtönen gehaltenen Website:

>»Wir sind stolz darauf, dass wir als einziger Premiumhersteller in Deutschland noch alle Arbeitsschritte – vom Rösten der Kakaobohnen bis zur Herstellung des Endproduktes – unter eigenem Dach in unserer Manufaktur stattfinden lassen.«

Das ist ein überzeugendes und klares Differenzierungsmerkmal. Die »Bremer Chocolade Manufactur/Seit 1890« setzt unverkennbar auf Tradition. Das Erfolgsprodukt »Braune Blätter« gibt es seit 1923. Hachez hat sich mit seiner Nischenstrategie als die Nummer zwei bei den edleren Schokoladen (hinter Lindt) etabliert. Dazu gehört: Hachez-Produkte haben ihren Preis. Händler, die die Preisempfehlung unterschreiten, werden ausgelistet[239]; man kreiert edle Sorten (etwa »Wild Cocoa de Amazonas«) und kooperiert bei Präsentpackungen mit dem Weingut des Barons Philippe Rothschild. Die beiden Hachez-Geschäftsführer geben mit ihrer Unterschrift eine »Hanseatische Qualitätsgarantie« ab, die beste Qualität, edlen Kakao und sorgfältige Herstellung verspricht. »Klasse statt Masse« lautet die Devise. Dazu verzichtet man auf herkömmliche Werbung, und Marktforschung wird ersetzt durch die Lizenz zum Naschen bei den Mitarbeitern. Wenn die bei einem neuen Produkt nicht zugreifen, wird es wahrscheinlich kein Renner.

So gut stand es nicht immer um den kleinen Schokoladenhersteller. Erfolgsentscheidend war der Rückkauf des Unternehmens durch den Enkel des einstigen Gründers, Hasso G. Nauck, Anfang der Neunzigerjahre. Der Marketingprofi hatte das Geschäft als Marketingdirektor für Milka gelernt und entwickelte Hachez bewusst als Gegenmodell zum Massenmarkt. Zusammen mit einem Jugendfreund und Mitgeschäftsführer »schmiedeten die Gesellschafter aus einem rein produktionsorientierten Unternehmen einen markt- und marketingorientierten Betrieb«, wie das Magazin *Sparkasse* in einem Unternehmensporträt im Mai 2010 schrieb. Das Konzept ging auf: Zehn Jahre nach der Übernahme konnten die dafür erforderlichen Kredite getilgt werden. Dabei setzte man ausdrücklich auch auf ein vertrauensvolles Unternehmensklima – nur ein offenes Gesprächsklima ermuntere Mitarbeiter, Schwachstellen anzusprechen, so die Geschäftsführer.[240] Ein weiteres Beispiel dafür, wie eine erfolgreiche Marke in einer Unternehmenskultur verankert ist, die Mitarbeiter zur Identifikation einlädt und motiviert.

Grundlegende Positionierungsstrategien

Das Repertoire möglicher Positionierungsstrategien ist in der Literatur schon mehrfach beschrieben worden und daher nicht neu. Es schärft jedoch den Blick auf die eigene Aufgabe. Hinzu kommt: Nicht alles, was theoretisch längst bekannt ist, wird in der Unternehmenspraxis tatsächlich umgesetzt – nicht selten regiert im Alltag eher Flickschusterei als konsequente Markenpflege. Ein grundsätzliches Dilemma lässt sich bei all dem allerdings nicht wegdiskutieren: Es bleibt immer eine Lücke zwischen Strategien im Allgemeinen, deren Illustration anhand von Erfolgsbeispielen aus der Vergangenheit und der zukünftigen Anwendung dieser Strategien auf den (eigenen) Einzelfall. Diese Lücke lässt sich nur durch kreativen Mut schließen. Das ist die wahre Herausforderung an Markenverantwortliche.

Der Unterschied im Kundenkopf

Eine erfolgreich positionierte Marke hebt sich in der Wahrnehmung des Kunden von Wettbewerbern ab – Positionierung schafft Differenz. Hier eine Übersicht grundlegender Positionierungsansätze:

Erster sein

Als Erster mit einem Produkt oder einer Dienstleistung auf den Markt zu kommen, verschafft gegenüber Wettbewerbern einen uneinholbaren Vorsprung. »Das Original« besetzt nicht nur die Aufmerksamkeit der Kunden vor allen anderen; es wird in der Regel auch mit Echtheit und Qualität assoziiert und in der Regel entsprechend beworben. Voraussetzung ist, dass das Angebot für den Kunden tatsächlich eine nützliche oder interessante Neuerung darstellt und keine der vielen Pseudoinnovationen ist, die rasch wieder aus den Regalen verschwinden. Die erste Hotelreservierungsplattform, die erste Mietwagenfirma am Markt hat es leichter als die zweite.

Hertz wirbt daher bis heute damit, Pionier im Mietwagengeschäft zu sein und »seit über 90 Jahren« Fahrzeuge zu vermieten.[241]

Günstigster sein

Die Positionierung über niedrige Preise ist eine riskante Strategie, da stets die Gefahr droht, den Preiskampf mit Wettbewerbern irgendwann doch zu verlieren. Der Elektronikriese Saturn machte »Geiz ist geil« zum geflügelten Wort und ist ein weiteres Beispiel dafür, wie erfolgreich eine simple, eindeutige, jahrelang wiederholte Markenbotschaft sein kann. Die konsequente Positionierung über einen günstigen Preis funktioniert dauerhaft allerdings nur, wenn die Niedrigpreisstrategie in einem passenden Geschäftsmodell verankert ist: Ikea-Möbel können durch das Selbstbauprinzip dauerhaft günstig sein; Lebensmittel-Discounter bieten durch radikale Vereinfachung (Konzentration auf ein überschaubares Sortiment, simple Warenpräsentation) niedrige Preise an; Billigfluglinien müssen auf eine durchgängig niedrige Kostenstruktur achten.

Auch hier gilt: Entscheidend ist die Wahrnehmung des Kunden. Hat ein Anbieter erst einmal das Image, »billig« zu sein, wird auf Preisvergleiche häufig verzichtet. Viele Unternehmen versuchen dieses Vertrauen gezielt zu schüren – mit einer »Geld-zurück-Garantie« für den Fall, dass der Kunde das gekaufte Produkt anderswo billiger sieht.

Besser (exklusiver) sein

Die Positionierung als Pionier ist ideal – die Marke als echte Produktneuheit macht in diesem Fall ihren Markt quasi selbst. Eine solche Positionierung ist jedoch die Ausnahme, denn in den meisten Märkten hat man es bereits mit Wettbewerbern zu tun. Dann kann eine Qualitäts- oder Premiumstrategie Grundlage der Positionierung sein. Die »Chocoladenmanufaktur« Hachez setzt auf diese Strategie ebenso wie Anbieter von Luxusprodukten von Montblanc bis Porsche. Die Kernbotschaft lautet: Wir bieten das Besondere, das Hochwertige – und das hat eben seinen Preis. Dass man mit einer Premiumstrategie sogar den Pionier überholen kann, beweist wieder einmal Apple: Dort hat man das Smartphone ja keineswegs erfunden, trotzdem ist das iPhone heute Marktführer. Ein Erfolgsbeispiel aus dem Konsumgütermarkt ist Fini's Feinstes, eine österreichische Mehl-Marke, mit der es gelang, ein Premiumprodukt in einem Markt von No-Name-Angeboten aufzubauen. Inzwischen bietet man unter dem Label auch Backmischungen und Grieße; verbindendes Element ist die Markenbotschaft »Fini's Feinstes – der feine Unterschied«. Die Fini-Produkte stehen für »beste österreichische Qualität« und sind »garantiert naturrein«.[242] Dabei zeigt sich erneut, dass nicht (allein) faktische Produktvorzüge entscheidend sind, sondern dass es darauf ankommt, diese Vorzüge im Kopf des Kunden zu verankern. Vermutlich kommen auch andere Mehle österreichischen Ursprungs ohne Zusatzstoffe aus, nur heben sie nicht explizit darauf ab.

Die Biermarke Krombacher wurde ähnlich positioniert: In der Wahrnehmung der Kunden ist nur sie »mit Felsquellwasser gebraut«, auch wenn andere Biere aus ähnlichen Quellen zapfen mögen. Nicht die Größe des Unterschiedes ist folglich entscheidend, sondern dessen Einprägsamkeit. Sie ergibt sich durch klare, kontinuierliche Botschaften oder auch durch einprägsame Storys – denken Sie an Linie Aquavit und dessen doppelte Äquatorüberquerung oder Moleskine-Notizbücher und deren prominente Nutzer (vgl. Kap. 6).

Gezielt Nischen besetzen

Ein weiterer Grundansatz der Positionierung besteht in der Spezialisierung, im gezielten Zuschnitt des Angebots auf besondere Zielgruppen. Wendige Unternehmensgründer wie die Teams von www.mymuesli.com oder www.blacksocks.com setzen konsequent auf diese Strategie: Sie bieten das individuell zusammengestellte Müsli im Onlineshop oder schwarze Socken im Abo mit dem Versprechen

»Nie wieder Socken-Sorgen!«[243] Offensichtlich gibt es genügend Rosinenhasser und Männer mit Sockenproblemen, um ein einträgliches Geschäft zu gewährleisten. Herkömmliche Zielgruppensegmentierungen gehen an solchen Kategorien unweigerlich vorbei; entscheidend sind das intuitive Erfassen von Kundenbedürfnissen und die erfolgreiche Durchdringung einer genügend großen Zielgruppe. Blacksocks oder MyMuesli radikalisieren das Prinzip, auf das jeder Spezialreiseveranstalter (Wander-, Studien-, Frauen-, Familienreisen et cetera) oder auch jeder Anbieter von Branchensoftware (Abrechnungsystem für Ärzte, Betriebssoftware für Verlage et cetera) setzt: Nicht allen etwas bieten, sondern wenigen die optimal passende Lösung – Spezialisierung eben.

Viele weitere Positionierungsstrategien lassen sich auf diese vier Grundmodelle – Pionier, Preisbrecher, Qualitätsanbieter, Spezialist – zurückführen. So sind beispielsweise Garantien (Zufriedenheitsgarantie, Erfolgsgarantie, Geld-zurück-Garantie) eine Variante der Qualitätsstrategie. Besondere Vertriebswege (vom Direktvertrieb der Gemüsekiste des Biobauern über die Kosmetiklinie, die nur in Apotheken erhältlich ist, bis zum Teenager-getunten Einkaufserlebnis à la Hollister) gehen ebenfalls mit einer Zielgruppenspezialisierung einher. Die Positionierung über Geschichten oder das Berufen auf eine besondere Unternehmenstradition setzt die Qualitätsstrategie auf besondere Weise um, etwa wenn die schottische Whisky-Destillerie Bruichladdich sich auf die Wiederbelebung einer seit 1881 existierenden Herstellungstradition beruft, die 1990 jäh unterbrochen und zehn Jahre später von einem englischen Whisky-Enthusiasten wiederbelebt wurde. »Bruichladdich liegt am weitesten im Westen aller Destillen in Schottland am Loch Indaal« heißt es auf der Website und: »Die Abfüllungen von Bruichladdich schmecken eher weniger torfig als andere Whiskies. […] Die speziellen Noten von Salz, Jod und Seeluft sind der Lagerung direkt am Meer geschuldet.«[244] Auch so kreiert man Einzigartigkeit.

Abschließend ein Beispiel für eine Marke, der eine erstaunliche Repositionierung gelang und die das Prinzip »Positionierung findet im Kundenkopf statt« geradezu prototypisch verdeutlicht.

Jägermeister: Vom Altherrenschnaps zum Szenegetränk

Würden Sie in einer Dorfkneipe ein paar ältere Herren nach »Jägermeister« fragen, fielen mit großer Wahrscheinlichkeit Stichworte wie »Kräuterschnaps«, »Verdauung« und »gab's schon immer«. All das ist richtig, denn der traditionsreiche Kräuterlikör wird seit 1935 im niedersächsischen Wolfenbüttel hergestellt, und ebenso lange sind Name, Hirsch und Etikett eingetragene Warenzeichen.[245] Allerdings könnten Sie 2011 auch in einer New Yorker Bar oder in einem australischen »Liquor Store« nach Jägermeister fragen und würden vermutlich zu hören bekommen, dass es ein cooles Partygetränk sei, das man gern für »drinking games« nutze.

Nichts am Produkt Jägermeister hat sich geändert: Noch immer nutzt man die »geheime Jägermeister-Rezeptur« mit »56 verschiedenen Kräutern«; noch immer füllt man das Ergebnis in wuchtige grüne Flaschen, die sich nach Unternehmensangabe in aufwendigen Versuchen als besonders robust erwiesen haben und selbst den Sturz auf Eichendielen aushalten;[246] noch immer ziert der altertümliche Hubertus-Hirsch mit dem weißen Kreuz das Etikett. Geändert hat sich nur eins: die Wahrnehmung des Produktes durch jüngere Kunden. Aus dem Altherrenschnaps ist ein modernes Szenegetränk geworden. Drei Viertel der Produktion werden heute in über 80 Länder der Welt exportiert. Jägermeister ist damit eine der erfolgreichsten deutschen Export-Spirituosen.

Jägermeister ist ein erstaunliches Beispiel dafür, wie sich eine Marke komplett neu erfindet. Wie hat das Unternehmen, die Mast-Jägermeister AG, das geschafft? Wer heute die Website www.jaegermeister.de besucht, trifft auf eine coole Webpräsenz, die mit Rockmusik unterlegt ist, Events ankündigt (»Alice Cooper in 4D auf Jägermeister Ice Cold Event in Großbritannien«), im »Wirtshaus-Blog« mit Kunden diskutiert und zum Besuch der kultigen Werbehirsche Rudi und Ralph einlädt, die angeblich »ausgewildert« wurden und nun über vier Webcams in einem romantischen deutschen Wald beobachtet werden können (Link: »Rudi & Ralph besuchen«). Aus dem Milieu der Trinkhallen und Dorfkneipen war

Jägermeister schon in den Siebzigerjahren aufgebrochen: Als erstes Unternehmen überhaupt setzte man Trikotwerbung im Fußball ein (1973). Im selben Jahr kamen die frechen »Ich trinke Jägermeister, weil …«-Anzeigen dazu, in denen bis 1998 über 3.500 verschiedene witzige Markenbekenntnisse veröffentlicht wurden.[247] Als der Likör zu Beginn des neuen Jahrtausends in einigen US-Bars Anklang fand, schickte man dort leicht geschürzte »Jägerettes« mit Probefläschchen auf die Pirsch. In Deutschland erfand man zeitgleich die witzigen Werbehirsche, die ebenfalls auf eine junge Kundschaft abzielten. Außerdem spielte die Punkband »Tote Hosen« einer Verjüngung der Marke mit ihrem Song »Zehn kleine Jägermeister« ungewollt in die Hände.

Verbindendes Element aller Aktionen: frech, anders, neu. Der Erfolg: In vielen Kundenköpfen steht Jägermeister heute nicht mehr für »Verdauungsschnaps«, sondern für »Party und Spaß«. Hirsch und Jäger, Wald und Waidmannsheil sind nach wie vor präsent, werden aber ironisch gebrochen, wie ein Blick auf die augenzwinkernd eingesetzte Jägerromantik auf der Unternehmenswebsite zeigt. Offenbar hat man bei der Mast-Jägermeister AG ein ausgezeichnetes Gespür dafür, wie die junge Zielgruppe tickt. Dabei hat man sich im Laufe der Jahre nie gescheut, ungewöhnliche und kontroverse Wege zu gehen. Und so lange auf jeden Kunden, der die jeweilige Aktion befremdlich findet, genügend Fans kommen, die genau das schätzen, hat man gute Chancen, zur WIR-MARKE zu werden.

Positionierung von WIR-MARKEN

Wenn eine gelungene Positionierung bedeutet, einen Logenplatz im Kundenkopf zu erobern, schaffen es WIR-MARKEN sozusagen, eine emotional besetzte »Lieblingsloge« zu kreieren. Weniger metaphorisch gesprochen: WIR-MARKEN gelingt eine überdurchschnittlich hohe Identifikation des Kunden mit dem Unternehmen bzw. seinen Produkten, indem sie Differenzierungsmerkmale in sein Bewusstsein rücken, die ihn auch emotional involvieren und überzeugen.

Apple hat es geschafft, sich nicht nur als Hersteller funktionaler und formschöner Hightech-Geräte im Gedächtnis zu verankern, sondern sich darüber hinaus als cooler und immer noch latent rebellischer Innovator in einer durch Microsoft gleichgeschalteten, konsumentenunfreundlichen IT-Welt zu positionieren. Google ist nicht nur eine nutzerfreundliche Suchmaschine – das gilt auch für andere Internet-Tools. Google ist gleichzeitig das junge, spontane, experimentierfreudige, »bunte« Unternehmen, das so tickt, wie Millionen Digital Natives selbst gern wären. Amazon ist nicht nur ein riesiges Internetwarenhaus, sondern ein Geschäftspartner auf Augenhöhe, ein Shop, bei dem Kunden sich einbringen und den sie als Verkaufsplattform nutzen können. Red Bull verkauft nicht nur Energydrinks, sondern die Zugehörigkeit zu einer Erlebniswelt, die Extremsportarten, Spaß und eine Dosis Verrücktheit transportiert. Nespresso liefert mehr als aromatischen Kaffee in Portionsdöschen. Anders als die Konkurrenz von Senseo bis MyCup transportiert Nespresso Exklusivität und Lifestyle, eben ein »Clooney-Feeling«, das nicht nur über den Werbebotschafter, sondern auch über die durchgestylten »Boutiquen« und den exklusiven Onlinebezug gestärkt wird. Und der Drogeriemarkt Dm liefert nicht nur günstige Drogerieartikel, sondern im Unterschied zum Konkurrenten Schlecker gleich ein gutes Einkaufsgewissen dazu. Welche Überlegungen lassen sich aus solchen Erfolgsbeispielen für die Positionierung von WIR-MARKEN ableiten?

No risk, no glory

Eines haben alle WIR-MARKEN gemeinsam: Sie lassen kaum jemanden kalt. Man mag sie, oder man mag sie nicht. Man findet Nespresso bequem und stylisch – oder überteuert und reinen Verpackungswahnsinn. Man findet Apple cool – oder man hält den Hype um jedes neue Produkt für völlig überzogen. Man findet Google sympathisch – oder fürchtet es als bunt getarnten Datenkraken. Daraus lassen sich keine simplen Rezepte für eine WIR-MARKEN-Positionierung ableiten, wohl aber einige grundlegende Handlungsmaximen.

1. Sei radikal!

WIR-MARKEN beziehen eindeutig Position. Sie stehen nicht nur für eine Idee oder einen Ansatz, sondern sie scheuen sich darüber hinaus dabei nicht, kontroverse Positionen einzunehmen. Wer nirgendwo aneckt, löst auch im positiven Sinne nur lauwarme Reaktionen aus. Anders ausgedrückt: Wer allen gefallen will, gefällt am Ende niemandem wirklich. Man kann sich über die unzähligen Starbucks-Geschmacksrichtungen für Kaffee und deren komplizierte Namen (»Mocha Frappuccino Blended Coffee«, »Caramel Macchiato« et cetera) lustig machen, doch genau sie machen viele Kunden zu Starbucks-Fans. Man kann Steve Jobs' Begeisterung darüber, dass die nächste Generation des aktuellen Apple-Tools wieder ein paar Gramm leichter und ein paar Millimeter dünner ist, lächerlich finden, doch für genau diese Kompromisslosigkeit verehren ihn die Apple-Anhänger. Man kann sich über nervige »Jägerettes« und blödelnde Hirsche mokieren, doch genau das hat Kunden auf Jägermeister aufmerksam gemacht, die den Kräuterlikör bis dato allenfalls von der Familienfeier ihrer Großeltern kannten. Und man kann den anthroposophischen Ansatz bei Dm und die sozialen Ideen des Dm-Gründers Götz Werner (»bedingungsloses Grundeinkommen«) weltfremd finden, doch genau das macht die Drogeriekette zum etwas anderen Einkaufsort. Radikalität schafft Identifikationsmöglichkeiten und Gesprächsstoff, der qua Presse und Mundpropaganda der Markenbekanntheit dient. Wer Aufmerksamkeit möchte, darf sich nicht scheuen, kontrovers aufzufallen. Behaupten Sie also nicht, einzigartig zu sein – seien Sie es tatsächlich.

2. Sei eindeutig!

WIR-MARKEN lassen sich leicht – und vor allen Dingen sehr kurz – beschreiben. Misstrauen ist angebracht, wenn man überdurchschnittlich viele Worte machen muss, um zu erklären, wofür die Marke steht. Der Markenkern von Adidas ist Sport, und dort vor allem Fußball als weltweit größte Sportart, sagt Adidas-Chef Hainer im Interview am Ende dieses Kapitels. Das ist kurz, simpel und treffend. Jägermeister steht bei jungen Kunden für Party und Spaß, Red Bull für Power und schräge Sportevents, Moleskine für das Notizbuch der Dichter, Haribo für kunterbunte und witzig geformte Weichgummis, die Kindern Spaß machen.

Je komplizierter, abgehobener und abstrakter eine Markenbeschreibung wird, desto begründeter ist der Verdacht, dass hier eine Verwässerung der Marke mit wohlklingenden Fremdworten kaschiert werden soll. Möglicher Positionierungstest: Gelingt es Ihnen, den Satz »Wir sind das einzige Unternehmen, das … « spontan, knapp und überzeugend zu vervollständigen?

3. Sei konsequent!

WIR-MARKEN werden von Kunden überdurchschnittlich geschätzt und von Mitarbeitern stolz, aber nie arrogant mitgetragen. Das eine hängt durchaus mit dem anderen zusammen: Eine Marke, die den Mitarbeitern kein Identifikationspotenzial bietet, wird auch Kunden schwerer für sich gewinnen. Wie sollen Mitarbeiter Kunden überzeugen, wenn sie selbst nicht genau wissen, wofür die Marke steht? Und wie sollen sie motiviert am weiteren Erfolg der Marke mitarbeiten, wenn blumige Markenversprechen und Unternehmensalltag in ihren Augen nicht zusammenpassen? Konsequenz bedeutet also, dass die Marke im Unternehmen gelebt wird und dass die Unternehmenskultur zu den Markenversprechen passt. Diese Passung von innen und außen, von Marke und Unternehmenskultur hat Google exemplarisch vorgemacht, indem man ein buntes, unkonventionelles Arbeitsumfeld schaffte, das Mitarbeitern Freiraum für eigene Projekte einräumt. Eine moderne Marke und eine bürokratische Unternehmenskultur passen ebenso wenig zusammen wie ein innovativer Markenanspruch und ein starrer Arbeitsalltag, der keine Dynamik zulässt. Und wer eine bunte Produktwelt für Kinder kreiert, sollte Familienfreundlichkeit auch innerhalb des Unternehmens beweisen. Das stärkt die Glaubwürdigkeit der Marke nach innen wie nach außen.

Konsequenz bedeutet auch, dass die Kernwerte der Marke systematisch an allen Kontaktpunkten für den Kunden erlebbar sein müssen. Es bringt wenig, sich als Servicemarke zu positionieren und Kunden dann, wenn sie den versprochenen Service am nötigsten brauchen, ins Warteschleifenlabyrinth eines überforderten Callcenters zu schicken. Und es passt nicht, sich als »guter Nachbar« vermarkten zu wollen (wie neuerdings Schlecker), solange die meisten Schlecker-Märkte weiterhin dunklen Höhlen gleichen und mit gestresstem Personal besetzt sind.

4. Handle eigenverantwortlich!

»Eine starke Marke setzt eine starke Persönlichkeit voraus«, so Professor Hermann Simon im Interview in Kapitel 3. In der Tat fällt auf, dass Wir-MARKEN in der Regel von Einzelpersonen vorangetrieben werden, häufig von energischen Gründern, die ihr Markenkonzept unbeirrbar und mit großer Hartnäckigkeit verfolgen – siehe Mateschitz bei Red Bull, Bezos bei Amazon, Jobs bei Apple oder Riegel bei Haribo. Ausnahmeerfolge entstehen offenbar nur selten in einer Absicherungsmentalität, die den kleinsten gemeinsamen Nenner begünstigt, Verantwortung auf wechselnde Agenturen abwälzt oder übereilt Richtungswechsel einschlägt, sobald die Umsatzkurve oder der Aktienkurs sich nach unten neigen. Die spannende Frage lautet daher, wie Großorganisationen eine Kultur der Markenbegeisterung fördern können, die Markenverantwortliche zu energischen Anwälten der jeweiligen Marke macht. Eine solche Kultur ist dann am wahrscheinlichsten, wenn das Topmanagement sich erkennbar mit der Marke identifiziert, deren Kernwerte fassbar macht und dafür sorgt, dass richtungsweisende Entscheidungen in Produktentwicklung und Marketing auf ihre Vereinbarkeit mit dem Markenkern hin abgeklopft werden. Eine solche Kultur setzt ferner eine ausgewogene Balance von Diskussionsfreudigkeit einerseits und Entschlussfreudigkeit andererseits voraus: Sie braucht den lebendigen Meinungsaustausch ebenso wie den Mut der Markenverantwortlichen, klare Entscheidungen zu treffen und diese auch persönlich zu verantworten.

5. Lege die Scheuklappen des Tagesgeschäfts immer wieder ab!

Positionierung ist eine Daueraufgabe, die es erfordert, regelmäßig die Hektik des operativen Geschäfts zu verlassen und sich in die Vogelperspektive zu begeben. Die Straße ins Chaos sei mit Verbesserungen gepflastert, hat Jack Trout einmal gesagt.[248] Um zu verhindern, dass der Markenkern aus den Augen verloren wird, bewährt es sich, wenn Markenverantwortliche regelmäßig in Klausur gehen, sich der Kernwerte vergewissern und prüfen, ob das Unternehmen noch auf Kurs ist. Wie wird der Markenkern aktuell kommuniziert? Ist das erfolgreich? Welche Maßnahmen haben sich bewährt? Welche verwässern die Kernwerte eher? Wie kann die Marke für die Kunden spannend bleiben? Gefragt ist dabei nicht, kurzlebigen Trends hinterherzulaufen oder im Sinne eines falsch verstandenen Benchmarkings Ansätze der Wettbewerber zu adaptieren, sondern sich das Gespür für die Besonderheiten der eigenen Marke zu bewahren und diese aus sich heraus kontinuierlich zu entwickeln.

6. Biete einen emotionalen Mehrwert!

Was kauft ein Kunde bei Ihnen, und zwar jenseits des eigentlichen Produkts oder der eigentlichen Dienstleistung? Was drückt er über sich aus, wenn er Ihre Marke kauft? Welches Erlebnis bietet die Marke ihm? Welche Emotionen weckt sie? WIR-MARKEN werden von Kunden nicht nur genutzt, zu einer WIR-MARKE bekennt man sich. Ein solches Bekenntnis setzt eine emotionale Bindung voraus. Wer Menschen berühren will, muss ihre Bedürfnisse und Sehnsüchte kennen und er muss seine Kunden ernst nehmen (siehe Punkt 7).

Moleskine ist nicht in erster Linie ein praktisches Notizbuch, sondern ein Ausdruck intellektueller Ambitionen. Wer ein Moleskine benutzt, fühlt sich Dichtern und Schriftstellern verbunden. Starbucks bietet mehr als einen Ort zum Kaffeetrinken, Starbucks evoziert europäische Kaffeekultur. Was bieten Sie noch, wenn Sie faktische Produkteigenschaften einmal ausklammern? Natürlich muss die Qualität stimmen, doch das allein reicht nicht aus. Unternehmenstraditionen und Geschichten sind auch aus diesem Grund in den letzten Jahren verstärkt ins Blickfeld von Markenverantwortlichen gerückt worden. Blättern Sie einmal weiter und lesen Sie nach, wie Herbert Hainer die Marke Adidas einführt … (siehe Interview am Ende dieses Kapitels).

7. Begegne deinen Kunden auf Augenhöhe!

Dank Facebook, Twitter und Co. sind die Kontaktmöglichkeiten zum Kunden heute vielfältiger denn je. Dennoch werden die Social Media in manchen Unternehmen als weitere Werbekanäle missverstanden. Doch wenn beispielsweise Firmenblogs nicht dem echten Austausch mit der Zielgruppe dienen, sondern von PR-Agenturen mit Jubelmeldungen gefüllt werden, reagieren Kunden verärgert. WIR-MARKEN werden von Kunden mitgetragen und »mitgemacht«. Damit das möglich ist, müssen Unternehmen sich öffnen, sich der Diskussion mit ihren Anhängern stellen und eine gewisse Eigendynamik in der Markenentwicklung ertragen. Die Zeiten, in denen sich Marken komplett kontrollieren und steuern ließen und Abschottung das beste Mittel zum Schutz der Marke war, sind vorbei. Wie die Öffnung zum Kunden hin gestaltet wird, wie und in welchem Maße Social Media eingesetzt werden, ob man Kunden-Communities eine Plattform bietet, ob man sich für Kundenideen öffnet (etwa durch Designwettbewerbe und Ähnliches), kurz: wie man den Dialog sucht, ist erst der zweite Schritt. Der erste, grundlegende Schritt besteht in einer neuen Einstellung zum Kunden, der vom passiven Konsumenten zum Partner auf Augenhöhe mutiert. Das hat Folgen für Tonalität und Stil von Marketingmaßnahmen sowie für die Unternehmenskommunikation (auch und gerade in Krisenzeiten).

Ducati: Die Wiederbelebung einer Legende

Stellen Sie sich eine Firma vor, die am Abgrund steht. Vor einer Insolvenz wird sie nur durch den Einstieg eines amerikanischen Inves-
tors bewahrt. Der Investor setzt als neuen Firmenchef einen ausge-
wiesenen Turnaround-Experten ein. Und der hat als Erstes nichts
Besseres zu tun, als ein Firmenmuseum zu bauen, und das, obwohl
es in die marode Fertigungshalle hineinregnet. So geschehen 1996
bei Ducati. Der italienische Motorradhersteller ist ein Musterbeispiel dafür, wie die Neupositionierung einer schon totgesagten Marke durch radikales, durchaus kontroverses Handeln und die Besin-
nung auf die Kernwerte der Marke gelingen kann. Im Gespräch mit
der Credit Suisse rechtfertigte Federico Minoli, den die amerikani-
sche Investmentgruppe Texas Pacific mit der Sanierung von Ducati
beauftragte, den Aufsehen erregenden Museumsbau mit der »Belebung des Markenmythos« von Ducati: »Um unsere Premiumpreis-
strategie zu rechtfertigen, müssen wir neben ebenbürtiger Techno-
logie den Mythos Ducati, unsere Einzigartigkeit, unsere Geschichte
in die Waagschale werfen.«[249] Minoli sorgte für eine kosteneffizien-
tere Produktion, für die Beseitigung von Qualitätsmängeln, vor allem aber dafür, das Besondere der Ducati-Motorräder wieder stärker
ins Bewusstsein potenzieller Kunden zu rücken. Nicht nur im Duca-
ti-Museum, das man auch virtuell im Internet besuchen kann, wurde dazu die Aufmerksamkeit auf die großen sportlichen Erfolge des
Unternehmens in verschiedenen Rennklassen gelenkt. Anders als
andere Motorradhersteller konzentriert sich Ducati ausschließlich
auf Rennmaschinen, die in exklusiv ausgestatteten »Ducati Stores«
angeboten werden, und annonciert ausschließlich in der Fachpres-
se. Ähnlich wie Harley-Fahrer sind auch die »Ducatisti« eine ver-
schworene Gemeinschaft, die sich in Clubs (D.O.C.'s = Ducati Ow-
ners Clubs) organisieren und für »ihre« Marke trommeln. Auch bei
der Selbstdarstellung des Unternehmens setzt man bis heute ganz
auf den Markenmythos: »Ducati baut Emotionen. Die weltweit fas-
zinierenden Motorräder basieren auf unserem Engagement im Wett-
kampfbereich und sind höchster Ausdruck raffinierter Technik, unverwechselbaren Designs und Motorradleidenschaft«, heißt es

unter der Überschrift »Ducati. Italienische Leidenschaft« bei www. ducati.de. Dieser Mythos werde vom »Ducati-Stamm«, den Fans der Marke, wirksam weitergetragen, so Minoli 2004. Damals hatten sich die Produktionszahlen von 12.000 jährlich (1996) auf über 40.000 mehr als verdreifacht. Ducati war wieder eine WIR-MARKE, weil das Unternehmen mutig auf ein eindeutiges Markenprofil gesetzt hatte.

Fazit: Positionierung

»Die Marke lebt, wenn man sofort versteht, was sie kann«, hat »Radical-Brand«-Guru Vilim Vasata einmal gesagt.[250] Eine gelungene Positionierung lässt genau darüber keine Missverständnisse aufkommen und grenzt eine Marke überzeugend von Wettbewerbern ab. Wie kann das gelingen? Und wie schaffen WIR-MARKEN es, sich besonders eindrücklich von anderen Angeboten abzuheben?

➤ Entscheidend für eine gelungene Positionierung sind Klarheit, Eindeutigkeit und Kontinuität der Markenwerte.

➤ Maßgeblich sind nicht faktische Produkteigenschaften, maßgeblich ist deren Wahrnehmung durch die Kunden.

➤ Kernstrategien der Positionierung sind, Pionier, Preisbrecher, Qualitäts-/Premiumanbieter oder aber Spezialist zu sein.

➤ Erfolgsbeispiele illustrieren diese Strategien, einfache Rezepte für die Zukunft lassen sich daraus jedoch nicht ableiten. Jede individuelle Positionierungsstrategie erfordert kreativen Mut.

➤ Erfolgreiche Marken haben einen »Logenplatz im Kundenkopf« erobert. WIR-MARKEN gehen einen Schritt weiter: Sie besetzen eine »Lieblingsloge«, die positive Emotionen wachruft.

➤ Handlungsmaximen für die Positionierung von WIR-MARKEN sind Klarheit und Radikalität, eine von Management wie Mitarbeitern konsequent »gelebte« Marke, eine eigenverantwortliche Markenführung ohne Verantwortungsdelegation nach außen, die regelmäßige Reflexon des eingeschlagenen Weges jenseits des Tagesgeschäfts, ein Augenmerk auf den emotionalen Mehrwert, den die Marke liefert, sowie ein neues, partnerschaftliches Verständnis der Kundenrolle.

Interview mit Herbert Hainer (Adidas) zum Thema Positionierung

Herbert Hainer ist seit 2001 Vorstandsvorsitzender der Adidas AG, einem der weltgrößten Sportartikelhersteller, zu dem neben Adidas auch Reebok und die Golfmarke TaylorMade zählen. Der sportbegeisterte Betriebswirt startete 1979 als Verkaufsmanager bei Procter & Gamble. 1987 wechselte er zu Adidas, wurde dort 1997 Mitglied des Vorstandes und 2000 stellvertretender Vorstandchef. Das 1949 von Adi Dassler im bayerischen Herzogenaurach gegründete Unternehmen beschäftigt heute über 44.000 Mitarbeiter an mehr als 150 Standorten weltweit. 2010 erzielte Adidas einen Rekordumsatz von knapp 12 Milliarden Euro. Herbert Hainer wurde vielfach ausgezeichnet, unter anderem mit dem Bambi für Wirtschaft 2003 als »Unternehmer des Jahres 2005« und als »Manager des Jahres 2010«.

Herr Hainer, ein 2009 erschienener Band über Deutsche Standards zählt Adidas zu den »Marken des Jahrhunderts«.[251] In der Tat dürfte es nur sehr wenige Deutsche geben, die nicht wissen, was sich hinter Adidas verbirgt. Was hat diese Marke so stark gemacht?

Herbert Hainer: Das ist richtig, Adidas hat in Deutschland einen Bekanntheitsgrad von 99 Prozent. Und nicht nur das, auch was Beliebtheit und Besitz der Marke angeht, liegen wir ganz weit vorne. Den Grundstein für diesen Erfolg hat sicher unser Firmengründer, Adi Dassler, gelegt, der 1924 in der Waschküche seiner Mutter seine ersten Sportschuhe herstellte. Adi Dassler war ein leidenschaftlicher Sportler, der jede mögliche und unmögliche Sportart selbst ausprobiert hat. Auf alten Fotografien sieht man ihn beim Fußballspielen, Schlittschuhlaufen, Speerwerfen, Skispringen und so weiter. Gleichzeitig war er Schuhmacher und er hat seine beiden Leidenschaften ideal kombiniert. Es war zeitlebens sein Bestreben, Sportler mit dem bestmöglichen Material auszustatten, um optimale Leistungen erbringen zu können. Dieser Maxime folgen wir bis heute.

Adi Dasslers Sohn Horst hat dann die Marke bei den großen Sportereignissen wie Fußballweltmeisterschaften und Olympischen Spielen in Szene gesetzt – ebenfalls eine Strategie, die bis heute weiterlebt. Nach einem kleinen Durchhänger, ausgelöst durch den frühen Tod von Horst Dassler 1987, haben dann in den Neunzigerjahren die beiden Franzosen Robert Louis-Dreyfus und Christian Tourres die Marke Adidas internationalisiert und unser Geschäft global aufgestellt. Somit konnten meine Vorstandskollegen und ich auf ein solides Fundament aufbauen, als ich im Jahr 2001 den Vorstandsvorsitz der Adidas AG übernommen habe.

Wir möchten gerne das Thema Positionierung mit Ihnen vertiefen, also die Frage, wie eine Marke sich eindeutig von Wettbewerbern abgrenzt und ein klares Profil in der Kundenwahrnehmung entwickelt. Wofür steht Adidas heute?

Herbert Hainer: Der Markenkern von Adidas ist eindeutig der Sport – das ist unsere große Stärke. Konsumenten weltweit verbinden uns mit den großen Sportereignissen und den großen Sportkategorien Fußball, Basketball, Running, Tennis und nun auch zunehmend Outdoor. Ausgehend von diesem Markenkern Sport ist es uns in den vergangenen zehn Jahren exzellent gelungen, die Marke Adidas auszuweiten. Adidas ist heute mit Adidas Originals auch eine führende Streetwear-Marke. Durch die Kooperation mit dem japanischen Designer Yohji Yamamoto, die 2002 begann, wurde Adidas Y-3 zu einem in der Modewelt hoch respektierten Label, das heute bei jeder Fashion Week in New York begeistert gefeiert wird. Diese Modekompetenz bauen wir gerade mit weiteren Labels wie Adidas Neo, Adidas SLVR und Adidas Porsche Design weiter aus. Somit steht Adidas heute als einzige Marke unserer Industrie für Laufbahn *und* Laufsteg, für Stadion *und* Straße. Wichtig ist dabei aber immer, dass wir unsere Wurzeln, die im Sport liegen, nicht abschneiden. Daher ist es unser erklärtes Ziel, immer mindestens zwei Drittel unseres Umsatzes mit Sport-Performance-Produkten zu machen. Momentan liegen wir bei einem Verhältnis von 80 Prozent Sport-Performance, 20 Prozent Sport-Style.

Adidas hat sich in den letzten Jahrzehnten also stetig weiterentwickelt und bietet Sportlern vieler Disziplinen etwas. Dennoch steht der Fußball eindeutig im Mittelpunkt, von der Ausstattung zahlreicher Teams bis zur Zusammenarbeit mit dem Weltfußballverband. Warum setzen Sie diesen Schwerpunkt?

Herbert Hainer: Fußball ist ohne Zweifel der größte Sport weltweit. Nehmen Sie nur die Fußballweltmeisterschaft. Die vergangene WM in Südafrika haben kumuliert 44 Milliarden Menschen gesehen. In Afrika, Indien, aber auch in den USA hatte die WM Rekordeinschaltquoten, die Reichweite des Fußballs nimmt weiterhin ständig zu. Zudem ist Fußball sicher der Sport, den die Marke Adidas am besten versteht. Wir sind nun seit mehr als fünfzig Jahren Marktführer im Fußball, und seit 1954 kommen alle bahnbrechenden Innovationen im Fußball aus unserem Haus. Deshalb ist Fußball für uns so wichtig und unsere Richtung ist klar: Adidas war, ist und bleibt die Marke Nummer eins im Fußball. Es ist aber bei Weitem nicht so, dass wir uns bei Adidas nur um den Fußball kümmern. Wir sind Marktführer in den Kategorien Tennis und Training und gewinnen in Running, Basketball und Outdoor immer mehr Marktanteile. Dies sind auch die Sportarten, die wir in unserem strategischen Geschäftsplan »Route 2015« neben Fußball als Wachstumskategorien definiert haben.

Sie haben 2006 den US-Sportartikelhersteller Reebok erworben, der sich als Sanierungsfall erwies, inzwischen jedoch Umsatzzuwächse verbucht und auf einem guten Weg ist. In der Rückschau: Welche Fehler hat man bei Reebok gemacht?

Herbert Hainer: Reebok hatte keinen eindeutig definierten Markenkern mehr. Anfang der Neunzigerjahre war Reebok Marktführer auf dem weltweiten Sportartikelmarkt, noch vor Nike und Adidas, weil die Marke den Aerobic- und Fitnesstrend erkannt und maßgeblich mitgestaltet hatte. Ende der Neunzigerjahre investierte Reebok plötzlich massiv in Fußball, später dann in die amerikanischen Profiligen NBA und NFL, ehe in den 2000er-Jahren Partnerschaften mit Musikstars wie den Rappern Jay-Z und 50 Cent in den Mittelpunkt der Aktivitäten gestellt wurden. Durch diese häufigen Strategiewechsel war für den Konsumenten nicht mehr klar, wofür Reebok eigentlich steht. Das haben wir nun geändert und Reebok wieder als hochwertige Marke im Fitness- und Trainingsbereich positioniert.

Gibt es Ihrer Erfahrung nach Grundsätze, die man bei der erfolgreichen Positionierung einer Marke unbedingt beachten sollte?

Herbert Hainer: Ja. Als Erstes muss man den Kern einer Marke herausarbeiten. Denn die Positionierung der Marke kann nur auf diesem einen, unverwechselbaren Markenkern aufbauen. Sobald man diesen Kern gefunden hat und seine Strategie ausgearbeitet hat, sollte man diese Strategie konsequent umsetzen. Konsequent heißt dabei für mich, dass man sich auch durch den einen oder anderen Rückschlag nicht von seinem Weg abbringen lassen darf. Denn Rückschläge wird es auch im Geschäftsleben immer wieder geben. Kehren wir für einen Moment zu Reebok zurück: Die Neupositionierung der Marke hatten wir 2008 abgeschlossen, und dann kam die Finanzkrise. Die hat uns verständlicherweise nicht geholfen. Dennoch sind wir unserer Strategie treu geblieben, Reebok als hochwertige Trainings- und Fitnessmarke zu etablieren, und wurden dafür im Jahr 2010 erstmals belohnt.

Abschließend Ihr Rat an alle, die Verantwortung für eine erfolgreiche Marke tragen.

Herbert Hainer: Respektiere deine Marke und ihre Geschichte und gehe mit beiden behutsam um!

Ausblick: Die 7 Tools zur Schaffung einer WIR-MARKE und wie sie Ihr Unternehmen verändern

>»Es ist reine Zeitverschwendung,
>etwas Mittelmäßiges zu tun.«

Madonna

Erfolgreiche Marken sind wie Leuchttürme in einem Meer gesichtsloser Produkte, hieß es in der Einführung zu diesem Buch. Wer seine Marke zu einem solchen Leuchtturm machen – oder auch nur ihre Strahlkraft bewahren – will, kann sich nicht länger auf die Rezepte von gestern verlassen. Wo sich Märkte und Kunden verändern, muss sich auch das Marketing ändern. Mut, Fantasie und Kreativität sind heute stärker gefragt als je zuvor. Wie wappnen Sie sich am besten für globalen Wettbewerb, schnelle Märkte und Kunden, die heute mehr erwarten als nur ein gutes Produkt? Kunden, die gehört und ernst genommen werden wollen, die Emotionen, Erlebnisse oder gar Sinnerfüllung suchen? Meine feste Überzeugung ist: Am besten wappnen Sie sich, indem Sie Ihre Marke als zentrale Herausforderung begreifen, sie fest im Unternehmen und seinen Mitarbeitern verankern und sie für neue Kundenbedürfnisse öffnen. Kurz gesagt: Indem Sie ihre Marke zu einer WIR-MARKE machen. Sieben Werkzeuge weisen den Weg:

1. Selbstverantwortung

Die Marke ist zu wichtig, um sie allein der Marketingabteilung zu überlassen. Eine erfolgreiche Marke wird von der Geschäftsleitung mitverantwortet, mitentwickelt und nach innen, gegenüber Mitarbeitern, wie nach außen, gegenüber Kunden und anderen Stakeholdern, glaubwürdig verkörpert. WIR-MARKEN haben mutige Manager, die sich als Entrepreneure verstehen.

2. Werte

Authentische Werte sind Leitlinien für die Unternehmenspraxis und nicht etwa PR-Parolen für die Imagebroschüre. Unternehmen werden heute auch daran gemessen, ob sie sozial verantwortlich handeln. Medien, NGOs und Social Media beobachten kritischer denn je, ob ein Unternehmen selbst gesetzten und gesellschaftlich relevanten Ansprüchen gerecht wird, ob vor Ort oder beim Zulieferer im Schwellenland. Bei WIR-MARKEN sind gemeinsame Werte Bindeglied und Sympathieträger zwischen Kunden und Unternehmen.

3. Emotionen

Wer die Aufmerksamkeit übersättigter Konsumenten gewinnen will, muss sie emotional berühren. Kundenherzen gewinnt man nicht durch faktische Produkteigenschaften, sondern dadurch, dass man Wünsche, Träume und Sehnsüchte erfolgreich adressiert. Denn es kommt nicht darauf an, emotional zu *sein,* sondern Emotionen und Gefühle *auszulösen.* Dazu müssen Marketingverantwortliche in die Lebenswelt ihrer Kunden eintauchen, ihnen echtes Interesse entgegenbringen. WIR-MARKEN besitzen eine überzeugende ESP, eine Emotional Selling Proposition.

4. Geschichte(n)

Eine gute Geschichte bewirkt mehr als die allermeisten Verkaufsargumente: Sie gräbt sich ins Kundengedächtnis ein, schafft Identifikationsmöglichkeiten, weckt Emotionen. Wer eine gute Geschichte zu erzählen hat, gewinnt die Herzen, macht die Marke erlebbar. Wer eine WIR-MARKE kreieren, Mitarbeiter beflügeln und Kunden faszinieren will, begibt sich daher am besten auf die Suche nach authentischen Geschichten, die den Kern der Marke illustrieren.

5. Vertrauen

Vertrauen in ein Unternehmen und seine Marke(n) ist die beste Form der Kundenbindung. Vertrauen gewinnt man in einer pluralen Mediengesellschaft durch Transparenz und Offenheit. Die Zeiten, in denen sich eine Marke durch eine restriktive Kommunikationspolitik schützen ließ, sind vorbei. Dabei gilt: Nicht Fehlerlosigkeit, sondern der überzeugende Umgang mit Fehlern ist die Basis für Vertrauen. WIR-MARKEN setzen daher auf Kontinuität, Ehrlichkeit und Glaubwürdigkeit.

6. Dynamik

Spannend bleiben und gleichzeitig Kontinuität wahren – diesen Spagat meistern erfolgreiche Marken virtuos. Eine Marke darf weder durch Beliebigkeit verspielt noch durch Erstarrung obsolet werden. Markendehnungen müssen strategisch zur Marke passen, nachvollziehbar sein. Innovativ sein bedeutet nur selten revolutionäre Neuerungen. Innovativ sein heißt, Kundenbedürfnisse immer besser zu erfüllen, beim Produkt, aber auch in Service, Vertrieb oder in der Kundenansprache. WIR-MARKEN hüten ihren Markenkern und passen sich behutsam, aber stetig neuen Kundenbedürfnissen an.

7. Positionierung

Positionierung ist ein Wettstreit der Wahrnehmungen, kein Wettstreit der Produkte. Einen Logenplatz im Kundenkopf erobert, wer es schafft, seiner Marke für die Zielgruppe begehrenswerte Differenzierungskriterien zu verleihen. Kommunikative Klarheit, Eindeutigkeit und Kontinuität zahlen sich dabei aus. WIR-MARKEN bekennen sich radikal zu ihren Prinzipien, begegnen ihren Kunden auf Augenhöhe und begreifen Positionierung als Daueraufgabe, die es abseits des Tagesgeschäftes regelmäßig zu überprüfen gilt.

All das bedeutet: WIR-MARKEN gedeihen dauerhaft am besten in lebendigen, ambitionierten, leistungsfreudigen und mitarbeiterfreundlichen Unternehmen. Nur wenn die Unternehmenskultur stimmt, wenn sich Mitarbeiter mit dem Unternehmen und der Marke identifizieren können, wenn ein offenes und angstfreies Klima herrscht, ist echtes Interesse an den Kunden und ihren Bedürfnissen möglich und nur dann steht der Kunde wirklich im Mittelpunkt. Und nur wenn kontrovers diskutiert, engagiert nachgedacht und eigenverantwortlich gehandelt wird, werden wir der hohen Messlatte gerecht werden können, die moderne Märkte und heutige Zielgruppen uns allen anlegen.

Literaturverzeichnis

Christian Belz, *Marketing gegen den Strom*. St. Gallen 2009.

Otto Belz, *Marketing: Durch Nacht zum Licht. Eine Standortbestim-mung*. St. Gallen: perSens, o. J.

Klaus Brandmeyer/Peter Prick/Andreas Pogoda/Christian Prill, *Marken stark machen. Techniken der Markenführung*. Weinheim 2008

Heike Bühler/Uta-Micaela Dürig (Hrsg.), *Tradition kommunizieren. Das Handbuch der Heritage Communication*. Frankfurt am Main 2008

Wolfgang Clement/Heike Bruch, *Top Job 2010. Die besten Arbeitge-ber im Mittelstand*. München 2010

Oliver Dziemba/Eike Wenzel, *Marketing 2020. Die elf neuen Ziel-gruppen – wie sie leben, was sie kaufen*. Frankfurt am Main 2009

Klaus Fog/Christian Budtz/Philip Munch/Stephen Blanchette, *Storytelling. Branding in Practice*. Berlin/Heidelberg, 2. Aufl. 2010

Peter Haller (Serviceplan)/Wolfgang Twardawa (GfK), *Building Best Brands. Die Keydriver der Champions*. Nürnberg 2008

Hans-Georg Häusel, *Brain View. Warum Kunden kaufen!* Planegg/München, 2. Aufl. 2008

Hans-Georg Häusel (Hrsg.), *Neuromarketing. Erkenntnisse der Hirn-forschung für Markenführung, Werbung und Verkauf*. Freiburg/Ber-lin/München 2007

Nikodemus Herger, *Vertrauen und Organisationskommunikation. Identität – Marke – Image – Reputation*. Wiesbaden 2006

Matthias Horx, *Das Buch des Wandels. Wie Menschen Zukunft gestalten*. München 2009

Marijana Kelava/Julia Franziska Scheschonka, »Konzepte der Markenführung«; in: Dieter Herbst (Hrsg.), *Der Mensch als Marke*. Göttingen 2003, S. 45 ff.

Anja Kirig/Corinna Langwieser, *Konsument 2020. Die wichtigsten Konsumtrends im Wandel der Zeit*. Kelkheim (Zukunftsinstitut GmbH) 2010

Klaus-Dieter Koch/Brand:Trust, *Das Buch der Überzeugungen*. Nürnberg, 2. Aufl. 2005

Florian Langenscheidt (Hrsg.), *Deutsche Standards. Marken des Jahrhunderts*. Köln, 16. neubearb. Aufl. 2009

Christian Mikunda, *Warum wir uns Gefühle kaufen. Die 7 Hochgefühle und wie man sie weckt*. Berlin 2009

Nils Müller u.a. (Hrsg.), *Trendbook 2010 – Das Zukunftslexikon der wichtigsten Trendbegriffe*. Hamburg/Berlin 2008

Martin Lindstrom, *Brand Sense. Warum wir starke Marken fühlen, riechen, schmecken, hören und sehen können*. Frankfurt am Main 2011

Gerald Reischl, *Die Google-Falle. Die unkontrollierte Weltmacht im Internet*. Wien, 5. Aufl. 2008

Lars Reppesgaard, *Das Google-Imperium*. Hamburg, 2. Aufl. 2010

Kevin Roberts, *Der Lovemarks-Effekt. Markenloyalität jenseits der Vernunft*. München 2008

Hermann Scherer, *Jenseits vom Mittelmaß. Unternehmenserfolg im Verdrängungswettbewerb*. Offenbach 2009

Georgios Simoudis, »Mythen, Legenden, Anekdoten. Storytelling in der Heritage Communication«; in: Heike Bühler/Uta-Micaela Dürig (Hrsg.), *Tradition kommunizieren*. Frankfurt am Main 2008, S. 110 ff.

Jack Trout, *Große Marken in Gefahr.* München 2002

Jack Trout/Steve Rivkin, *New Positioning: Das Neueste zur Business-Strategie Nr. 1.* Düsseldorf 1996

Jeffrey Young/William L. Simon, *Steve Jobs und die Erfolgsgeschichte von Apple.* Frankfurt am Main, 4. Aufl. 2010

Anmerkungen

1   Martin Lindstrom, *Brand Sense. Warum wir starke Marken fühlen, riechen, schmecken, hören und sehen können.* Frankfurt am Main 2011, S. 36.

2   Peter Haller (Serviceplan)/Wolfgang Twardawa (GfK): »Building Best Brands«. Nürnberg 2008, S. 101.

3   Ebd., S. 5.

4   Im agentureigenen »Buch der Überzeugungen«, 2. Aufl., Nürnberg 2005.

5   perSens: »Marketing: Durch Nacht zum Licht. Eine Standortbestimmung.« St. Gallen, o. J.

6   ... beispielsweise im Vorwort zu Lindstroms *Brand Sense,* a. a. O.

7   Vgl. Hans-Georg Häusel (Hrsg.): *Neuromarketing.* Planegg/München 2007.

8   So die Sparkasse in Anzeigen 2010/2011.

9   Vgl. den Versender Deerberg, der im Katalog 2010/2011 ein solches Modell vorstellt.

10   ... unter der Überschrift »Der harte Kern.« *Brand eins,* Nr. 2/2010.

11   Vgl. Oliver Dziemba/Eike Wenzel: *Marketing 2020. Die elf neuen Zielgruppen – wie sie leben, was sie kaufen.* Frankfurt am Main 2009.

12   *Frankfurter Allgemeine Sonntagszeitung* vom 21. November 2010; auch im Internet unter www.faz.net.

13   Wolfgang Hirn/Sören Jensen: »Jugendweihe bei Schlecker«, *Manager Magazin* vom 18. Januar 2011; im Internet unter www.manager-magazin.de.

14   Alle: *Frankfurter Allgemeine Zeitung;* im Internet unter www.faz.net.

15   »Dm-Historie. Geschichte in Zahlen«; im Internet unter www.dm-drogeriemarkt.de

16   Interview mit Meike und Lars Schlecker unter der Überschrift »Das ist sicher ein Kraftakt.« *Manager Magazin* 12/2010, S. 44 f.

17   www.schlecker.com > Der Konzern > Schlecker erfindet sich neu.

18   »Schlecker informiert«. Jahresausgabe 2011.

19   Interview mit Erich Harsch unter der Überschrift »Zu unserer Marke gehört eine klare Haltung.« *Absatzwirtschaft* 3/2011, S. 12 ff.

20   Marijana Kelava/Julia Franziska Scheschonka: »Konzepte der Markenführung«, in: Dieter Herbst (Hrsg.): *Der Mensch als Marke.* Göttingen 2003, S. 45 ff.

21   Genauer hierzu vgl. Hans-Georg Häusel: *Brain View. Warum Kunden kaufen!* Planegg/München, 2. Aufl., 2008, S. 175 f.

22   Hermann Scherer: *Jenseits vom Mittelmaß. Unternehmenserfolg im Verdrängungswettbewerb.* Offenbach 2009, S. 27.

23   Ausführlicher zum »integrierten identitätsorientierten Ansatz« siehe Kelava/Scheschonka, a. a. O., S. 51 ff.

24   In: Wolf Lotter, »Der harte Kern«, *Brand eins* 02/2010, S. 42 ff.; hier: S. 45.

25   Ebd., S. 47.

26   »Basic stoppt Einstieg von Lidl«, *Frankfurter Allgemeine Zeitung* vom 4. September 2007; im Internet unter www.faz.net.

27 Andreas Steinle, »Der neue Gut-Konsum«, Trend-Kolumne im *Manager Magazin* vom 20. April 2010; im Internet unter www.manager-magazin.de.

28 Anja Kirig/Corinna Langwieser: »Konsument 2020. Die wichtigsten Konsumtrends im Wandel der Zeit«. Kelkheim (Zukunftsinstitut GmbH), 2010.

29 … im »Buch der Überzeugungen« seines Unternehmens Brand:Trust (Nürnberg, 2. Aufl. 2005, S. 17).

30 Martin Lindstrom, *Brand Sense*. a. a. O., S. 154.

31 Vgl. *index* 1/2005.

32 Download im Internet unter http://changethis.com/manifes-to/show/14.OpenSourceMktg

33 Vgl. den Artikel »Open Source Marketing« im Internet-Marketing-Magazin www.marke-x.de und *Spiegel*-Meldung vom 1. Dezember 2009; im Internet unter www.spiegel.de.

34 Vgl. www.wired.com/wired/archive/12.08/lostboys.html

35 Vgl. z. B. die *Financial Times Deutschland* vom 11. Februar 2011: »Koflers ›ADAC für Energiesparer‹ gescheitert«; im Internet unter www.ftd.de.

36 In: Kevin Roberts: *Der Lovemarks-Effekt. Markenloyalität jenseits der Vernunft*. München 2008, S. 33.

37 Matthias Horx: *Das Buch des Wandels. Wie Menschen Zukunft gestalten*. München 2009, S. 276.

38 Ebd., S. 285.

39 Marc-Stefan Andres/Peter Gaide, »Versuch's mal mit Gefühl«. *Brand eins* 2/2008, S. 102 ff.

40 Mehr dazu: Thomas Ramge, »Von Freund zu Freund«. *Brand eins* 2/2008, S. 69 ff. Dort auch die Hinweise auf Bazooka, Converse, Lego und Kettle Foods.

41 Im »Buch der Überzeugungen«, a. a. O., S. 38.

42 Klaus Brandmeyer u. a., *Marken stark machen. Techniken der Markenführung.* Weinheim 2008, S. 8.

43 Vgl. »Die Best Brands des Jahres 2011«, *Werben & Verkaufen* 06/2011, S. 20 ff.

44 Vgl. Die »Best Global Brands« werden jährlich von der Markenberatung Interbrand auf der Basis von wirtschaftlicher Performance, Rolle beim Kaufentscheid und Markenstärke gekürt (www.interbrand.com); die »Brandz Top 100« werden ermittelt von der Markenberatung MillwordBrown, die den Anteil der Marke am gegenwärtigen zum zukünftigen Verkaufserfolg errechnet (www.millwardbrown.com).

45 Vgl. www.lovemarks.com > The Top 200 (Zugriff im März 2011) und Kevin Roberts, *Der Lovemarks-Effekt.* München 2008.

46 Vgl. »1984 Apple's Macintosh Commercial« auf www.youtube.de.

47 »Apple verblüfft mit Rekordzahlen«, *Die Zeit,* Meldung vom 19. Januar 2011; im Internet unter www.zeit.de.

48 Meldung bei Spiegel Online vom 17. Januar 2011: »Das 20-Milliarden-Dollar-Genie«; im Internet unter www.spiegel.de.

49 Sven Frohwein, »Apple-Chef Steve Jobs – Der Gott der Technik geht«, *Der Westen,* Meldung vom 18. Januar 2011; im Internet unter www.derwesten.de.

50 Jeffrey Young/William L. Simon, *Steve Jobs und die Erfolgsgeschichte von Apple.* Frankfurt am Main, 2010, 4. Aufl., S. 104 f.

51 »List of Apple Inc. slogans«, Wikipedia.

52 Jeffrey Young/William L.Simon, *Steve Jobs und die Erfolgsgeschichte von Apple,* a. a. O., S. 86.

53 Vgl. den Artikel »Reality Distortion Field« bei Wikipedia.

54 »Apple Special Event, March 2011«, im Internet auf www. youtube.de.

55 Sascha Lobo, »Das dunkle Reich des Steve Jobs«, *Spiegel Online* vom 9. März 2011; im Internet unter www.spiegel.de.

56 Jeffrey Young/William L. Simon, a. a. O. und ein Spiegel-Porträt von Klaus Brinkbäumer und Thomas Schulz unter dem Titel »Der Philosoph des 21. Jahrhunderts«; *Der Spiegel* Nr. 17/2010, S. 67 ff.

57 Jeffrey Young/William L. Simon, a. a. O., S. 43, 69, 79 f., 241 und Klaus Brinkbäumer/Thomas Schulz, a. a. O., S. 67.

58 Jeffrey Young/William L. Simon, a. a. O., S. 340.

59 Daniel Rettig, »Beliebteste Arbeitgeber. Google ist Aufsteiger beim Arbeitgeber-Ranking«, *Wirtschaftswoche* vom 18. Mai 2009; im Internet unter www.wiwo.de.

60 www.google.de > »Über Google« > »Unternehmensinformationen«

61 So Bill Gates in einem Interview der Zeitschrift *Fortune*. Quelle: Slaven Marinovic, »Einer gegen alle«, *Brand eins* 01/2010, S. 19 ff., hier: S. 22.

62 Gerald Reischl, *Die Google-Falle. Die unkontrollierte Weltmacht im Internet.* Wien, 5. Aufl. 2008, S. 11.

63 Vgl. dazu Anders Parment, *Die Generation Y – Mitarbeiter der Zukunft.* Wiesbaden 2009.

64 … heißt es in der Erläuterung zu Punkt 6 der Google-Philosophie.

65 Adwords stammt von der Yahoo-Tochter Overture, Adsense von Applied Semantics. Quelle: Slaven Marinovic, a. a. O., S. 22.

66 Wikipedia-Artikel »Google Inc.«

67 Slaven Marinovic, a. a. O., S. 24 und S. 19.

68 Wikipedia-Artikel »Google Inc.«

69 Meldung auf www.spiegel.de vom 11. März 2011.

70 Vgl. etwa Gerald Reischl, *Die Google-Falle. Die unkontrollierte Weltmacht im Internet.* Wien, 5. Aufl. 2008; Lars Reppesgaard, *Das Google-Imperium,* Hamburg, 2. Aufl. 2010.

71 Vgl. »Die Best Brands des Jahres 2011«, *Werben und Verkaufen* Nr. 6 vom 10. Februar 2011, S. 20 ff.

72 Slaven Marinovic, a. a. O., S. 26.

73 Zit. nach Suresh Kotha, »Amazon.com. Expanding Beyond Books« (Case Study, hier: S. 7). Im Internet unter http://faculty.bschool.washington.edu/skotha/website/cases/Amazon_98.pdf (eigene Übersetzung). Wörtlich sagt Bezos: »I want every customer to become an evangelist for us.«

74 www.tagesschau.de, Meldung vom 28. Januar 2011 unter dem Titel »Wenn gut nicht gut genug ist«.

75 www.amazon.com. Annual Report 2009, veröffentlicht im April 2010, hier: S. 2. Download im Internet unter http://phx.corporate-ir.net/phoenix.zhtml?c=97664&p=irol-reportsannual.

76 Vgl. www.amazon.de > »Über uns«.

77 Zit. nach Suresh Kotha, a. a. O., S. 7.

78 Frank Patalong, »Jeff Bezos: Amazon-Chef erfindet Filter für Geschenke-Spam«; *Spiegel Online* vom 27. Dezember 2010; im Internet unter www.spiegel.de.

79 www.amazon.com. Annual Report 2009, a. a. O., S. 2.

80 Steffan Heuer, »Eins nach dem anderen«; *Brand eins* 06/2008, S. 24 ff., hier: S. 28 f.

81 www.amazon.de > Amazon Values.

82 Ebd.

83 Steffan Heuer, »Eins nach dem anderen«; a. a. O., S. 25

84 Ebd., S. 28.

85 Ausführlicher dazu der Artikel von Steffan Heuer, a. a. O.

86 »February 2011 and Historical ACSI Scores«; im Internet unter www.theacsi.org/index.php?option=com_content&view= article&id=206&Itemid=259

87 »Süchtig nach Veränderung«, *Spiegel* Nr. 46, 2007, S. 88 f.

88 Hendrik Ankenbrand/Lisa Nienhaus, »Nokia kämpft ums Überleben«, *Frankfurter Allgemeine Sonntagszeitung* Nr. 6 vom 13. Februar 2011, S. 34 f.

89 Am 23. März 2011 wurde die Aktie an der Börse in Helsinki mit 5,92 Euro notiert.

90 Hendrik Ankenbrand/Lisa Nienhaus, a. a. O.

91 Johannes Kuhn, »Bündnis der verletzten Riesen«; *Süddeutsche Zeitung* vom 11. Februar 2011; im Internet unter www.sueddeutsche.de.

92 www.nokia.de > Über Nokia.

93 »Nokia verliert in Deutschland überdurchschnittlich viele Marktanteile«; Meldung vom 19. November 2008; im Internet unter www.heise.de.

94 »Abgeblitzt: Der Niedergang der Marke Opel«, *Spiegel Online* vom 08. November 2004; im Internet unter www.spiegel.de.

95 Vgl. www.opel.de > Über Opel > Opel World bzw. > Wir leben Autos.

96 Jack Trout, *Große Marken in Gefahr*. München, 2002, S. 107.

97 »Vergesst Opel!« Interview im Magazin *Brand eins* 02/2010, S. 72 f.

98 Vgl. Jack Trout, a. a. O., S. 27 ff.

99 »Opel in Not – das raten die Experten«, www.horizont.net am 24. Februar 2009.

100 »Blitz-Karriere. Die Geschichte der Adam Opel AG«, *Autobild* vom 18. Februar 2009; im Internet unter www.autobild.de.

101 Laure Lugon Zugravu, »Kaffee: David gegen Goliath«; *Bilanz* 10/2010; im Internet unter www.bilanz.ch.

102 »Building Best Brands. Die Keydriver der Champions.« Serviceplan/Gfk 2008, S. 11.

103 »Managing Brands for Value Creation« (2005), Download im Internet unter www.wolffolins.com/media/uploads/Wolff_ Olins_Booz_research_report.pdf (eigene Übersetzung).

104 Michael Reidel, »Eliteclub mag es stiefmütterlich«; in: *Horizont* 13/2011, S. 23.

105 Otto Belz, »Marketing: Durch Nacht zum Licht. Eine Standortbestimmung.«, St. Gallen: perSens, o. J.

106 Klaus-Dieter Koch/brand:trust, *Das Buch der Überzeugungen.* Nürnberg, 2. Aufl. 2005, S. 31.

107 Simon Hage/Wolfgang Hirn, »Der Bull-Doser«; *Manager Magazin* vom 18. Oktober 2010; im Internet unter www.manager-magazin.de.

108 Ebd.

109 So das Ergebnis einer Umfrage der Beratungsfirma Universum unter fast 130.000 Jobsuchenden; vgl. www.universumglobal.com/stored-images/74/74cf590d-e9aa-402e-b21f-e81e-0ec28212.pdf.

110 Vgl. Wolfgang Clement/Heike Bruch, *Top Job 2010. Die besten Arbeitgeber im Mittelstand.* München 2010.

111 »Die Best Brands des Jahres 2011«, *Werben & Verkaufen* 6/2011, S. 20 ff.

112 A. Grimm, »Neuzulassungen von Personenkraftwagen im Juni 2010 nach Segmenten und Modellreihen«, im Internet unter www.kfz-betrieb.vogel.de/fileserver/vogelonline/issues/kfz/sonst/2010/2810.pdf

113 Steffan Heuer, »Eins nach dem anderen«, *Brand eins* 06/2008, S. 24 ff., hier: S. 27.

114 Petra Oberhofer, »Motivation und Engagement am Arbeitsplatz sinken«, Fachartikel auf business-wissen.de vom 9. Mai 2008; im Internet unter www.business-wissen.de/mitarbeiter-fuehrung/unzufriedenheit-motivation-und-engagement-am-arbeitsplatz-sinken/.

115 Alle Kobjoll-Zitate aus einem Interview mit Klaus Kobjoll unter dem Titel »Jedes Unternehmen hat die Kunden, die es verdient«; in: Roger Rankel, *Sales Secrets,* Wiesbaden 2008, S. 207 ff.

116 Milton Friedman, »The Social Responsibility of Business is to Increase its Profits«; in: *New York Times Magazine* Nr. 33 vom 13. September 1970, S. 122 ff. und Matthias Horx, *Das Buch des Wandels. Wie Menschen Zukunft gestalten.* München 2009, S. 303.

117 Nils Müller u.a. (Hrsg.), *Trendbook 2010 – Das Zukunftslexikon der wichtigsten Trendbegriffe.* Hamburg/Berlin 2008.

118 *Absatzwirtschaft,* Sonderheft »Marken 2010«, S. 34 und S. 37 f.

119 www.utopia.de > »Über Utopia«.

120 Vgl. http://berlin.carrotmob.de

121 *Absatzwirtschaft,* Sonderheft *Marken 2010,* S. 41.

122 www.starbucks.de > Über Starbucks > Die Firmengeschichte

123 www.starbucks.de > Soziale Verantwortung bei Starbucks

124 Vgl. www.lovemarks.com > The Top 200 Lovemarks.

125 www.starbucks.de

126 www.starbucks.de > Über Starbucks > Das Starbucks Leitbild.

127 Meldung vom 21. März 2008; im Internet unter www.spiegel.de

128 *Focus* vom 14. Oktober 2009, »Neues Wallraff-Buch ist Reise in soziale Wüste«; im Internet unter www.focus.de.

129 www.starbucks.com (Zugriff am 4. April 2011)

130 Vorwort zu Nikodemus Herger, *Vertrauen und Organisationskommunikation,* Wiesbaden 2006, S. 13.

131 www.jnj.com/connect/about-jnj/jnj-credo/ (eigene Übersetzung aus dem Englischen).

132 Dr. Florian Scharr, »Die ›Tylenol-Toten‹ 1982 in Chicago«, Krisennavigator, 14. Jahrgang 2011, Ausgabe 8; im Internet unter www.krisennavigator.de/Die-Tylenol-Toten-1982-in-Chicago.780.1.html.

133 Vgl. www.google.de/intl/de/corporate/initiatives.html.

134 In: Stephan A. Jansen, »Management der Moralisierung«, *Brand eins* 02/2010, S. 132 f.

135 Vera Hermes, »Werttreiber Nachhaltigkeit«; in: *Absatzwirtschaft.* Sonderheft *Marken 2010,* S. 34 ff., hier: S. 40.

136 »Das Good Company Ranking. Corporate Social Responsibility Wettbewerb der 90 größten Konzerne Europas.« (2009). Download unter www.kirchhoff.de.

137 Nikodemus Herger, *Vertrauen und Organisationskommunikation. Identität – Marke – Image – Reputation.* Wiesbaden 2006, S. 135.

138 Titelthema des *Spiegel* Nr. 16/2008: »Die Akte Siemens. Innenansicht eines korrupten Konzerns«.

139 »Das Good Company Ranking«, a. a. O., S. 13.

140 Marcus Buckingham/Curt Coffman, *Erfolgreiche Führung gegen alle Regeln,* Frankfurt am Main 2001, S. 28 ff. (Umfrageergebnisse zum Einzelhandel S. 31 ff.).

141 Heike Bühler/Uta-Micaela Dürig (Hrsg.), *Tradition kommu-nizieren. Das Handbuch der Heritage Communication.* Frankfurt am Main 2008, S. 22.

142 Rakesh Khurana/Nitin Nohria, »Die Neuerfindung des Ma-nagers«; in: *Harvard Business Manager*, Januar 2009, S. 20 ff., hier S. 29.

143 Melanie Amann, »Dieser Klamottenladen ist völlig anders«; *Frankfurter Allgemeine Sonntagszeitung*, 4. April 2010, S. 36.

144 Anton Hunger, »Historie als identitätsstiftende Funktion«; in: Heike Bühler/Uta Micaela Dürig (Hrsg.): *Tradition kommuni-zieren.* Frankfurt am Main 2008, S. 154 ff., hier S. 156.

145 Hermann Scherer, *Jenseits vom Mittelmaß. Unternehmenserfolg im Verdrängungswettbewerb.* Offenbach 2009, S. 161.

146 Vgl. Hans-Georg Häusel (Hrsg.), *Neuromarketing. Erkenntnis-se der Hirnforschung für Markenführung, Werbung und Verkauf.* Freiburg/Berlin/München 2007.

147 Franz-Rudolf Esch/Thorsten Möll, »Ich fühle, also bin ich – Markenemotionen machen den Unterschied; in: *Marketing Re-view St. Gallen* 4/2009, S. 22 ff.

148 Interview mit der Zeitschrift *Werben & Verkaufen* unter dem Titel »Das Logo ist entbehrlich«; Nr. 08/2011, S. 24 ff.

149 Jens Glüsing/Nils Klawitter, »Die Bohnen-Revolution«; in: *Der Spiegel* 7/2010, S. 80 f.

150 Vgl. Hans-Georg Häusel, *Brain View. Warum Kunden kaufen.* Freiburg/Berlin/München/Zürich 2008. (1. Auflage unter dem Titel *Brain Script.*)

151 Ebd., S. 163.

152 Ebd., S. 170 ff.

153 Vgl. Christian Mikunda, *Warum wir uns Gefühle kaufen. Die 7 Hochgefühle und wie man sie weckt.* Berlin 2009, S. 15.

154 Tim Höfinghoff, »Das Ohr isst mit«; in: *Der Spiegel* 5/2005, S. 120.

155 Martin Lindstrom, *Brand Sense,* Frankfurt am Main 2011, hier S. 13.

156 Vgl. ebd.

157 Ebd., S. 61 und 154.

158 Kevin Roberts, *Der Lovemarks-Effekt. Markenloyalität jenseits der Vernunft.* München 2008, S. 35.

159 Ebd., S. 42 ff.

160 Ebd., S. 45.

161 In: Ders. (Hrsg.), *Neuromarketing. Erkenntnisse der Hirnforschung für Markenführung, Werbung und Verkauf.* Freiburg/Berlin/München/Zürich 2007, S. 67.

162 Kevin Roberts, *Der Lovemarks-Effekt. Markenloyalität jenseits der Vernunft.* München 2008, S. 264.

163 www.linie.de/linie/de/LinieWorld/Geschichte

164 Wikipedia-Artikel »Aquavit« auf http://de.wikipedia.org.

165 Jerome Bruner, *Actual Minds, Possible Worlds.* Harvard University Press 1986.

166 Jörn Sucher, »Ikea-Gründer Kamprad wird 80: Reicher Mann, armer Mann«; in: *Der Spiegel* vom 30. März 2006, im Internet unter www.spiegel.de.

167 Georgios Simoudis, »Mythen, Legenden, Anekdoten. Storytelling in der Heritage Communication«; in: Heike Bühler/ Uta-Micaela Dürig (Hrsg.), *Tradition kommunizieren.* Frankfurt am Main 2008, S. 110 ff., hier S. 111.

168 Amazon.de: Moleskine – Die Geschichte eines legendären Notizbuches; im Internet unter www.amazon.de > Moleskine Shop.

169 Vgl. ausführlicher dazu Matthias Irle, »Das ungeschriebene Buch«; in: *Brand eins* 02/2008, S. 96 ff.

170 Ebd., S. 100.

171 Vgl. hierzu Klaus Fog/Christian Budtz/Philip Munch/Stephen Blanchette, *Storytelling. Branding in Practice*. Berlin/Heidelberg, 2. Aufl. 2010.

172 Vgl. ebd., S. 40 und S. 94.

173 »Post-it: Zettelchens Traum«, *Frankfurter Allgemeine Zeitung* Nr. 124 vom 01. Juni 2005, S. 37; im Internet unter www.faz. net.

174 Georgios Simoudis, »Mythen, Legenden, Anekdoten«, a. a. O., S. 113.

175 Vgl. www.youtube.com/watch?v=uVFNM8f9WnI&feature=related; mehr dazu in Markus Scheele, »Organisierter Spontanauflauf«; in: *Absatzwirtschaft*. Sonderheft *Marken 2010*, S. 138 ff.

176 Vgl. Klaus Fog et al., *Storytelling*, a. a. O., S. 75 f. und »Burgerking Whopper Freakout« bei Youtube unter www.youtube. com/watch?v=IhF6Kr4ITNQ.

177 Ebd., S. 142 ff.

178 Felix Gress, »>The Chemical Company< erlebbar machen«; in: Heike Bühler/Uta Micaela Dürig (Hrsg.), *Tradition kommunizieren*, a. a. O., S. 191 ff., hier S. 199 f.

179 Vgl. http://cache.lego.com/bigdownloads/buildinginstructions/4505850.pdf.

180 Vgl. Klaus Fog et al., *Storytelling*, a. a. O., S. 202 f.

181 Pressemitteilungen unter www.presseportal.de: »Franz Beckenbauer und 76 Marken zur Superbrand Germany 2007/2008 ausgezeichnet« und »Franz Beckenbauer zur Superbrand Germany 2007/2008 gewählt«.

182   Vgl. Niklas Luhmann, *Vertrauen*. 4. Aufl., Stuttgart 2000, S. 1.

183   Vgl. www.youtube.com/watch?v=QSlXeFgTlzQ.

184   Christoph Schlautmann, »Billigprodukte beenden ihren Sie-geszug«, in: *Zeit Online* vom 22. Oktober 2010; im Internet unter www.zeit.de.

185   Andreas Haslauer, »Konsumaktion: Das Comeback der Mar-ken«, *Focus Money Online* am 2. Dezember 2007; im Internet unter www.focus.de.

186   Ernst Primoach/Henkel KGaA (Hrsg.), Corporate Identity, »Henkel. Eine Marke wie ein Freund./Henkel. A Brand like a Friend.« Düsseldorf, Henkel KGaA 2006, hier S. 32. Down-load im Internet unter www.designtagebuch.de/cd-manuals/ Henkel_CI.pdf.

187   2011 Edelman Trust Barometer Findings, Download im Inter-net unter www.edelman.com/trust/2011/. Im Falle der NGOs fasst Edelman Frankreich, Deutschland und das United King-dom zusammen; alle anderen Daten nur für Deutschland.

188   Die Frage lautete »How important are these factors to corpo-rate reputation?«; eigene Übersetzung.

189   Musiol/Munzinger/Sasserath, »Markenvertrauen 2010«; Download im Internet unter www.slideshare.net/MusiolMun-zingerSasserath/mms-markenvertrauen-2010.

190   »Ölkatastrophe: Neuer BP-Chef gründet Sicherheitsabtei-lung«, Meldung im *Focus* vom 29. September 2010; im Inter-net unter www.focus.de.

191   *Wallstreet Online*.

192   Musiol/Munzinger/Sasserath, »Markenvertrauen 2010«; a. a. O.

193   Wikipedia-Artikel »Ölpest im Golf von Mexiko 2010«; im In-ternet unter http://de.wikipedia.org/wiki/Ölpest_im_Golf_ von_Mexiko_2010.

194 Vgl. Johannes Kuhn, »Sony: Wutsturm nach Datenklau-Debakel«; in: *Süddeutsche Zeitung* vom 27. April 2011, im Internet unter www.sueddeutsche.de.

195 »The Brands You Trust. Reader's Digest European Trusted Brands Survey 2011«; Download unter www.rdtrustedbrands.com.

196 Gespräch mit Christiane Sommer unter der Überschrift »Die Weißmacher«, in: *Brand eins* 02/2005, S. 58 ff., hier S. 59.

197 Kevin Roberts, *Der Lovemarks-Effekt*, a. a. O., S. 144.

198 »Datenklau: Sony-Chef entschuldigt sich erstmals«, Meldung im *Focus* vom 06. Mai 2011, im Internet unter www.focus.de.

199 www.miele.de und Florian Langenscheidt (Hrsg.), *Deutsche Standards. Marken des Jahrhunderts*, a. a. O., S. 356.

200 Platz 1 der »Trusted Brands« in der Kategorie »Retailer«, vgl. www.rdtrustedbrands.com.

201 Dieter Brandes, *Konsequent einfach. Die Aldi Erfolgsstory.* Frankfurt am Main, 4. Aufl. 1998 und Dieter Brandes, *Die 11 Geheimnisse des Aldi-Erfolges.* Frankfurt am Main 2003, S. 45 ff.

202 JACDEC steht für »Jet Airliner Crash Data Evaluation Center«.

203 »Qantas: Riesen-Airbus darf wieder fliegen«, *Focus Online*, 23. November 2010; im Internet unter www.focus.de.

204 www.landsend.de und Lands' End-Katalog Mai 2011, S. 2.

205 Hermann Scherer, *Jenseits vom Mittelmaß. Unternehmenserfolg im Verdrängungswettbewerb.* Offenbach 2009, S. 52.

206 Michael Bernecker vom Deutschen Marketinginstitut (DIM) in einem Beitrag unter dem Titel »Die Reklamation als Möglichkeit, Kunden zu binden«; im Internet unter www.expertenartikel.de/ratgeber/artikel-20.shtml.

207 Interview mit Franz Fehrenbach in Heike Bühler/Uta-Micaela Dürig (Hrsg.), *Tradition kommunizieren*, a. a. O., S. 142 ff., hier S. 150.

208 Das Eingangszitat stammt aus Belz' Buch *Marketing gegen den Strom*, St. Gallen 2009, S. 16.

209 *Horizont* Nr. 37 vom 14. September 2006.

210 So die Markenberater von TAIKN, die im Internet unter www.taikn.de/fs/index_noflash.html das Beispiel Nivea und weitere positive und negative Beispiele von Markendehnungen ausführlich vorstellen.

211 Vgl. ebd.

212 Vgl. zum Beispiel Sybille Kircher, »Die sechs Erfolgsregeln der Markendehnung«, in: www.marketingboerse.de.

213 »Gutes Marketing, schlechtes Marketing«, *Brand eins* 02/2008, S. 130 f., hier S. 131.

214 dpa-Meldung vom 3. Mai 2011, im Internet unter www.ruhrnachrichten.de.

215 Interview unter dem Titel »Wie verteidigt man seine Marken und seinen Markt?«, *Brand eins* 02/2008; im Internet unter www.brandeins.de.

216 Wikipedia widmet dem »Segway Personal Transporter« einen ausführlichen Artikel.

217 »Melitta will fünf Prozent mehr Umsatz«, *Handelsblatt*, Meldung vom 18. Mai 2011; im Internet unter www.handelsblatt.com.

218 Vgl. den Artikel »Von der Einzelmarke zum Markensortiment« unter www.melitta100.de.

219 Jens Bergmann, »Zurück in die Zukunft«; *Brand eins* 10/2008, S. 24.

220 Vgl. »Nichts gelernt«; in: *Der Spiegel* Nr. 30, 1984, S. 30f. (zu Triumph Adler) und Thorsten Bald/Henrick Rutenberg: »Loewe – Aufbau einer Premium-Position in technik- und preisgetriebenem Marktumfeld«; in: Franz-Rudolf Esch et al., *Best Practice in der Markenführung.* Wiesbaden 2009, S. 173 ff.

221 Jochen Schuster, »Persil. Der ›selbsttätige‹ Waschmittel-Riese«, *Focus Money* vom 6. Juni 2007; im Internet unter www.focus.de.

222 Mario Brück, »Henkel und Procter kämpfen um Marktanteile«, *Wirtschaftswoche* vom 16. Juli 2010; im Internet unter www.wiwo.de.

223 Jochen Schuster, »Persil: Der ›selbsttätige‹ Waschmittel-Riese«; *Focus Money Online* vom 6. Juni 2007; im Internet unter www.focus.de.

224 Vgl. www.persil.de > Über Persil.

225 Vgl. www.rdtrustedbrands.com.

226 Quelle für alle Daten www.persil.de > Über Persil > Historie.

227 Vgl. www.persil.de/ueber-persil/staedtetour.html.

228 www.lonelyplanet.de > Über Lonely Planet (Knapp 40 Jahre später veräußerten Maureen und Tony Wheeler das letzte Viertel ihres Verlages für 50 Millionen Pfund an die BBC (*Börsenblatt* vom 21. Februar 2011).

229 Georg Meck, »Frau mit Hund«; *Frankfurter Allgemeine Sonntagszeitung* vom 6. Juni 2010, S. 42; siehe auch www.terracanis.de.

230 Christine Mattauch, »Willkommen im Schlaraffenland«; *Absatzwirtschaft* 03/2011, S. 19 ff., hier S. 21 und S. 20.

231 Christian Belz, *Marketing gegen den Strom.* St. Gallen 2009, S. 62.

232 Fredmund Malik, *Führen – Leisten – Leben. Wirksames Management für eine neue Zeit.* München, 10. Aufl. 2001, S. 374.

233 www.haribo.com > Daten & History.

234 »Hans Riegel im Gespräch. Haribo für immer«, *Frankfurter Allgemeine Zeitung* vom 26. Januar 2010; im Internet unter www.faz.net.

235 Ebd. Genaue Zahlen publiziert das Unternehmen nicht.

236 Vgl. www.troutandpartners.com.

237 Jack Trout, *New Positioning: Das Neueste zur Business-Strategie Nr. 1.* Düsseldorf 1996, S. 33 f.

238 Jack Trout, *Große Marken in Gefahr.* München 2002, S. 114.

239 Harald Willenbrock, »Der Unterschied«; *Brand eins* 02/2005, S. 99 ff., hier S. 103.

240 Vgl. Gregor Lipinski, »Freiheit schmeckt besser«; in: *Sparkasse* vom 1. Mai 2010, nachzulesen auch unter www.hachez.de > »Hachez in den Medien«.

241 Vgl. www.hertz.de> Über Hertz > Hertz Unternehmensprofil.

242 www.finisfeinstes.at > Produkte. Vgl. auch Klaus Brandmeyer et al., *Marken stark machen*, a. a. O., S. 64 f.

243 Vgl. hierzu auch Hermann Scherer, *Jenseits vom Mittelmaß.* Offenbach 2009, S. 77 ff.

244 Vgl. www.bruichladdich-whisky.de.

245 Florian Langenscheidt (Hrsg.), *Deutsche Standards*, a. a. O., S. 274 f.

246 Vgl. www.jaegermeister.de > Das Unternehmen.

247 Klaus Schmeh, *Der Kultfaktor.* Frankfurt am Main 2004, S. 39ff.

248 Vgl. Jack Trout/Steve Rivkin, *New Positioning*, a. a. O., S. 166.

249 www.credit-suisse.com, Interview mit Federico Minoli unter dem Titel »Federico Minoli und der Mythos Ducati« (6.

August 2004) und »Ducati: Eine Erfolgsgeschichte in Rot« (9. August 2004).

250 Wolf Lotter, »Der harte Kern«, *Brand eins* 02/2010, S. 42 ff., hier S. 50.

251 Florian Langenscheidt (Hrsg.), *Deutsche Standards: Marken des Jahrhunderts.* 16., neubearb. Aufl. Köln 2009.

Über den Autor

Hermann H. Wala ist Inhaber von Wala Strategy & Brand Consultants mit Sitz in München. Der gefragte Marketingstratege berät ambitionierte Mittelständler und große Unternehmen, unter anderem BayWa AG, Sky, Gruner + Jahr, Kabel Deutschland, ProSiebenSat1. Zuvor war er bei Hubert Burda Media für das Konzernmarketing verantwortlich und in führenden Werbeagenturen wie Saatchi & Saatchi und Ogilvy & Mather tätig. Er hält Vorträge an der Fachhochschule für angewandtes Management in Erding und an der Bayerischen Akademie für Werbung und Marketing in München.

Mehr als 25 Jahre Marken- und Marketingerfahrung fließen in Hermann H. Walas Expertise ein. Heute gibt er sein Wissen auch als Keynote-Speaker weiter. Das Thema WIR-MARKEN ist ihm dabei ein besonderes Anliegen, das er ebenso leidenschaftlich wie praxisorientiert vertritt. Dabei arbeitet er eng mit dem Schweizer Roland Jeannet, Experte für Global Strategy, Brand and Marketing Coaching, zusammen.

Mehr unter www.hermann-wala.com.

Stichwortverzeichnis